普通高等教育"十三五"规划教材

冶金电化学

翟玉春 编著

U0352698

北 京
冶金工业出版社
2020

内 容 提 要

本书系统地阐述了冶金电化学的基础理论和基本知识，内容包括水溶液电解质理论、水溶液电化学、熔盐理论、熔盐电化学、离子液体、离子液体电化学、固体电解质、固体电解质电化学、熔体电解质电化学，以及在相关领域的应用。

本书为冶金、材料、化工、地质、矿物加工等专业本科生和研究生教材，也可供相关行业的科技人员参考。

图书在版编目(CIP)数据

冶金电化学／翟玉春编著．—北京：冶金工业出版社，2020.7

普通高等教育"十三五"规划教材

ISBN 978-7-5024-8467-5

Ⅰ.①冶… Ⅱ.①翟… Ⅲ.①冶金—电化学—高等学校—教材 Ⅳ.①TF01

中国版本图书馆 CIP 数据核字(2020)第 119171 号

出版人 陈玉千

地　址　北京市东城区嵩祝院北巷 39 号　邮编　100009　电话　(010)64027926
网　址　www.cnmip.com.cn　电子信箱　yjcbs@cnmip.com.cn
责任编辑　高　娜　宋　良　美术编辑　吕欣童　版式设计　禹　蕊
责任校对　李　娜　责任印制　李玉山
ISBN 978-7-5024-8467-5
冶金工业出版社出版发行；各地新华书店经销；三河市双峰印刷装订有限公司印刷
2020 年 7 月第 1 版，2020 年 7 月第 1 次印刷
787mm×1092mm　1/16；18.75 印张；452 千字；285 页
47.00 元
冶金工业出版社　投稿电话　(010)64027932　投稿信箱　tougao@cnmip.com.cn
冶金工业出版社营销中心　电话　(010)64044283　传真　(010)64027893
冶金工业出版社天猫旗舰店　yjgycbs.tmall.com
(本书如有印装质量问题，本社营销中心负责退换)

前　言

冶金物理化学是将物理化学的理论、知识、方法和手段应用于冶金过程和冶金体系建立起来的冶金理论和知识体系。物理化学在冶金中的应用使冶金由技艺发展成为科学技术。冶金物理化学是冶金技术的理论基础。

冶金物理化学和冶金原理都是关于冶金过程的理论。两者有共性，也有区别；有重叠的部分，也有不同的内容。作者认为，冶金物理化学更着重于冶金过程和冶金体系的共性物理化学问题，而冶金原理则侧重于对具体的冶金工艺的物理化学分析。

冶金物理化学理论建立之初，是将热力学应用于火法冶金，主要是钢铁冶金。这些开创性工作的代表人物有启普曼（Chipman）、理查德森（Richardson）、申克（Schenck）、萨马林（Самарин）等。他们的工作具有重大的历史意义。正是基于这些工作，冶金才从技艺发展为科学技术，使冶金由靠世代相传的经验进行生产的模式转变为有理论指导的科学技术，深化了人们对冶金过程和冶金体系的认识，推动了冶金生产与技术的进步和发展。

我国冶金物理化学学科在20世纪50年代奠定了基础，80年代以后蓬勃发展，现已形成了世界上最大的冶金物理化学研究群体，并在很多方面走在世界前列。魏寿昆、邹元爔、陈新民、傅崇说、冀春霖、陈念贻等先生为我国冶金物理化学学科的建立和发展做出了重要贡献。

本书是作者在东北大学为冶金物理化学专业、冶金工程专业的本科生、研究生讲授冶金物理化学课程所编写的讲义基础上完成的，其中有一些内容是作者的研究结果。

冶金物理化学包括冶金热力学、冶金动力学、冶金电化学等。本书为冶金电化学，内容主要有水溶液电解质理论、水溶液电化学、熔盐理论、熔盐电化学、离子液体、离子液体电化学、固体电解质、固体电解质电化学、熔体电解质电化学等。

　　我的学生谢宏伟博士、黄红波博士、刘彩玲博士、刘佳囡博士、王乐博士等共同录入了全书的文字，黄红波博士、刘彩玲博士对全书进行了校对和编排，并编制了全书的插图。在此，向他们表示衷心感谢！

　　感谢本书引用文献的作者！

　　感谢我的妻子李桂兰对我的全力支持，使我能够完成本书的写作！

　　感谢所有支持和帮助我完成本书的人！

　　由于作者水平所限，书中不妥之处，诚请读者批评指正。

作　者

2019 年 12 月

于东北大学

1 电解质水溶液

1.1 电解质溶液

电解质溶液有电解质水溶液、熔盐、离子液体和其他电解质溶液。

在电解质溶液中，以电解质和水形成的溶液应用最为广泛。电解质水溶液的性质取决于构成电解质水溶液的离子、水以及它们之间的相互作用。

1.1.1 电解质和非电解质

可以和水形成电解质溶液的物质有两类：一类是离子键晶体，其本身就是由离子构成，在水的作用下，离子的规则排列被破坏，离子进入水中，成为离子溶质；另一类是共价键化合物，在水的作用下，共价键被破坏，以离子形式进入水中，形成离子溶质。前者如氯化钠晶体

$$NaCl + H_2O \rule[0.5ex]{1cm}{0.1pt} Na^+ + Cl^- + H_2O$$

后者如氯化氢分子

$$HCl + H_2O \rule[0.5ex]{1cm}{0.1pt} H_3O^+ + Cl^-$$

一种物质是否可以形成电解质溶液并不仅由它自身决定，还与溶剂相关。例如氯化氢在水中可以形成电解质溶液，但在苯中却形成非电解质溶液。葡萄糖在水中形成非电解质溶液，而在液态氟化氢中却形成电解质溶液。因此，说某种物质可以形成电解质溶液，决不能脱离溶剂。

1.1.2 强电解质和弱电解质

根据物质进入溶剂形成溶质时其电离度的大小，将物质划分为强电解质和弱电解质两类。通常把电离度大于30%的物质叫做强电解质，电离度小于30%的物质叫做弱电解质。这种划分是相对的，实际上，电解质的强弱并无严格界限。

1.1.3 缔合式电解质和非缔合式电解质

根据离子在溶液中存在的状态，将其划分为缔合式电解质和非缔合式电解质。前者是指溶液中的离子以单个的、可以自由移动的形式存在；后者是指溶液中两个或两个以上的离子以离子键（静电作用）形成缔合体。

1.2 水 的 结 构

水分子形成的冰晶体分子间的作用力由范德华力和氢键构成，其中范德华力占1/4，氢键占3/4。冰融化形成水所吸收的能量破坏了范德华力和大部分氢键，将冰的晶体分裂

成小的集团和单个水分子。这些小的集团是由氢键结合的几个至十几个水分子组成，称为冰山或流冰。流冰部分地保留了冰的四面体结构，可以自由移动和相互靠近，它们的空隙比冰少，所以，0℃水的密度比冰大。流冰在运动中不断被破坏，又不断形成，流冰之间、流冰和水分子之间不断地进行交换。

随着温度的升高，一方面更多的氢键被破坏，流冰进一步瓦解，水的结构更密实；另一方面，水分子的热运动加剧，水的体积膨胀，密度减小。在这两个相反因素的影响下，温度低于4℃，前一因素占优，水的密度随着温度升高而增大；温度高过4℃，后一因素占优，水的密度随着温度升高减小。因此，在4℃，水的密度最大。

1.3 水 化 焓

离子进入水中，破坏了原有水的结构，一定数量的水分子在离子周围取向，使得可以自由移动的水分子减少。紧靠离子的水分子会与离子一起移动，增大离子的体积。距离离子稍远的水分子也受到离子电场的影响，改变原来水的结构。把这种由于离子进入水中引起结构的总变化叫做离子水化。如果溶剂不是水，则称为离子溶剂化。

在一定的温度下，1mol 自由的气态离子由真空中转移到大量的水中，形成无限稀溶液过程的焓变称为离子水化焓。对于其他溶剂，则称为离子的溶剂化焓。

电解质在水溶液中，总是正负离子同时存在，根据晶格能和溶解焓，只能求出电解质的正负离子水化焓之和 ΔH_{MX}。

晶格能 U_0 是自由的气态离子在绝对零度形成 1mol 晶体时的焓变。温度升高，晶体的焓变会发生变化，但与 U_0 差别不大，仍以 U_0 近似表示。可以设想，在恒温条件下，将 1mol 电解质晶体升华为自由的气态离子，其焓变为晶格能 U_0 的负值；然后将气体离子溶解于水中，形成无限稀溶液，其焓变为 ΔH_{MX}。上述过程的焓变之和等于 1mol 晶体直接溶解于水中形成无限稀溶液的溶解焓，即

$$\Delta H_B = -U_0 + \Delta H_{MX}$$

或

$$\Delta H_{MX} = U_0 + \Delta H_B \qquad (1.1)$$

由于溶液中存在正、负两种离子，ΔH_{MX} 应该为正离子水化焓 ΔH_{M^+} 和负离子水化焓 ΔH_{X^-} 之和，即

$$\Delta H_{MX} = \Delta H_{M^+} + \Delta H_{X^-} \qquad (1.2)$$

离子水化焓间存在加和性，可以由实验间接证实。例如，几种碱金属氯化物和氟化物的水化焓之差为

$$\Delta H(LiCl) - \Delta H(LiF) = -881 + 1020 = 139 kJ/mol$$

$$\Delta H(NaCl) - \Delta H(NaF) = -769 + 905 = 136 kJ/mol$$

$$\Delta H(KCl) - \Delta H(KF) = -689 + 829 = 140 kJ/mol$$

说明 Cl^- 和 F^- 水化焓之差接近常数，表明在不同的碱金属化合物中，两者水化焓基本不变。

表1.1 给出几种碱金属卤化物的晶格能、溶解焓和水化焓。

表 1.1　在 25℃碱金属卤化物的晶格能、溶解焓和水化焓

盐	$U_0/kJ \cdot mol^{-1}$	$\Delta H_B/kJ \cdot mol^{-1}$	$\Delta H_{MX}/kJ \cdot mol^{-1}$
LiF	−1025	4.6	−1020
LiCl	−845	−36	−881
LiBr	−799	−46	−845
LiI	−754	−61.9	−807
NaF	−908	2.5	−905
NaCl	−774	5.4	−769
NaBr	−716	0.8	−715
NaI	−696	−5.9	−702
KF	−812	−17	−829
KCl	−707	18.4	−689
KBr	−682	21.3	−661
KI	−644	21.3	−623

规定负离子水化焓 ΔH_{X^-} 对 H^+ 水化焓 ΔH_{H^+} 的相对值（相当于以 ΔH_{H^+} 为零）为负离子的相对水化焓 $\Delta H_{X^-}(rel)$。表示为

$$\Delta H_{X^-}(rel) = \Delta H_{X^-} + \Delta H_{H^+} = \Delta H_{HX} \tag{1.3}$$

规定正离子水化焓 ΔH_{M^+} 对 H^+ 水化焓 ΔH_{H^+} 的相对值 $\Delta H_{M^+}(rel)$ 为正离子的相对水化焓。表示为

$$\begin{aligned}\Delta H_{M^+}(rel) &= \Delta H_{M^+} - \Delta H_{H^+} \\ &= (\Delta H_{M^+} + \Delta H_{X^-}) - (\Delta H_{H^+} + \Delta H_{X^-}) \\ &= \Delta H_{MX} - \Delta H_{HX}\end{aligned} \tag{1.4}$$

由于电解质的水化焓可由实验测定，所以正负离子的相对水化焓可以测定。

将式（1.4）减式（1.3），得

$$\Delta H_{M^+} - \Delta H_{X^-} = \Delta H_{M^+}(rel) - \Delta H_{X^-}(rel) + 2\Delta H_{H^+} \tag{1.5}$$

如果离子半径和电荷都相同的正负离子水化焓相等，即

$$\Delta H_{M^+} - \Delta H_{X^-} = 0$$

则由式（1.5）得

$$\Delta H_{M^+}(rel) - \Delta H_{X^-}(rel) = -2\Delta H_{H^+} = 常数 \tag{1.6}$$

然而实际并非如此。实验证明，离子半径和电荷都相同的正负离子的水化焓并不相等。把水偶极子看作电荷相等的四极子，水分子中两个氢原子是两个正电荷区，氧原子的两个孤对电子为两个负电荷区。根据离子与四极子（水分子）的库仑作用，推导出在一定温度正负离子水化焓的计算公式

$$\Delta H_{M^+} = 80 - \frac{Z_i C_1}{(r_i + r_w)^2} + \frac{Z_i C_2}{(r_i + r_w)^3} - \frac{Z_i^2 C_3}{r_i + 2r_w} - \frac{\alpha Z_i^2 C_4}{(r_i + r_w)^4} \tag{1.7}$$

$$\Delta H_{X^-} = 120 - \frac{Z_i C_1}{(r_i + r_w)^2} + \frac{Z_i C_2}{(r_i + r_w)^3} - \frac{Z_i^2 C_3}{r_i + 2r_w} - \frac{\alpha Z_i^2 C_4}{(r_i + r_w)^4} \tag{1.8}$$

式中，C_1、C_2、C_3 和 C_4 为常数，可以由离子电荷数、阿伏伽德罗常数、水分子的电偶极

矩及电四极矩、水分子的相对介电常数等参数利用公式算得；r_i 为离子的晶体半径，单位为 nm；r_w 为水分子半径，取 0.138nm；Z_i 为离子的电荷数（取绝对值）；α 为在离子电场作用下水分子的极化率。

将式（1.7）和式（1.8）代入式（1.5），得

$$\Delta H_{M^+}(\mathrm{rel}) - \Delta H_{X^-}(\mathrm{rel}) = -2\Delta H_{H^+} - 40 + \frac{2Z_i C_2}{(r_i + r_w)^3} \tag{1.9}$$

$$C_2 = BN_A ep_{H_2O}$$

式中，e 为电子的电量；p_{H_2O} 为水分子的四极矩；B 为常数。

由上式可见，式左和 $(r_i + r_w)^{-3}$ 的关系为一直线，$2Z_i C_2$ 为斜率，$-2\Delta H_{H^+} - 40$ 为截距。碱金属离子和卤素离子的实验表明：$r_i > 0.13\mathrm{nm}$，上式为一条直线，斜率为 380nm · kJ/mol，截距为 2184kJ/mol，据此算得 ΔH_{H^+} 为 $-1112\mathrm{kJ/mol}$。有了 ΔH_{H^+} 就可以求出其他离子的水化焓。

表 1.2 为部分离子水化焓的计算值和实验值，两者比较接近。

式（1.7）和式（1.8）仅适用于碱金属离子和卤素离子，以及一些碱土金属离子。由于没有考虑离子电子层结构对水分子取向的影响，离子周围取向的水分子间的相互作用等，因而不能应用于其他各种离子。

表 1.2　离子水化焓的计算值与实验值的比较

离子	晶体半径/nm	离子水化焓的计算值 /kJ · mol^{-1}	离子水化焓的实验值 /kJ · mol^{-1}	偏差/%
Li$^+$	0.060	−640	−53	−18
Na$^+$	0.095	−457	−428	−6.8
K$^+$	0.133	−345	−348	−10.9
Rb$^+$	0.148	−307	−323	+5
Cs$^+$	0.169	−266	−299	+11
F$^-$	0.136	−507	−483	−5
Cl$^-$	0.181	−346	−341	−1.5
Br$^-$	0.195	−310	−314	+1.3
I$^-$	0.216	−265	−273	+3

1.4　离子水化数和水化膜

1.4.1　水化数

严格来说，只有在无限远处离子所产生的电场作用才消失。但实际上，在与离子距离超过几纳米的地方，离子与水分子间的作用力就可以忽略不计。离子对水分子的明显作用有一个范围，在此范围内的水分子个数叫做离子水化数。

1.4.2　化学水化和物理水化

溶液中紧靠着离子的第一层水分子与离子结合得比较牢固，能和离子一起移动，不受

温度影响。这部分水化作用称为原水化或化学水化。第一层含的水分子个数称为原水化数。第一层以外的水分子受离子吸引作用较弱，受温度影响较大，叫做二级水化或物理水化。离子水化数与其半径有关。离子半径增大，取向的水分子与离子间的距离增大，相互作用减弱，水化数减少。

实验测得的离子水化数相差很大，通过考虑离子与水分子的各种相互作用，采用统计力学的方法，可以计算出离子的水化数。实际上，离子的水化数只代表与离子相结合的有效水分子数。

1.4.3 水化膜

离子水化的总结果也可以用水化膜来描述，即认为溶液中的离子周围有一层水化膜。

只有离子与水分子的作用能大于水分子之间的氢键能，才可能破坏水的原有结构形成水化膜。由于离子在溶液中做热运动，水分子在离子周围取向需要时间，使得离子并不是固定在某些确定水分子附近。只有那些在离子周围取向需要的时间等于或小于离子停留时间的水分子才能形成水化膜。这相当于离子带着水化膜一起运动。但实际上，不是几个固定的水分子和离子牢固地结合在一起，而是离子每运动在一处，都要建立新的水化膜，构成水化膜的水分子不断变换。如果离子运动太快，在水分子附近停留的时间太短，水分子来不及取向，这相当于离子不能携带水分子一起移动。在这种情况下，离子的水化数为零，更谈不上水化膜。例如，Cs^+ 和 I^- 就是这样。

1.5 电解质活度

1.5.1 电解质溶液的浓度表示

对于电解质溶液而言，溶剂的浓度常采用摩尔分数表示，溶质的浓度除了用摩尔分数表示外，更多的是采用质量摩尔浓度 m_i（mol/kg）和物质的量浓度即体积摩尔浓度 c_i（mol/L）表示。其间的关系为

$$x_i = \frac{m_i M_1}{1000 + m_i M_1} = \frac{c_i M_1}{1000 \rho_{sol} + c_i (M_1 - M_i)} \tag{1.10}$$

式中，x_i 为溶质 i 的摩尔分数；m_i 为溶质 i 的相对分子质量；M_1 为溶剂的相对分子质量；ρ_{sol} 为溶液的密度。

1.5.2 电解质的活度和标准状态

对应每种浓度单位，电解质的活度和活度标准状态都有相应的表示。

（1）溶液中溶剂和溶质的浓度都以摩尔分数表示，溶剂以纯溶剂为标准状态，溶质以假想的纯物质为标准状态，有

$$\mu_1 = \mu_{1,x}^* + RT\ln a_{1,x} \tag{1.11}$$

式中，下角标 1 表示溶剂；$\mu_{1,x}^*$ 为纯组元 1 的化学势。对于纯组元 1，有 $a_{1,x} = 1$。

$$\mu_i = \mu_{i,x}^\ominus + RT\ln a_1 \tag{1.12}$$

式中，下角标 i 表示电解质组元；x 表示摩尔分数；$\mu_{i,x}^\ominus$ 是以假想的纯电解质 i（$x_i = 1$）为

标准状态的化学势。对于标准状态，有 $a_{i,x}=1$。

（2）溶液中溶剂的浓度以摩尔分数表示，以纯溶剂为标准状态；溶液中的溶质－电解质组元的浓度以 1kg 溶剂中溶质－电解质组元的物质的量表示，有

$$\mu_1 = \mu_{1,x}^* + RT\ln a_{i,x}$$

式中，下角标 1 表示溶剂；$\mu_{1,x}^*$ 是纯组元 1 的化学势。对于纯溶剂，有 $a_{1,x}=1$。

$$\mu_i = \mu_{i,m}^{\ominus} + RT\ln a_{i,m} \tag{1.13}$$

式中，下角标 i 表示电解质组元；m 表示质量摩尔浓度；$\mu_{i,m}^{\ominus}$ 是以假想的 1kg 溶剂中有 1mol 电解质 i 的溶液为标准状态的化学势。对于标准状态，有 $a_{i,m}=1$。

（3）溶液中溶剂的浓度以摩尔分数表示，以纯溶剂为标准状态；溶液中溶质——电解质的浓度以 1L 溶液中溶质的物质的量表示，有

$$\mu_1 = \mu_{1,x}^* + RT\ln a_{1,x}$$

$$\mu_i = \mu_{i,c}^{\ominus} + RT\ln a_{i,c} \tag{1.14}$$

式中，下角标 1 表示溶剂；$\mu_{1,x}^*$ 是纯组元 1 的化学势，有 $a_{1,x}=1$；下角标 i 表示电解质组元 i；c 表示体积摩尔浓度；$\mu_{i,c}^{\ominus}$ 是以假想的 1L 溶液中有 1mol 电解质 i 的溶液为标准状态的化学势。标准状态，有 $a_{i,c}=1$。

相应于各种浓度单位的活度系数如下：

（1）溶剂、溶质组元的浓度都以摩尔分数表示

$$\gamma_1 = \frac{a_1}{x_1}$$

$$f_{i,x} = \frac{a_i}{x_i} \tag{1.15}$$

式中，1 为溶剂；i 为溶质；x_i 为组元 i 的摩尔分数。

（2）溶剂组元以摩尔分数表示，溶质组元以质量摩尔浓度表示

$$\gamma_1 = \frac{a_1}{x_1}$$

$$f_{i,m} = \frac{a_{i,m}}{\dfrac{m_i}{m^{\ominus}}} \tag{1.16}$$

式中，1 为溶剂；i 为电解质溶质；$m^{\ominus}$ 为标准质量摩尔浓度，为 1mol/kg。

（3）溶剂组元以摩尔分数表示，溶质组元以体积摩尔浓度表示

$$\gamma_1 = \frac{a_1}{x_1}$$

$$f_{i,c} = \frac{a_{i,m}}{\dfrac{c_i}{c^{\ominus}}} \tag{1.17}$$

式中，1 为溶剂；i 为电解质溶质；$c^{\ominus}$ 为标准体积摩尔浓度，为 1mol/L。

对于极稀溶液，三种浓度间的关系可以简化为

$$x_{i(0)} = 0.001 m_{i(0)} M_1 = \frac{0.001 c_{i(0)} M_1}{\rho_1} \tag{1.18}$$

式中，下角标的 $x_{i(0)}$、$m_{(0)}$、$c_{i(0)}$ 表示极稀；ρ_1 为溶剂密度。相应的化学势为：

$$\mu_{i(0)} = \mu_{i,x}^{\ominus} + RT\ln x_{i(0)} \qquad (1.19)$$

$$\mu_{i(0)} = \mu_{i,m}^{\ominus} + RT\ln m_{i(0)} \qquad (1.20)$$

$$\mu_{i(0)} = \mu_{i,c}^{\ominus} + RT\ln c_{i(0)} \qquad (1.21)$$

1.5.3　活度系数间的关系

由式

$$\mu_i = \mu_{i,x}^{\ominus} + RT\ln f_{i,x} x_i \qquad (1.22)$$

$$\mu_i = \mu_{i,m}^{\ominus} + RT\ln f_{i,m} m_i \qquad (1.23)$$

$$\mu_i = \mu_{i,c}^{\ominus} + RT\ln f_{i,c} c_i \qquad (1.24)$$

分别减去相对应的式（1.19）~式（1.21），得

$$\mu_i - \mu_{i(0)} = RT\ln \frac{f_{i,x} x_i}{x_{i(0)}} = RT\ln \frac{f_{i,m} m_i}{m_{i(0)}} = RT\ln \frac{f_{i,c} c_i}{c_{i(0)}}$$

即

$$\frac{f_{i,x} x_i}{x_{i(0)}} = \frac{f_{i,m} m_i}{m_{i(0)}} = \frac{f_{i,c} c_i}{c_{i(0)}} \qquad (1.25)$$

由式（1.25）得

$$\frac{f_{i,x} x_i}{f_{i,m} m_i} = \frac{x_{i(0)}}{m_{i(0)}} \qquad (1.26)$$

$$\frac{f_{i,x} x_i}{f_{i,c} c_i} = \frac{x_{i(0)}}{c_{i(0)}} \qquad (1.27)$$

将式（1.18）代入式（1.26）和式（1.27），得

$$\frac{f_{i,x} x_i}{f_{i,m} m_i} = \frac{x_{i(0)}}{m_{i(0)}} = 0.001 M_1 \qquad (1.28)$$

$$\frac{f_{i,x} x_i}{f_{i,c} c_i} = \frac{x_{i(0)}}{c_{i(0)}} = \frac{0.001 M_1}{\rho_1} \qquad (1.29)$$

将式（1.10）代入式（1.28）和式（1.29），得

$$f_{i,x} = (1 + 0.001 m_i M_1) f_{i,m}$$

$$= \frac{\rho_{\text{sol}} + 0.001 c_i (M_1 - M_i)}{\rho_1} f_{i,c} \qquad (1.30)$$

对于极稀溶液，有

$$f_{i,x} \approx f_{i,m} \approx f_{i,c}$$

1.6　电解质的平均活度

1.6.1　离子的活度

在电解质溶液中，电解质的电离反应可以表示为

$$D = A_{\nu_+} B_{\nu_-} = \nu_+ A^{z+} + \nu_- B^{z-}$$

式中，D 表示化合物 $A_{\nu_+} B_{\nu_-}$；ν_+ 和 ν_- 为化合物 D 即电解质 $A_{\nu_+} B_{\nu_-}$ 的化学计量系数，即电

离出的正、负离子个数；$z+$ 和 $z-$ 表示正、负离子的电荷数。离子的化学势为

$$\mu_{A^{z+}} = \mu_{A^{z+},m}^{\ominus} + RT\ln a_{A^{z+},m}$$
$$= \mu_{A^{z+},m}^{\ominus} + RT\ln f_{A^{z+},m} m_{A^{z+}} \qquad (1.31)$$
$$\mu_{B^{z-}} = \mu_{B^{z-},m}^{\ominus} + RT\ln a_{B^{z-},m}$$
$$= \mu_{B^{z-},m}^{\ominus} + RT\ln f_{B^{z-},m} m_{B^{z-}} \qquad (1.32)$$

式中，$\mu_{A^{z+},m}^{\ominus}$ 和 $\mu_{B^{z-},m}^{\ominus}$ 分别为正、负离子在标准状态的化学势；$f_{A^{z+},m}$ 和 $f_{B^{z-},m}$ 分别为正负离子 A^{z+} 和 B^{z-} 的浓度以质量摩尔分数表示的活度系数。

1.6.2　离子活度的标准状态

标准状态的选择是任意的，选择的原则是方便。标准状态是活度等于1、活度系数等于1的状态，这时浓度就等于活度。

在标准状态，对于电解质溶液来说，浓度以质量摩尔浓度表示，有

$$a_{A^{z+},m} = 1, f_{A^{z+},m} = 1, a_{A^{z+},m} = f_{A^{z+},m}\frac{m_{A^{z+}}}{m^{\ominus}} = 1$$

$$a_{B^{z-},m} = 1, f_{B^{z-},m} = 1, a_{B^{z-},m} = f_{B^{z-},m}\frac{m_{B^{z-}}}{m^{\ominus}} = 1$$

所以

$$\frac{m_{A^{z+}}}{m^{\ominus}} = 1, \frac{m_{B^{z-}}}{m^{\ominus}} = 1$$

假设在 $\frac{m_{A^{z+}}}{m^{\ominus}} = 1$ 时，溶液中的组元 A^{z+} 的浓度等于活度；在 $\frac{m_{B^{z-}}}{m^{\ominus}} = 1$ 时，溶液中的组元 B^{z-} 的浓度等于活度。这是假想的标准状态。

浓度以体积摩尔浓度表示，有

$$a_{A^{+},c} = 1, f_{A^{z+},c} = 1, a_{A^{z+},c} = f_{A^{z+},c}\frac{c_{A^{z+}}}{c^{\ominus}} = 1$$

$$a_{B^{z-},c} = 1, f_{B^{z-},c} = 1, a_{B^{z-},c} = f_{B^{z-},c}\frac{c_{B^{z-}}}{c^{\ominus}} = 1$$

式中，$f_{A^{z+},c}$ 和 $f_{B^{z-},c}$ 分别为正负离子 A^{z+} 和 B^{z-} 浓度以体积摩尔分数表示的活度系数。

在 $\frac{c_{A^{z+}}}{c^{\ominus}} = 1$ 时，溶液中的组元 A^{z+} 的浓度等于活度；在 $\frac{c_{B^{z-}}}{c^{\ominus}} = 1$ 时，溶液中的组元 B^{z-} 的浓度等于活度。这是假想的标准状态。

浓度以摩尔分数浓度表示，有

$$a_{A^{z+},x} = 1, f_{A^{z+},x} = 1, a_{A^{z+},x} = f_{A^{z+},x} x_{A^{z+}} = 1$$
$$a_{B^{z-},x} = 1, f_{B^{z-},x} = 1, a_{B^{z-},x} = f_{B^{z-},x} x_{B^{z-}} = 1$$

所以

$$x_{A^{z+}} = 1, x_{B^{z-}} = 1$$

式中，$f_{A^{z+},x}$ 和 $f_{B^{z-},x}$ 分别为正负离子 A^{z+} 和 B^{z-} 浓度以摩尔分数表示的活度系数。

在 $x_{A^{z+}} = 1$ 时，溶液中的组元 A^{z+} 的浓度等于活度，在 $x_{B^{z-}} = 1$ 时，溶液中的组元 B^{z-}

的浓度等于活度。这是假想的标准状态。电解质溶液中 $x_{A^{z+}}$ 和 $x_{B^{z-}}$ 都不可能为 1。

1.6.3 电解质的平均活度

由于不能实验测量单种离子的活度和活度系数，所以采用正负离子的平均活度和平均活度系数。

化合物 $A_{\nu_+} B_{\nu_-}$ 达到电离平衡，有

$$D \Longrightarrow \nu_+ A^{z+} + \nu_- B^{z-}$$

$$\mu_{D,u} = \mu_{D,d} \tag{1.33}$$

$$\mu_{D,u} = \mu_{D,m}^{\ominus} + RT\ln a_{D,u,m}$$

$$\mu_{A^{z+},m} = \mu_{A^{z+},m}^{\ominus} + RT\ln a_{A^{z+},m}$$

$$\mu_{B^{z-},m} = \mu_{B^{z-},m}^{\ominus} + RT\ln a_{B^{z-},m}$$

式中，$\mu_{D,u}$ 为组元 D 未电离部分的化学势；$\mu_{D,d}$ 为组元 D 电离部分的化学势。

在恒温恒压条件下，组元 D 的量改变了 dm，其中未电离部分为 dm_u，已电离部分为 $dm - dm_u$。由于组元 D 的改变引起的组元 D 的摩尔吉布斯自由能变化为

$$\begin{aligned}
dG_{m,D} &= \mu_D dm \\
&= \mu_{D,u} dm_u + \mu_{D,d}(dm - dm_u) \\
&= \mu_{D,u} dm_u + \mu_{D,d} dm - \mu_{D,d} dm_u \\
&= \mu_{D,d} dm
\end{aligned}$$

最后一步，利用了式（1.33）。所以

$$\mu_D = \mu_{D,d} \tag{1.34}$$

即溶液中全部电解质组元 D 的化学势等于已电离部分的或未电离部分的化学势。

将式

$$\mu_D = \mu_{D,m}^{\ominus} + RT\ln a_{D,m}$$

和

$$\begin{aligned}
\mu_{D,d} &= \nu_+ \mu_{A^{z+},m} + \nu_- \mu_{B^{z-},m} \\
&= \mu_{A^{z+},m}^{\ominus} + RT\ln a_{A^{z+},m} + \mu_{B^{z-},m}^{\ominus} + RT\ln a_{B^{z-},m}
\end{aligned}$$

代入式（1.34），得

$$\mu_{D,m}^{\ominus} + RT\ln a_{D,m} = \nu_+ \mu_{A^{z+},m}^{\ominus} + \nu_+ RT\ln a_{A^{z+},m} + \nu_- \mu_{B^{z-},m}^{\ominus} + \nu_- RT\ln a_{B^{z-},m} \tag{1.35}$$

在 $a_{D,m} = 1$，$a_{A^{z+},m} = 1$ 和 $a_{B^{z-},m} = 1$ 的标准状态下，有

$$\mu_D^{\ominus} = \nu_+ \mu_{A^{z+}}^{\ominus} + \nu_- \mu_{B^{z-}}^{\ominus} \tag{1.36}$$

所以，由式（1.35）得

$$a_{D,m} = (a_{A^{z+},m})^{\nu_+} (a_{B^{z-},m})^{\nu_-} \tag{1.37}$$

正负离子的活度系数为

$$f_{A^{z+},m} = \frac{a_{A^{z+},m}}{m_{A^{z+}}/m^{\ominus}} \tag{1.38}$$

$$f_{B^{z-},m} = \frac{a_{B^{z-},m}}{m_{B^{z-}}/m^{\ominus}} \tag{1.39}$$

定义电解质的平均活度

$$(a_{\pm})^{\nu} = (a_{A^{z+},m})^{\nu_+} (a_{B^{z-},m})^{\nu_-} \tag{1.40}$$

平均浓度

$$m_{\pm}^{\nu} = m_{A^{z+}}^{\nu_+} m_{B^{z-}}^{\nu_-} = (\nu_+ m)^{\nu_+} (\nu_- m)^{\nu_-} = \nu_+^{\nu_+} \nu_-^{\nu_-} m^{\nu} \tag{1.41}$$

平均活度系数

$$f_{\pm,m}^{\nu} = f_{A^{z+},m}^{\nu_+} f_{B^{z-},m}^{\nu_-} \tag{1.42}$$

式中，$\nu = \nu_+ + \nu_-$，是电解质电离所形成的正负离子总数。由式（1.37）和式（1.40）得

$$a_{D,m} = (a_{\pm,m})^{\nu} \tag{1.43}$$

所以

$$(a_{D,m})^{1/\nu} = a_{\pm,m} = f_{\pm,m}(m_{\pm}/m^{\ominus}) \tag{1.44}$$

式中，电解质活度 $a_{D,m}$ 可由实验测量，因此可以得到电解质的平均活度 $a_{\pm,m}$ 以及 $f_{\pm,m}$。电解质平均活度的标准状态定义为 $a_{\pm,m} = 1$ 的状态，且要求 $m_{\pm} = 1$，$f_{\pm,m} = 1$，而不是 $f_{\pm,m}(m_{\pm}/m^{\ominus}) = 1$。

上述公式采用其他浓度表示也成立。

电解质溶液的摩尔分数 x 与质量摩尔分数 m 的关系为

$$x = \frac{m}{\dfrac{1000}{M_1} + \nu m} = \frac{0.001mM_1}{1 + 0.001\nu m M_1} \tag{1.45}$$

并有

$$x_1 + \nu m = 1 \tag{1.46}$$

式中，x_1 为溶剂的摩尔分数。

电解质溶液的摩尔分数 x 与体积摩尔分数 c 的关系为

$$x = \frac{0.001cM_1}{\rho_{sol} + 0.001c(\nu M_1 - M_i)} \tag{1.47}$$

1.6.4　电解质平均活度系数之间的关系

以电解质平均活度系数、平均浓度代替式（1.28）和式（1.29）中的电解质活度系数和浓度，并利用在各种浓度表示中电解质浓度与其平均浓度之比为一常数的关系，得浓度以摩尔分数表示的离子平均活度

$$f_{\pm,x} = 0.001M_1 f_{\pm,m} \frac{m_{\pm}}{x_{\pm}} = 0.001M_1 f_{\pm,m} \frac{m}{x}$$

$$= \frac{0.001M_1}{\rho_1} f_{\pm,c} \frac{c_{\pm}}{x_{\pm}} = \frac{0.001M_1}{\rho_1} f_{\pm,c} \frac{c}{x} \tag{1.48}$$

把式（1.45）和式（1.47）代入式（1.48），得

$$f_{\pm,x} = (1 + 0.001\nu m M_1) f_{\pm,m}$$

$$= \frac{\rho_{sol} + 0.001c(\nu M_1 - M_i)}{\rho_1} f_{\pm,c} \tag{1.49}$$

表1.3给出一些物质的平均活度系数。

表 1.3 电解质的浓度和相应的活度系数

电解质	HBr	KCl	$ZnSO_4$	Na_2SO_4	$BaCl_2$	$Al_2(SO_4)_3$
m	0.200	1.734	0.500	0.020	1.000	1.000
$f_{\pm,m}$	0.156	0.577	0.063	0.641	0.392	0.0175

1.7 离子强度定律

在稀的电解质溶液中，活度系数与离子强度有关。

离子强度的定义为

$$I_m = \frac{1}{2}\sum_i m_i z_i^2 \tag{1.50}$$

或

$$I_c = \frac{1}{2}\sum_i c_i z_i^2 \tag{1.51}$$

式中，I 为离子强度。电解质的平均活度系数与离子强度的关系称为离子强度定律，表示为

$$\lg f_{\pm,m} = -A'|z_+ z_-|\sqrt{I_m} \tag{1.52}$$

$$\lg f_{\pm,c} = -B'|z_+ z_-|\sqrt{I_c} \tag{1.53}$$

仅在 $I_m < 0.1$ 或 $I_c < 0.1$ 时适用。

1.8 离子间的相互作用

1.8.1 德拜-休克尔离子互吸理论

在电解质溶液中，除了离子和溶剂之间有相互作用外，离子和离子之间也有相互作用。对于稀的电解质溶液，1923 年德拜（Debye）和休克尔（Hückel）根据统计力学提出了离子互吸理论。该理论假设：

（1）电解质完全电离；

（2）离子是刚性的点电荷；

（3）溶液中每个离子都被与之电荷符号相反的离子云所包围，在离子云中离子的分布服从玻耳兹曼（Boltzmann）定律；

（4）离子之间的相互作用是库仑力；

（5）加入电解质不引起溶剂介电常数改变。

电解质电离出正负两种离子。以 n_+ 表示溶液中电荷为 z_+ 的正离子平均体积离子数（$1m^3$ 中正离子数），以 n_- 表示溶液中电荷为 z_- 的负离子平均体积离子数。取任一离子为中心离子，定为坐标原点。如图 1.1 所示，在中心离子周围选择一体积 dV，dV 内的平均电势为 φ，假设 dV 内的正负离子数与溶液中的正负离子平均体积离子数的关系服从玻耳兹曼分布，则在 dV 内

$$正离子数 = n_+ dV \exp(-z_+ e\varphi/k_B T)$$

$$负离子数 = n_- dV \exp(-z_- e\varphi/k_B T)$$

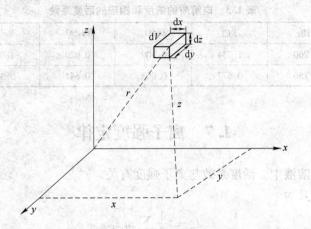

图 1.1　中心离子附近的体积元

正电荷密度

$$\rho_+ = n_+ z_+ e \exp(-z_+ e\varphi/k_B T)$$

负电荷密度

$$\rho_- = n_- z_- e \exp(-z_- e\varphi/k_B T)$$

总电荷密度

$$\rho_q = \rho_+ + \rho_- = n_+ z_+ e \exp(-z_+ e\varphi/k_B T) + n_- z_- e \exp(-z_- e\varphi/k_B T) \tag{1.54}$$

式中，k_B 为玻耳兹曼常数。

将式（1.54）做泰勒（Taylor）展开，有

$$\rho_q = n_+ z_+ e \left[1 - \frac{z_+ e\varphi}{k_B T} + \frac{1}{2!}\left(\frac{z_+ e\varphi}{k_B T}\right)^2 - \cdots \right] + n_- z_- e \left[1 - \frac{z_- e\varphi}{k_B T} + \frac{1}{2!}\left(\frac{z_- e\varphi}{k_B T}\right)^2 - \cdots \right] \tag{1.55}$$

如果溶液很稀，离子间的库仑作用能远小于热运动能，即

$$z_i e\varphi \ll k_B T$$

只取一级近似，得

$$\rho_q = (n_+ z_+ e + n_- z_- e) - (n_+ z_+^2 + n_- z_-^2)\frac{e^2}{k_B T}\varphi$$

$$= -\frac{e^2}{k_B T}\varphi \sum_i n_i z_i^2 \tag{1.56}$$

式中，$n_+ z_+ e + n_- z_- e = 0$。

电解质溶液显中性，单位体积内的净电荷应为零，$\sum_i n_i z_i^2$ 表示溶液中各种离子的浓度与其电荷数平方乘积之和。

将中心离子周围的电荷看作连续分布，根据泊松方程，有

$$\nabla^2 \varphi = -\frac{\rho}{\varepsilon_0 \varepsilon} \tag{1.57}$$

式中，$\varepsilon_0 = 8.85 \times 10^{-12}$ F/m，为真空介电常数或真空电容率；ε 为纯溶剂的相对介电常数或相对电容率。

对中心离子来说，离子云的分布是球形对称的，在半径为 r 的球面上各点电势大小相

等，与角度无关，将∇^2写成球坐标形式，有

$$\frac{1}{r}\frac{\mathrm{d}^2(r\varphi)}{\mathrm{d}r^2} = -\frac{\rho_q}{\varepsilon_0\varepsilon} \tag{1.58}$$

将式（1.56）代入式（1.58），得

$$\frac{\mathrm{d}^2(r\varphi)}{r\mathrm{d}r^2} = \frac{e^2\varphi}{\varepsilon_0\varepsilon k_B T}\sum_i n_i z_i^2 \tag{1.59}$$

令

$$k^2 = \frac{e^2}{\varepsilon_0\varepsilon k_B T}\sum_i n_i z_i^2 \tag{1.60}$$

在温度一定，电解质溶液确定的条件下，k^2为常数。式（1.59）成为

$$\frac{\mathrm{d}^2(r\varphi)}{\mathrm{d}r^2} = k^2 r\varphi \tag{1.61}$$

该方程的通解为

$$\varphi = \frac{A}{r}\mathrm{e}^{-kr} + \frac{B}{r}\mathrm{e}^{kr} \tag{1.62}$$

式中，A、B为积分常数，根据边界条件确定。

当$r\to\infty$时，$\varphi = 0$，并有$\mathrm{e}^{-kr}\to 0$，为使$\frac{B}{r}\mathrm{e}^{kr} = 0$，必须$B = 0$。式（1.62）成为

$$\varphi = \frac{A}{r}\mathrm{e}^{-kr} \tag{1.63}$$

为了求得常数A，需要另一个边界条件。假定其他离子能靠近中心离子的最近距离为a，如图1.2所示，从a开始沿着圆球半径积分到无穷远，可得到离子云中的全部电荷，其数量与中心离子相等，符号相反。

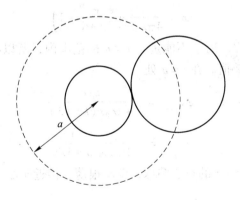

图1.2　离子相互靠近的最小距离

若中心离子电荷为$z_j e$，则

$$\int_a^\infty 4\pi r^2\rho_q\mathrm{d}r = -z_j e \tag{1.64}$$

由式（1.56）和式（1.60）得

$$\rho_q = -\varepsilon_0\varepsilon k^2\varphi \tag{1.65}$$

将式（1.63）代入式（1.65），得

$$\rho_q = -\varepsilon_0 \varepsilon k^2 \frac{A}{r} e^{-kr} \tag{1.66}$$

将式（1.66）代入式（1.64），得

$$\int_a^\infty 4\pi r \varepsilon_0 \varepsilon A k^2 e^{-kr} dr = z_j e$$

用部分积分法积分上式，得

$$4\pi A \varepsilon_0 \varepsilon (ka+1) e^{-kr} dr = z_j e$$

则

$$A = \frac{z_j e}{4\pi\varepsilon_0\varepsilon} \frac{e^{ka}}{ka+1} \tag{1.67}$$

将式（1.67）代入式（1.63），得

$$\varphi = \frac{z_j e}{4\pi\varepsilon_0\varepsilon} \frac{e^{ka}}{ka+1} \frac{e^{-ka}}{r} \tag{1.68}$$

此式给出了与电荷为 $z_j e$ 的中心离子距离为 r 处的电势的时间平均。溶液中最少有两种离子，其半径不等。将离子近似看作圆球，则 a 相当于两种离子的有效半径之和；也可以将 a 看作两种离子的平均直径，其值大于由此两种离子构成的晶体的晶格常数——两种离子的半径之和，小于它们的水化半径之和。

式（1.68）的 φ 是中心离子和离子云在 r 处形成的总电势。中心离子在 r 处的电势为

$$\varphi_1 = \frac{z_j e}{4\pi\varepsilon_0\varepsilon r} \tag{1.69}$$

根据电势具有加和性的原理，由式（1.68）减式（1.69），得到离子云在 r 处的电势为

$$\varphi_2 = \frac{z_j e}{4\pi\varepsilon_0\varepsilon r} \left(\frac{e^{ka} e^{-kr}}{ka+1} - 1 \right) \tag{1.70}$$

由于离子云球形对称，离子不能进入 $r < a$ 的范围内，所以在 $r < a$ 的范围内电势恒定，并等于 $r = a$ 处的电势值。在 $r = a$ 处

$$\begin{aligned}\varphi_{2(r=a)} &= -\frac{z_j e k}{4\pi\varepsilon_0\varepsilon(ka+1)} \\ &= -\frac{z_j e}{4\pi\varepsilon_0\varepsilon} \frac{1}{a+1/k}\end{aligned} \tag{1.71}$$

设离子云为一个半径为 r 的空心圆球，壁厚很薄，接近于零，壁厚上带有电荷 q，内部电势为

$$V = \frac{q}{4\pi\varepsilon_0\varepsilon r} \tag{1.72}$$

与公式（1.71）比较可见，若将 $a+1/k$ 看作圆球半径，$-z_j e$ 为球壳上均匀分布的电荷，则 $\varphi(r=a)$ 即为离子云在中心离子处产生的电势。中心离子与离子云的相互作用，相当于中心离子与半径为 $a+1/k$、电量为 $-z_j e$ 的带电薄壳的相互作用。称 $1/k$ 为离子云厚度或离子云半径，并用来表示离子间库仑作用的大小。

将 $n_i = 1000 N_A c_i$ 代入式（1.60），得离子云厚度公式

$$\frac{1}{k} = \left(\frac{\varepsilon_0 \varepsilon k_B T}{1000 e^2 N_A \sum_i c_i z_i^2} \right)^{\frac{1}{2}} \tag{1.73}$$

由式（1.73）可见，离子云厚度与离子的电荷、浓度以及温度、介电常数等因素有关。在其他条件固定的情况下，$\frac{1}{k}$ 与 $\sqrt{c}$ 成反比。

表 1.4 列出了 25℃时几种电解质水溶液中离子云的厚度。

表 1.4　25℃时各种电解质水溶液的离子云厚度 $\left(\frac{1}{k} \times 10^{10} \right)$

电解质价型	溶液浓度 $c/\text{mol} \cdot \text{L}^{-1}$			
	0.1	0.01	0.001	0.0001
1-1 型（如 KCl）	9.6	30.4	96	304
1-2 型（如 K_2SO_4）和 2-1 型（如 $CaCl_2$）	5.5	17.6	55.5	176
2-2 型（如 $CuSO_4$）	4.8	15.2	48.1	152
1-3 型（如 K_3PO_4）和 3-1 型（如 $LaCl_3$）	3.9	12.4	39.3	124

电解质溶液浓度 $c < 10^{-4}\text{mol/L}$，$ka \ll 1$，式（1.71）简化为

$$\varphi_{2(r=a)} = -\frac{z_j e k}{4\pi\varepsilon_0 \varepsilon r}$$

$$= -\frac{z_j e}{4\pi\varepsilon_0 \varepsilon r \frac{1}{k}} \tag{1.74}$$

即将 $a + 1/k$ 简化为 $1/k$，相当于把离子看做点电荷。

1.8.2　德拜–休克尔理论的应用

1.8.2.1　计算活度系数

溶液的浓度以体积摩尔浓度表示，溶液中组元 j 的化学势为

$$\mu_j = \mu_{j,c}^{\ominus} + RT\ln a_{j,c}$$

$$= \mu_{j,c}^{\ominus} + RT\ln f_{j,c} c_j \tag{1.75}$$

若将此溶液当作理想溶液，则

$$\mu_j' = \mu_{j,c}^{\ominus} + RT\ln c_j \tag{1.76}$$

两者之差

$$\Delta\mu = \mu_j - \mu_j'$$

$$= RT\ln f_{j,c} \tag{1.77}$$

是真实溶液对理想溶液的偏差。如果认为这种偏差是由离子间库仑力引起的，则化学势差可以用离子云所引起的中心离子电能的变化表示，即

$$\Delta\mu = RT\ln f_{j,c}$$

$$= \frac{1}{2} z_j e \varphi_{2(r=a)} N_A \tag{1.78}$$

将式 (1.71) 代入式 (1.78)，得

$$\ln f_{j,c} = -\frac{z_j^2 e^2 N_A k}{8\pi\varepsilon_0 \varepsilon RT(ka+1)} \tag{1.79}$$

式中，$\ln f_{j,c}$ 为单种离子的活度系数，可以是正离子的活度系数，也可以是负离子的活度系数。

将单种离子的活度系数 $f_{j,c}$ 换算成离子的平均活度系数 $f_{\pm,c}$。由式 (1.42) 得

$$\ln f_{\pm,c} = \frac{1}{\nu}(\nu_+ \ln f_{+,c} + \nu_- \ln f_{-,c}) \tag{1.80}$$

以式 (1.79) 中的 $\ln f_{j,c}$ 代替式 (1.80) 中的 $\ln f_{+,c}$ 和 $\ln f_{-,c}$，得，

$$\ln f_{\pm,c} = -\frac{e^2 N_A k}{8\pi\varepsilon_0 \varepsilon RT(ka+1)} \cdot \frac{\nu_+ z_+^2 + \nu_- z_-^2}{\nu} \tag{1.81}$$

根据溶液的电中性条件

$$\nu_+ |z_+| = \nu_- |z_-|$$

得

$$\nu_+ z_+^2 + \nu_- z_-^2 = \nu_- |z_- z_+| + \nu_+ |z_+ z_-|$$
$$= \nu |z_+ z_-| \tag{1.82}$$

将式 (1.82) 代入式 (1.81)，得

$$\ln f_{\pm,c} = -\frac{e^2 N_A |z_+ z_-| k}{8\pi\varepsilon_0 \varepsilon RT(ka+1)} \tag{1.83}$$

利用式 (1.51)，得

$$\ln f_{\pm,c} = -\frac{A |z_+ z_-| \sqrt{I}}{I + aB\sqrt{I}} \tag{1.84}$$

式中

$$B = \left(\frac{2000 e^2 N_A}{\varepsilon_0 \varepsilon k_B T}\right)^{1/2} \tag{1.85}$$

$$A = \frac{e^2 N_A}{18.424\pi\varepsilon_0 \varepsilon RT}\left(\frac{2000 e^2 N_A}{\varepsilon_0 \varepsilon k_B T}\right)^{1/2}$$

$$= \frac{e^2 N_A B}{18.424\pi\varepsilon_0 \varepsilon RT} \tag{1.86}$$

若 $I < 0.0003$（溶液很稀），可以用式 (1.74) 代替式 (1.71) 得到

$$\ln f_{j,c} = \frac{z_j^2 e^2 N_A k}{8\pi\varepsilon_0 \varepsilon RT} \tag{1.87}$$

$$\ln f_{j,c} = -A z_j^2 \sqrt{I} \tag{1.88}$$

$$\ln f_{\pm,c} = -A |z_+ z_-| \sqrt{I} \tag{1.89}$$

这是从离子云理论推导出的极限定律，与经验公式 (1.51)、式 (1.53) 一致，说明离子云理论对稀溶液完全正确。

式 (1.84) 和式 (1.85) 在其使用的浓度范围内，对其他浓度表示方法也适用。

为了扩大式 (1.84) 的应用范围，在式 (1.84) 中加进线性浓度项，即

$$\ln f_{\pm,c} = -\frac{A|z_+ z_-|\sqrt{I}}{I + aB\sqrt{I}} + bI \qquad (1.90)$$

式中，b 为常数，由实验确定。该式的适用浓度范围扩大到 $1\,\text{mol/L}$。

1.8.2.2 离子与溶剂的相互作用及其对离子活度系数的影响

在电解质溶液中，由于溶剂化作用，游离的溶剂分子数量减少，即溶剂浓度变小。这相当于离子浓度增大，相应的离子活度增大。因此，溶液的吉布斯自由能会发生变化。

下面讨论非缔合式电解质水溶液的情况。

浓度以摩尔分数表示，纯水的活度为 1，向水中加入电解质以后，水的活度变为 $a_{\text{H}_2\text{O}}$。水的摩尔吉布斯自由能变化为

$$\Delta G_{m,\text{H}_2\text{O}} = RT\ln a_{\text{H}_2\text{O}} \qquad (1.91)$$

将 $1\,\text{mol}$ 电解质溶解到 $n_{\text{H}_2\text{O}}\,\text{mol}$ 的水中，$1\,\text{mol}$ 电解质电离出 $\nu_+\,\text{mol}$ 正离子和 $\nu_-\,\text{mol}$ 负离子。两种离子水化需要 $n_h\,\text{mol}$ 水，则每摩尔离子平均需要 $n_h/\nu\,\text{mol}$ 水。因此，n_h/ν 摩尔水分子水化后，该电解质溶液的摩尔吉布斯自由能变化为

$$\Delta G_m = -(n_h/\nu)RT\ln a_{\text{H}_2\text{O}}^{\text{R}} \qquad (1.92)$$

水分子成为水化离子之前，溶液中正离子的摩尔分数为

$$x_+ = \frac{\nu_+}{n_{\text{H}_2\text{O}} + \nu}$$

在水分子成为水化离子之后，溶液中正离子的摩尔分数为

$$x'_+ = \frac{\nu_+}{n_{\text{H}_2\text{O}} - n_h + \nu}$$

因此水化使得溶液中游离的水分子数减少，引起离子浓度改变，相应于 $1\,\text{mol}$ 离子的吉布斯自由变化为

$$\Delta G_{m,\pm} = RT\ln \frac{x'_+}{x_+}$$
$$= RT\ln \frac{n_{\text{H}_2\text{O}} + \nu}{n_{\text{H}_2\text{O}} - n_h + \nu} \qquad (1.93)$$

因此，由于水化作用，$1\,\text{mol}$ 离子所引起的吉布斯自由能变化除库仑作用外还应包括上面两部分吉布斯自由能变化。有

$$RT\ln f'_{\pm,x} = RT\ln f_{\pm,x} - \frac{n_h}{\nu}RT\ln a_{\text{H}_2\text{O}}^{\text{R}} + RT\ln \frac{n_{\text{H}_2\text{O}} + \nu}{n_{\text{H}_2\text{O}} - n_h + \nu}$$

从而有

$$\ln f'_{\pm,x} = \ln f_{\pm,x} - \frac{n_h}{\nu}\ln a_{\text{H}_2\text{O}}^{\text{R}} + \ln \frac{n_{\text{H}_2\text{O}} + \nu}{n_{\text{H}_2\text{O}} - n_h + \nu} \qquad (1.94)$$

式（1.94）给出了离子与溶剂的作用对离子平均活度系数的影响。$1\,\text{mol}$ 电解质溶解到 $n_{\text{H}_2\text{O}}\,\text{mol}$ 水中，质量摩尔浓度为

$$1 : 18 n_{\text{H}_2\text{O}} = m : 1000$$
$$m = \frac{1000}{18 n_{\text{H}_2\text{O}}}$$
$$= \frac{1}{0.018 n_{\text{H}_2\text{O}}}$$

而有

$$n_{H_2O} = \frac{1}{0.018m} \tag{1.95}$$

将式（1.95）代入式（1.94）等号右边的最后一项，得

$$\frac{n_{H_2O} + \nu}{n_{H_2O} - n_h + \nu} = \frac{1 + 0.018\nu m}{1 + 0.018(\nu - n_h)m} \tag{1.96}$$

利用式（1.49）和式（1.96），将式（1.94）变为

$$\ln f'_{\pm,m} = \ln f_{\pm,m} - \frac{n_h}{\nu}\ln a_{H_2O}^R - \ln[1 + 0.018(\nu - n_h)m] \tag{1.97}$$

将式（1.97）中的自然对数变为常用对数，并将式（1.84）中的 $f_{\pm,c}$ 换成 $f_{\pm,m}$ 后代入式（1.97），得

$$\lg f'_{\pm,m} = -\frac{A|z_+ z_-|\sqrt{I}}{I + aB\sqrt{I}} - \frac{n_h}{\nu}\lg a_{H_2O}^R - \lg[1 + 0.018(\gamma - n_h)m] \tag{1.98}$$

式（1.98）即为考虑了离子水化影响的离子平均活度系数公式。式中

$$a_{H_2O} < 1, \lg a_{H_2O}^R < 0$$
$$n_h > \nu, \nu - n_h < 0$$

所以

$$\lg[1 + 0.018(\nu - n_h)m] < 0$$
$$m \to 0, a_{H_2O}^R \to 1$$

图 1.3 是 NaCl 水溶液的平均活度系数与质量摩尔浓度 1/2 次方的关系曲线。实线为由式（1.97）的计算值，圆圈为实验值，两者吻合得很好。

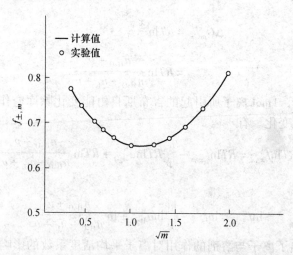

图 1.3   NaCl 水溶液的平均活度系数——计算值与实验值

对于高浓度的电解质水溶液，利用式（1.97）计算的结果与实验事实不符，计算的离子水化数也有矛盾，说明此模型还有不合理之处，需要进一步发展。

1.8.2.3   离子缔合及其对离子平均活度系数的影响

正负离子库仑吸引力的大小，与它们之间的距离平方成反比。电解质溶液浓度越大，

离子间平均距离越近，达到一定程度会出现正负离子间的吸引力超过热运动使其分开的力，造成两个正负离子结合成一个整体，一起运动，这种现象叫做缔合。由电荷数相同的一个正离子和一个负离子的缔合叫做离子对，显电中性，但不是分子。离子所带电荷越多，溶剂介电常数越小，越容易形成离子对。

在电解质溶液中，非缔合离子和离子对间存在平衡，即

$$(+) + (-) \Longrightarrow (+ -)$$

而且服从质量作用定律。形成离子对的离子数占总离子数的分数叫做缔合度，以 θ 表示。电解质的浓度为 c，离子对的浓度则为 θc，非缔合的电解质浓度为 $(1 - \theta)c$。如果正负两种离子的活度系数分别为 $f_{+,c}$ 和 $f_{-,c}$，则离子缔合常数 K_A 为

$$\begin{aligned} K_A &= \frac{\theta c}{(1 - \theta)cf_{+,c}(1 - \theta)cf_{-,c}} \\ &= \frac{\theta}{(1 - \theta)^2 cf_{\pm,c}^2} \end{aligned} \tag{1.99}$$

溶液中形成非缔合的离子的电解质占电解质总量的分数叫解离度，以 α 表示。并有

$$\alpha = 1 - \theta$$

如果溶液中的离子形成离子对是主要的，即 $\theta \approx 1$，可将正负离子的活度系数看作 1，式（1.99）则成为

$$K_A = \frac{1}{\alpha^2 c} \tag{1.100}$$

令 K_B 为解离常数，即缔合常数 K_A 的倒数，有

$$K_B = \frac{1}{K_A} = \alpha^2 c$$

或

$$\alpha = \sqrt{\frac{K_B}{c}} \tag{1.101}$$

电解质溶液中也可能有三个离子形成的三离子体，二离子对和三离子体之间存在平衡，有

$$(+ -) + (+) \Longrightarrow (+ - +)$$
$$(+ -) + (-) \Longrightarrow (- + -)$$

上面的两种三离子体形成的概率相等。α_3 表示三离子体在电解质中所占的分数，K_3 表示三离子体的解离常数，则

$$\begin{aligned} K_3 &= \frac{c(1 - \alpha)c\alpha}{\alpha_3 c} \\ &\approx \frac{c\alpha}{\alpha_3} \end{aligned} \tag{1.102}$$

将式（1.101）代入式（1.102），得

$$\alpha_3 = \frac{\sqrt{K_B c}}{K_3} \tag{1.103}$$

除三离子体外，还可能形成四离子体或多离子的离子体。

前面讨论的离子云理论没有考虑离子缔合的影响。由于离子对是中性的，其间以及和

非缔合离子间不存在库仑力。非缔合的正负离子间相互接近的距离不能小于缔合成对的最大距离 d，否则就会缔合成对。因此，d 也是没有缔合离子相互接近的最小距离。用 d 代替式（1.84）中的 α，对 1-1 型电解质，有

$$\lg f_{\pm,c} = -\frac{A\sqrt{(1-\theta)c}}{1+dB\sqrt{(1-\theta)c}} \tag{1.104}$$

式中，$f_{\pm,c}$ 为相应于电解质溶液中那些没缔合的离子的浓度算出的活度系数。而实验测得的是相应于电解质的总浓度的活度系数 $f'_{\pm,c}$，两者的关系为

$$f'_{\pm,c} = f_{\pm,c}(1-\theta) \tag{1.105}$$

$f_{\pm,c}$ 表示溶液的不理想程度，$f'_{\pm,c}$ 除表示溶液的不理想程度外，还包括电解质电离不完全的程度。

将式（1.105）取对数后再将式（1.104）代入，得

$$\lg f'_{\pm,c} = \lg f_{\pm,c} + \lg(1-\theta)$$

$$= \frac{A\sqrt{(1-\theta)c}}{1+dB\sqrt{(1-\theta)c}} + \lg(1-\theta) \tag{1.106}$$

1.8.3　匹采理论

德拜－休克尔理论只能用在浓度很稀（0.01mol/L 以下）的电解质溶液。为了能得到适用于更高浓度的电解质溶液的理论，很多人采用统计力学的方法研究电解质溶液，但得到的结果都过于复杂，不适合实际应用。在 20 世纪 70 年代，匹采（Pitzer）建立了一个半经验的统计力学电解质溶液理论，可以处理质量摩尔浓度为几摩尔的酸、碱、盐溶液。

1.8.3.1　单一电解质溶液

设电解质溶液含有 $w(\mathrm{kg})$ 溶剂和 n_i、$n_j(\mathrm{mol})$ 的溶质离子 i、j。体系的总过剩吉布斯自由能为

$$\frac{G^{\mathrm{E}}}{RT} = wg(I) + \frac{1}{w}\sum_i\sum_j \lambda_{ij}(I)n_in_j + \frac{1}{w^2}\sum_i\sum_j\sum_k \mu_{ijk}n_in_jn_k \tag{1.107}$$

式中，$g(I)$ 为离子强度 I 的函数（也是温度和溶剂性质的函数）；$\lambda_{ij}(I)$ 为离子 i 和 j 间的短程力效应所引起的离子强度的函数；μ_{ijk} 为三个离子的相互作用项，表示的是高浓度的作用，忽略了 μ_{ijk} 与离子强度的关系。

将式（1.107）对 n_i 微分后代入离子 i 的活度系数公式

$$\ln f_i = \frac{1}{RT}\frac{\partial G^{\mathrm{E}}}{\partial n_i} \tag{1.108}$$

得

$$\ln f_i = \frac{z_i^2}{2}g'(I) + \frac{z_i^2}{2}\sum_j\sum_k \lambda'_{jk}(I)m_jm_k + 2\sum_j \lambda_{jk}(I)m_j + 3\sum_j\sum_k \mu_{ijk}m_jm_k$$

$$\lambda'_{jk}(I) = \frac{\partial\lambda(I)}{\partial I} \tag{1.109}$$

式中，下角标表示离子的种类；m 表示质量摩尔浓度，即 1000g 溶剂中所含溶质的物质的量。

$$m = \frac{n}{w}$$

电解质 $M_{\nu_+} X_{\nu_-}$ 的活度系数为

$$\ln f_{M_{\nu_+} X_{\nu_-}} = \frac{|z_+ z_-|}{2} g'(I) + \frac{|z_+ z_-|}{2} \sum_j \sum_k \lambda'_{jk}(I) m_j m_k +$$

$$\frac{2\nu_+}{\nu} \sum_j \lambda_{Mj}(I) m_j + \frac{2\nu_-}{\nu} \sum_j \lambda_{Xj}(I) m_j +$$

$$\frac{3\nu_+}{\nu} \sum_j \sum_k \mu_{Mjk}(\gamma) m_j m_k + \frac{3\nu_-}{\nu} \sum_j \sum_k \mu_{xjk} m_j m_k \qquad (1.110)$$

$$\nu = \nu_+ + \nu_-$$

$$g'(I) = \frac{\partial g(I)}{\partial I} \qquad (1.111)$$

式中，ν_+ 和 ν_- 分别为化合物 $M_{\nu_+} X_{\nu_-}$ 中 M 和 X 的化学计量系数；z_+ 和 z_- 分别为离子 M^{z_+} 和 X^{z_-} 的价数，即所带电荷数。

对于只有一种电解质的溶液，由电解质平均离子活度的定义，得到单一电解质 $M_{\nu_+} X_{\nu_-}$ 的平均离子活度系数的表达式为

$$\ln f_{\pm, m} = \frac{|z_+ z_-|}{2} g' + m \frac{2\nu_+ \nu_-}{\nu} B_{MX} + m^2 \frac{2(\nu_+ \nu_-)^{3/2}}{\nu} C_{MX} \qquad (1.112)$$

式中

$$g' = -A_\varphi \left[\frac{I^{\frac{1}{2}}}{1 + b I^{\frac{1}{2}}} + \frac{2}{b} \ln(I + b I^{\frac{1}{2}}) \right]$$

$$B_{MX} = 2\lambda_{MX} + I\lambda'_{MX} + \frac{\nu_+}{2\nu_-}(2\lambda_{MM} + I\lambda'_{MM}) + \frac{\nu_-}{2\nu_+}(2\lambda_{XX} + I\lambda'_{XX})$$

$$= 2\beta^{(0)}_{MX} + \frac{2\beta^{(1)}_{MX}}{\alpha^2 I} \left[1 - (1 + \alpha I^{\frac{1}{2}} - \frac{1}{2}\alpha^2 I) \exp(-\alpha I^{\frac{1}{2}}) \right]$$

$A_\varphi = 0.391 \mathrm{kg}^{1/2}/\mathrm{mol}^{1/2}$ (25℃)，$b = 1.2 \mathrm{kg}^{1/2}/\mathrm{mol}^{1/2}$，$\alpha = 2.0 \mathrm{kg}^{1/2}/\mathrm{mol}^{1/2}$，$\beta^{(0)}_{MX}$、$\beta^{(1)}_{MX}$、$C_{MX}$ 为三个常数，

$$C_{MX} = \frac{9}{2(\nu_+ \nu_-)^{\frac{1}{2}}} (\nu_+ \mu_{MMX} + \nu_- \mu_{MXX})$$

$$g(I) = -\frac{4A_\varphi I}{b} \ln(I + b I^{\frac{1}{2}})$$

$$A_\varphi = \frac{1}{3} \left(\frac{2\pi N_A dw}{1000} \right)^{1/2} \left(\frac{e^2}{D k_B T} \right)^{3/2}$$

$$D = 4\pi \varepsilon_0 \varepsilon$$

$$b = \frac{ka}{I^{12}} = \left(\frac{8\pi N_A e^2 \rho_w}{1000 D k_B T} \right)^{\frac{1}{2}} a$$

ρ_w 为溶剂水的密度，单位为 g/mL；b 的单位为 $\mathrm{kg}^{1/2}/\mathrm{mol}^{1/2}$；$A_\varphi$ 的单位为 $\mathrm{kg}^{1/2}/\mathrm{mol}^{1/2}$。

将上面各式代入式（1.112），得

$$\ln f_{\pm, m} = \frac{|z_+ z_-|}{2} g'(I) + \frac{m}{\nu} \left[2\nu_+ \nu_- (2\lambda_{MX}(I) + I\lambda_{MX}(I)) + \nu_+^2 (2\lambda_{MM}(I) + \right.$$

$$I\lambda'_{MM}(I)) + \nu_-^2(2\lambda_{XX}(I) + I\lambda'_{XX}(I))\Big] + \frac{9\nu_+\nu_-m^2}{\nu}(\nu_+\mu_{MMX} + \nu_-\mu_{MXX}) \tag{1.113}$$

$$\nu = \nu_+ + \nu_- \tag{1.114}$$

式中，z_+ 和 z_- 分别为离子 M 和 X 的价数，即所带电荷数，ν_+ 和 ν_- 分别为化合物 $M_{\nu_+}X_{\nu_-}$ 中 M 和 X 的化学计量系数，λ_{MX}、λ_{MM}、λ_{XX} 分别是离子 M^{z+} 和 X^{z-}、M^{z+} 和 M^{z+}、X^{z-} 和 X^{z-} 间的短程力，μ_{MMX} 和 μ_{MXX} 是三个离子间的相互作用。忽略了三个同符号的离子间的相互作用项 μ_{MMM} 和 μ_{XXX}，它们的值很小。

由式（1.112）得到不同价的单一电解质水溶液的活度系数分别为：

1：1 价电解质

$$\ln f_{\pm,m} = \frac{g'}{2} + mB_{MX} + m^2 C_{MX} \tag{1.115}$$

2：1 价电解质

$$\ln f_{\pm,m} = g' + \frac{4}{3}mB_{MX} + \left(\frac{2}{3}\right)^{\frac{5}{2}} m^2 C_{MX} \tag{1.116}$$

3：1 价电解质

$$\ln f_{\pm,m} = \frac{3}{2}g' + \frac{3}{2}mB_{MX} + \left(\frac{3}{3}\right)^{\frac{3}{2}} m^2 C_{MX} \tag{1.117}$$

2：2 价电解质

$$\ln f_{\pm,m} = 2g' + mB_{MX} + m^2 C_{MX} \tag{1.118}$$

1.8.3.2　混合电解质水溶液

混合电解质的总过剩吉布斯自由能可以写作

$$\frac{G^E}{RT} = wg(I) + 2w\sum_i\sum_j m_i m_j\Big[B_{ij} + \Big(\sum_k mz_k\Big)C_{ij}\Big] \tag{1.119}$$

式中，下角标 i 表示正离子；j 表示负离子；m 为质量摩尔浓度。

离子 l 的活度系数为

$$\ln f_{l,m} = \frac{z_+^2}{2}g'(I) + 2\sum_i m_i\Big[B_{li} + \Big(\sum_k mz_k\Big)C_{li}\Big] +$$
$$\sum_i\sum_j m_i m_j(z_+^2 B'_{ij} + z_+ C_{ij}) \tag{1.120}$$

$M_{\nu_+}X_{\nu_-}$ 的平均离子活度系数

$$\ln f_{\pm,m} = \frac{z_+ z_-}{2}g'(I) + \frac{2\nu_+}{\nu}\sum_i m_i\Big[B_{mi} + \Big(\sum_k mz_k\Big)C_{mi}\Big] +$$
$$\frac{2\nu_-}{\nu}\sum_j m_j\Big[B_{jx} + \Big(\sum_k mz_k\Big)C_{jx}\Big] +$$
$$\sum_i\sum_j m_i m_j\Big(|z_+ z_-|B'_{ij} + \frac{2\nu_+ z_+}{\nu}C_{ij}\Big) \tag{1.121}$$

式中

$$B_{ij}(I) = \lambda_{ij} + \Big(\frac{\nu_i}{2\nu_j}\Big)\lambda_{ii} + \Big(\frac{\nu_j}{2\nu_i}\Big)\lambda_{jj}$$

$$= B_{ij}^f(I) - B_{ij}^{\varphi}(I)$$

$$= B_{ij}^{(0)} + \frac{2B_{ij}^{(1)}}{\alpha^2 I}[1 - (1 + \alpha I^{1/2})e^{-\alpha I^{1/2}}]$$

$$\sum_k mz_k = \sum_j m_j |z_-| = \sum_i m_i z_+$$

$$C_{ij} = \frac{C_{ij}^{\varphi}}{2|z_+ z_-|^{1/2}}$$

$$C_{ij}^{\varphi} = \frac{3}{(\nu_+ \nu_-)^{1/2}}(\nu_+ \mu_{iij} + \nu_- \mu_{ijj})$$

1.8.3.3　匹采–李方程

对于浓度更高的电解质溶液，前面的吉布斯自由能表达式已不能适用。1986 年，匹采和李以圭提出了以摩尔分数为浓度单位的吉布斯自由能表达式。

对于 1∶1 价电解质，以纯熔盐为标准状态，过剩吉布斯自由能公式为

$$\frac{G^E}{(n_1 + \nu n_2)RT} = -\left(\frac{4A_x I_x}{\delta}\right)\ln\left(\frac{1 + \delta I_x^{1/2}}{1 + \delta/\sqrt{2}}\right) + \omega x_1 x_2 \tag{1.122}$$

上式假定电解质完全电离，离子强度以离子摩尔分数表示为

$$I_x = \frac{1}{2}\sum_i x_i z_i^2 \tag{1.123}$$

式中

$$x_1 = \frac{n_1}{n_1 + \nu n_2}$$

$$x_2 = \frac{\nu n_2}{n_1 + \nu n_2}$$

下角标 1 和 2 分别为水和电解质；ν 为 1mol 电解质完全解离为离子的物质的量；ω 为作用系数。

对于 1∶1 价电解质溶液，I_x 与以质量摩尔浓度表示离子强度 I_m 的关系为

$$I_x \approx \frac{I_m}{55.49 m^{\ominus}} \tag{1.124}$$

δ 是与离子间最近距离有关的参数

$$\delta = (55.49)^{1/2} b m^{\ominus} \tag{1.125}$$

$$A_x = \left(\frac{1000}{18.02}\right)^{1/2} A_{\varphi}$$

$$= \frac{1}{3}\left(\frac{2\pi N\rho_w}{18.02}\right)^{1/2}\left(\frac{e^2}{Dk_B T}\right)^{1/2} \tag{1.126}$$

由过剩吉布斯自由能可以得到溶剂和溶质的活度系数表达式。

$$\ln\gamma_1 = \frac{\partial\left(\frac{G^E}{RT}\right)}{\partial n_1} = \frac{2A_x I_x^{3/2}}{1 + \delta I_x^{1/2}} + \omega x_2^2 \tag{1.127}$$

$$\ln\gamma_2 = \frac{\partial\left(\frac{G^E}{RT}\right)}{2\partial n_2} = -A_x\left[\frac{2}{\delta}\ln\left(\frac{1 + \delta I_x^{1/2}}{1 + \delta/\sqrt{2}}\right) + \frac{I_x^{1/2} - 2I_x^{3/2}}{1 + \delta I_x^{1/2}}\right] + \omega x_1^2 \tag{1.128}$$

溶液中水和电解质的活度可以表示为

$$a_1 = x_1 \gamma_1$$
$$a_2 = (x_2 \gamma_{2\pm})^2$$

1.9　电解质溶液中离子的扩散

在宏观上溶液中的离子从一处迁移到另一处，即离子沿着某一方向移动的距离比其他方向大，产生了净位移，叫做离子的扩散。

1.9.1　稳态扩散

溶液中的离子扩散过程中，各点的浓度不随时间变化，即过程进行的速度与时间无关，就为稳态扩散。

如果溶液中离子的浓度只沿 x 轴变化，在 y 轴和 z 轴离子的浓度均匀不变化，则有

$$J_i = -D_i \frac{\mathrm{d}c_i}{\mathrm{d}x} \tag{1.129}$$

式中，J_i 为组元 i 的扩散流量，单位时间通过单位面积的离子 i 的量，单位为 $\mathrm{mol/(m^2 \cdot s)}$；$c_i$ 为离子 i 的体积摩尔浓度；D_i 为离子 i 的扩散系数。扩散过程中，离子 i 传递的方向为 $\frac{\mathrm{d}c_i}{\mathrm{d}x}$ 减小的方向，所以等式右边取负号，这样可使 J_i 为正值。式（1.129）即为离子扩散的菲克定律。

如果溶液中离子的浓度在 x、y、z 三个方向都不均匀，都发生变化，则有

$$J_i = -D_i \nabla c_i$$
$$= -D_i \left(i \frac{\partial c_i}{\partial x} + j \frac{\partial c_i}{\partial y} + k \frac{\partial c_i}{\partial z} \right)$$

或

$$J_i = |J_i|$$
$$= -D_i \left(\frac{\partial c_i}{\partial x} + \frac{\partial c_i}{\partial y} + \frac{\partial c_i}{\partial z} \right)$$

严格来说，扩散的推动力是化学势在扩散方向的变化，即

$$J_i = -B \frac{\mathrm{d}\mu_i}{\mathrm{d}x}$$
$$= -BRT \frac{\mathrm{d}\ln a_i}{\mathrm{d}x}$$
$$= -BRT \frac{\mathrm{d}}{\mathrm{d}x} \left[\ln(f_{i,c} c_i) \right]$$
$$= -BRT \frac{\mathrm{d}c_i}{\mathrm{d}x} \left(1 + \frac{\mathrm{d}\ln f_{i,c}}{\mathrm{d}\ln x} \right) \tag{1.130}$$

将式（1.130）与式（1.129）比较，得

$$D = BRT \left(1 + \frac{\mathrm{d}\ln f_{i,c}}{\mathrm{d}\ln x} \right) \tag{1.131}$$

严格来说，扩散系数不是常数，但在一般浓度范围内，扩散系数随浓度的变化不大。

$$\frac{\mathrm{d}\ln f_{i,c}}{\mathrm{d}\ln c_i} \ll 1$$

将扩散系数 D 当作常数，误差不大。例如，离子浓度 $100\mathrm{mol/m^3}$ 和 $10\mathrm{mol/m^3}$ 的扩散，活度系数的误差仅百分之几，对扩散系数基本没影响。

1.9.2 非稳态扩散

如果溶液中各点离子 i 的浓度既是时间的函数，也是位置的函数，即扩散流量随时间变化，则为非稳态扩散。

在一维情况，有

$$\frac{\partial c_i}{\partial t} = D_i \frac{\partial^2 c_i}{\partial x^2} \tag{1.132}$$

在三维情况，有

$$\frac{\partial c_i}{\partial t} = D_i \nabla^2 c_i$$
$$= D_i \left(\frac{\partial^2 c_i}{\partial x^2} + \frac{\partial^2 c_i}{\partial y^2} + \frac{\partial^2 c_i}{\partial z^2} \right) \tag{1.133}$$

此即菲克第二定律。

写作化学势梯度的表示，有

$$\frac{\partial \mu_i}{\partial t} = D_i \frac{\partial^2 \mu_i}{\partial x^2}$$

和

$$\frac{\partial \mu_i}{\partial t} = D_i \nabla^2 \mu_i = D_i \left(\frac{\partial^2 \mu_i}{\partial x^2} + \frac{\partial^2 \mu_i}{\partial y^2} + \frac{\partial^2 \mu_i}{\partial z^2} \right) \tag{1.134}$$

1.9.3 能斯特 – 哈特利公式

引起扩散的真正原因是化学势梯度，这是由吉布斯（Gibbs）、古根亥姆（Guggenheim）和哈特利（Hartley）提出的，无论电解质还是非电解质都如此。电解质扩散和非电解质扩散的不同之处是电解质溶液在扩散过程中要保持电中性。电解质扩散与导电的区别在于电解质导电在电场作用下正负离子做相反运动，而扩散正负离子同向运动。

在单一电解质溶液内，为了保持溶液的电中性，电解质扩散是正、负离子以相同的速度向同一方向运动。正负离子的电迁移率不同，说明它们在同样的电场条件下运动时所受的阻力不同。既然阻力不同，在同样的浓度梯度条件下，正负离子的运动速度也应不同，这样会破坏溶液的电中性。但事实并非如此。这是由于正、负离子的运动速度不同，产生了局部电场。局部电场使运动快的离子变慢，运动慢的离子变快，从而造成正负离子同向、同速运动。

在单一电解质溶液中，只有一种正离子和一种负离子。一个电解质分子电离成 ν_+ 个正离子和 ν_- 个负离子，则有

$$\mu = \nu_+ \mu_+ + \nu_- \mu_- \tag{1.135}$$

由化学势梯度产生的对单个离子的力为

$$-\frac{1}{N_A}\frac{\partial \mu_+}{\partial x}, \ -\frac{1}{N_A}\frac{\partial \mu_-}{\partial x} \tag{1.136}$$

式中，N_A 是阿伏伽德罗（Avogadro）常数；负号表示离子沿化学势梯度降低的方向运动。

由于正负离子电迁移率不同所引起的电场对正负离子对的作用力分别是 $z_+ eE$ 和 $z_- eE$。其中 e 为质子电荷，E 为电场强度。正负离子所受到的电场力分别为

$$f_+ = -\frac{1}{N_A}\frac{\partial \mu_+}{\partial x} + z_+ eE \tag{1.137}$$

$$f_- = -\frac{1}{N_A}\frac{\partial \mu_+}{\partial x} + z_- eE \tag{1.138}$$

离子的迁移速度

$$\begin{aligned}
v &= f v^0 \\
&= f_+ v_+^0 \\
&= f_- v_-^0 \\
&= v_+^0 \left(-\frac{1}{N_A}\frac{\partial \mu_+}{\partial x} + z_+ eE \right) \\
&= v_-^0 \left(-\frac{1}{N_A}\frac{\partial \mu_-}{\partial x} + z_- eE \right)
\end{aligned} \tag{1.139}$$

可得

$$\frac{1}{z_+}\left(\frac{v}{v_+^0} + \frac{1}{N_A}\frac{\partial \mu_+}{\partial x} \right) = \frac{1}{z_-}\left(\frac{v}{v_-^0} + \frac{1}{N_A}\frac{\partial \mu_-}{\partial x} \right) \tag{1.140}$$

由

$$v_+ z_+ = -v_- z_-$$

得

$$\frac{z_+}{z_-} = -\frac{\nu_-}{\nu_+} \tag{1.141}$$

将式（1.141）代入式（1.140），得

$$\nu_+\left(\frac{v}{v_+^0} + \frac{1}{N_A}\frac{\partial \mu_+}{\partial x} \right) = -\nu_-\left(\frac{v}{v_-^0} + \frac{1}{N_A}\frac{\partial \mu_-}{\partial x} \right)$$

即

$$v = -\frac{1}{N_A}\frac{v_+^0 v_-^0}{v_+ v_+^0 + v_- v_-^0}\left(v_+ \frac{\partial \mu_+}{\partial x} + v_- \frac{\partial \mu_-}{\partial x} \right) \tag{1.142}$$

将式（1.135）代入式（1.142），得

$$v = -\frac{v_+^0 v_-^0}{N_A(\nu_+ v_+^0 + \nu_- v_-^0)}\frac{\partial \mu}{\partial x} \tag{1.143}$$

溶质通量

$$J = cv \tag{1.144}$$

式中，c 为物质的量浓度。

将式（1.143）代入式（1.144），得

$$J = -\frac{c(v_+^0 v_-^0)}{N_A(\nu_+ v_+^0 + \nu_- v_-^0)} \frac{\partial \mu}{\partial c} \frac{\partial c}{\partial x} \tag{1.145}$$

将上式和菲克定律比较，得

$$D = \frac{v_+^0 v_-^0}{N_A(\nu_+ v_+^0 + \nu_- v_-^0)} \frac{\partial \mu}{\partial \ln c} \tag{1.146}$$

电解质的活度和化学势分别为

$$a = \nu_+^{\nu_+} \nu_-^{\nu_-} (c f_{\pm,c})^{(\nu_+ + \nu_-)} \tag{1.147}$$

$$\mu = \mu^{\ominus} + RT\ln a$$
$$= \mu^{\ominus} + RT\ln(\nu_+^{\nu_+} \nu_-^{\nu_-}) + (\nu_+ + \nu_-)RT(\ln c + \ln f_{\pm,c}) \tag{1.148}$$

将式（1.148）对 $\ln c$ 求导，得

$$\frac{\partial \mu}{\partial \ln c} = RT(\nu_+ + \nu_-)\left(1 + \frac{\partial \ln f_{\pm,c}}{\partial \ln c}\right) \tag{1.149}$$

将式（1.149）代入式（1.146），得

$$D = RT(\nu_+ + \nu_-) - \frac{v_1^0 v_-^0}{N_A(\nu_+ v_+^0 + \nu_- v_-^0)}\left(1 + \frac{\partial \ln f_{\pm,c}}{\partial \ln c}\right) \tag{1.150}$$

无限稀溶液的离子绝对电迁移率为

$$v_+^0 = \frac{N_A \lambda_+^\infty}{|z_+| F^2}, \quad v_-^0 = \frac{N_A \lambda_-^\infty}{|z_-| F^2} \tag{1.151}$$

式中，λ_+^∞、λ_-^∞ 为离子极限摩尔电导率；$|z_+|$、$|z_-|$ 是离子电荷的绝对值；F 是法拉第常数。

由

$$\frac{\nu_+}{|z_+|} = \frac{\nu_-}{|z_-|}$$

得

$$\frac{v_+^0 v_-^0}{\nu_+ v_+^0 + \nu_- v_-^0} = \frac{N_A \lambda_+^\infty \lambda_-^\infty}{\nu_+ |z_+|(\lambda_+^\infty + \lambda_-^\infty)F^2}$$

$$= \frac{N_A \lambda_+^\infty \lambda_-^\infty}{\nu_- |z_-|(\lambda_+^\infty + \lambda_-^\infty)F^2} \tag{1.152}$$

将式（1.152）代入式（1.150），得

$$D = \frac{(\nu_+ + \nu_-)\lambda_+^\infty \lambda_-^\infty RT}{\nu_+ |z_+|(\lambda_+^\infty + \lambda_-^\infty)F^2}\left(1 + \frac{\partial \ln f_{\pm,c}}{\partial \ln c}\right) \tag{1.153}$$

此即能斯特 – 哈特利公式。在该公式推导过程中，没有考虑溶剂分子的运动，也没有考虑溶液黏度以及电解质与水分子的相互作用等因素。

利用

$$\nu_+ |z_+| = \nu_- |z_-|$$

式（1.153）成为

$$D = \frac{(|z_+| + |z_-|)\lambda_+^\infty \lambda_-^\infty RT}{|z_+ z_-|(\lambda_+^\infty + \lambda_-^\infty)F^2}\left(1 + \frac{\partial \ln f_{\pm,c}}{\partial \ln c}\right) \tag{1.154}$$

对于无限稀电解质溶液

$$\frac{\partial \ln f_{\pm,c}}{\partial \ln c} = 0 \tag{1.155}$$

式（1.154）简化为

$$D^{\infty} = \frac{(\nu_+ + \nu_-) \lambda_+^{\infty} \lambda_-^{\infty} RT}{\nu_+ |z_+| (\lambda_+^{\infty} + \lambda_-^{\infty}) F^2} \tag{1.156}$$

或

$$D^{\infty} = \frac{(|z_+| + |z_-|) \lambda_+^{\infty} \lambda_-^{\infty} RT}{|z_+ z_-| (\lambda_+^{\infty} + \lambda_-^{\infty}) F^2} = \frac{(|z_+| + |z_-|) \Lambda^{\infty} t_+^{\infty} t_-^{\infty} RT}{|z_+ z_-| F^2} \tag{1.157}$$

为提高扩散系数的计算精度，昂萨格和伐斯（Fuoss）考虑了电泳效应，得到扩散系数的公式

$$D = \left(D^{\infty} + \sum_n \Delta_n \right) \left(1 + c \frac{\partial \ln f_{\pm,c}}{\partial c} \right) \tag{1.158}$$

式中，D^{∞} 是扩散系数的能斯特极限值，

$$D^{\infty} = \frac{(|z_+| + |z_-|) \lambda_+^{\infty} \lambda_-^{\infty} RT}{|z_+ z_-| (\lambda_+^{\infty} + \lambda_-^{\infty}) F^2} \tag{1.159}$$

$$\Delta_n = \frac{k_B T A_n (z_+^n t_-^n + z_-^n t_+^n)^2}{a^n |z_+ z_-|} \tag{1.160}$$

式中

$$A_n = \frac{(-1)^n}{n!} \frac{1}{6\pi\eta} \left(\frac{e^2}{D k_B T} \right)^{n-1} \Phi_n(ka) \tag{1.161}$$

其中

$$\Phi_n(ka) = (ka)^2 \left[\frac{\exp(ka)}{1 + ka} \right]^n S_n(ka) \tag{1.162}$$

$$S_n(ka) = a^{n-2} \int_a^{\infty} \frac{e}{r^{n-1}} dr \tag{1.163}$$

通常 n 取到 2 即可，这样就有

$$D = (D^{\infty} + \Delta_1 + \Delta_2) \left(1 + \frac{\partial \ln f_{\pm,c}}{\partial \ln c} \right) \tag{1.164}$$

式中

$$\Delta_1 = -\frac{k_B T}{6\pi\eta} (t_-^{\infty} - t_+^{\infty})^2 \frac{k}{1 + ka}$$

$$\Delta_2 = -\frac{|z|^2 e^2}{12\pi\eta D a^2} \Phi_2(ka)$$

$$\Phi_2(ka) = (ka)^2 \left(\frac{e}{1 + ka} \right)^2 \int_a^{\infty} \frac{e}{r} dr$$

1.10　电　迁　移

在外电场作用下，溶液中的离子会从随机运动转变为沿一定方向的运动。离子在电场作用下的运动叫做电迁移。

1.10.1 电导率与当量电导率

电场力较小时，在电场作用下离子的流量与电场强度成正比，即

$$J_{i,e} = BE = B\frac{U}{l} \tag{1.165}$$

式中，$J_{i,e}$ 为电迁移流量，即单位时间通过单位面积的离子摩尔数，单位 $mol/(m^2 \cdot t)$；E 为电场强度，在数值上等于电势梯度；U 为离子在其间迁移的两液面间的电势差；l 为两液面间的距离。

由于离子带电，也可以用电量表示电迁移流量。若离子的电荷数为 z_i，则 1mol 离子带的电量为 $z_i F$。因此，$z_i F J_{i,e}$ 即为单位时间通过单位面积的电量，也就是通过单位面积的电流，称为电流密度，以 j 表示，单位为 $q/(s^2 \cdot t)$，有

$$z_i F J_{i,e} = \frac{I}{S} = j \tag{1.166}$$

式中，I 为电流强度；S 为电流通过的液面面积。

将式（1.165）代入式（1.166），得

$$I = z_i F B \frac{SU}{l} \tag{1.167}$$

令

$$z_i F B = \lambda_c$$

则

$$I = \lambda_c \frac{SU}{l} \tag{1.168}$$

式中，λ_c 为电导率。

令

$$R = \frac{l}{\lambda_c S}$$

则

$$I = \frac{U}{R} \tag{1.169}$$

式中，R 为电阻。式（1.169）即欧姆（Ohm）定律。

可见，在电场强度不大时，电解质溶液符合欧姆定律。一般电化学讨论的问题符合这种条件。

电流密度和电场强度的关系为

$$j = \lambda_c E \tag{1.170}$$

电解质导电是由离子移动实现的，因此电解质溶液的电导率与离子浓度、离子性质、溶剂和温度密切相关。在温度恒定、溶剂确定的条件下，电解质的电导率取决于离子的量和离子的性质。在离子浓度很稀时，决定离子电导率的主要因素是单位体积内的离子数目，离子之间的相互作用对离子移动速度影响不大。因此，随着单位体积内离子数目的增加，电导率增大。在离子浓度大时，离子间的相互作用是决定离子电导率的主要因素。离子间的相互作用对离子移动速度影响很大，电导率随离子浓度增大而减小。如图 1.4 所

示，电解质溶液的电导率随电解质浓度的变化是先增大再减小。

为了比较不同电解质的导电能力，定义摩尔电导率为在距离为单位长度的两个平行板电极间盛有 1mol 电解质溶液，该溶液的电导率为摩尔电导率，以符号 Λ_m 表示。有

$$\Lambda_m = \frac{\lambda_c}{1000c} \tag{1.171}$$

式中，λ_c 的单位为 S/m；c 的单位为 mol/L；Λ_m 的单位为 S·m²/mol。

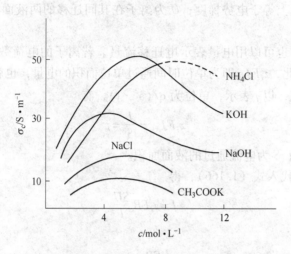

图 1.4   20℃水溶液的电导率与溶液浓度的关系

由于离子所带电荷不同，需要比较正（或负）电荷浓度为 1mol 的电解质溶液的摩尔电导率。如果正负离子的电荷数都为 1，则 $\Lambda = \Lambda_m$，若其中一种离子电荷数为 2，则 $\Lambda = \frac{1}{2}\Lambda_m$，$\Lambda$ 称为当量电导率。

电解质溶液的正（或负）电荷浓度为 c_N，则对于正、负离子电荷都为 1 的电解质的浓度 $c = c_N$；如果其中一种离子的电荷数为 2，则电解质的浓度 $c = 2c_N$；如果有一种离子的电荷数为 z，则电解质的浓度 $c = zc_N$。用 c_N 代替 c，则式（1.171）成为

$$\Lambda = \frac{\lambda_c}{1000c_N} \tag{1.172}$$

图 1.5 是实验给出的当量电导率与电解质溶液浓度的关系。由图可见，随着电解质溶液浓度的降低，当量电导 Λ 增大。这是因为溶液越稀，对于弱电解质而言，电离度越大；对于强电解质而言，离子间相互作用力越小，离子运动速度越快。随着电解质溶液浓度变小，当量电导率 Λ 趋近于一极值，称为无限稀溶液的当量电导率，以 Λ^∞ 表示。可以认为这时电解质完全电离，离子间相互作用消失。

电荷浓度 $c_N < 0.002$mol/L 的弱电解质溶液，如果完全电离，当量电导率适用柯尔劳许（Kohlrausch）公式

$$\Lambda = \Lambda^\infty - \Lambda^* \sqrt{c_N} \tag{1.173}$$

式中，Λ^* 为常数。该式也叫平方根规则。

浓度较高的强电解质溶液，当量电导率满足立方根规则。

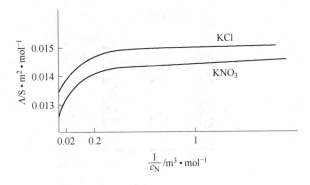

图 1.5 Λ 与 $1/c_N$ 的关系

$$\Lambda = \Lambda^{\infty} - \Lambda' \sqrt[3]{c_N} \tag{1.174}$$

随着温度升高，离子水化作用减弱，溶液黏度降低，离子运动阻力减小，当量电导率增加。电解质溶液的电导率与温度的关系为

$$\Lambda = \Lambda_0 (1 + \alpha t - \beta t^2) \tag{1.175}$$

式中，Λ 为任一温度的当量电导率；Λ_0 为 0℃ 的当量电导率；α 和 β 为实验常数。

1.10.2 淌度与绝对淌度

电解质溶液中正离子和负离子在电场作用下，沿相反方向迁移，设正离子和负离子的迁移速度分别为 v_+ 和 v_-，单位为 m/s；电解质溶液的截面积为 $1 m^2$，两种离子的浓度分别为 c_+ 和 c_-，单位为 mol/m^3。如图 1.6 所示，截面 2 到截面 1 的距离为 v_+（m），截面 1 到截面 3 的距离为 v_-（m）。在 1s 时间内，通过截面 1 的正离子数为 $c_+ v_+$，通过截面 1 的负离子数为 $c_- v_-$。因此，通过截面 1 的正离子和负离子的流量分别为

$$J_+ = c_+ v_+ \tag{1.176}$$
$$J_- = c_- v_- \tag{1.177}$$

以电流密度表示，则为

$$j_+ = |z_+| F q_+$$
$$= |z_+| F c_+ v_+ \tag{1.178}$$
$$j_- = |z_-| F q_-$$
$$= |z_-| F c_- v_- \tag{1.179}$$

总电流密度为

$$j = j_+ + j_-$$
$$= |z_+| F c_+ v_+ + |z_-| F c_- v_- \tag{1.180}$$

式中，$|z_+| c_+$ 和 $|z_-| c_-$ 表示离子的电荷浓度。若电解质完全电离，则离子的电荷浓度等于电解质的电荷浓度，即

$$c'_N = |z_+| c_+ = |z_-| c_- \tag{1.181}$$

所以

$$j = c'_N F(v_+ + v_-) \tag{1.182}$$

将式（1.170）代入式（1.182），得

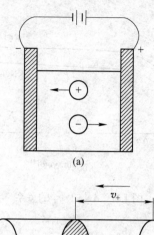

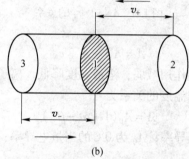

图 1.6　离子的电迁移

((b) 为 (a) 中溶液取出的截面为 $1m^2$ 的液柱)

$$\frac{\lambda_c}{c_N'} = F\left(\frac{v_+}{E} + \frac{v_-}{E}\right) \tag{1.183}$$

令

$$u_+ = \frac{v_+}{E} \tag{1.184}$$

$$u_- = \frac{v_-}{E} \tag{1.185}$$

式中，u_+ 和 u_- 分别表示单位电场强度（V/m）的离子迁移速度，称为离子淌度。

由于 c_N' 的单位为 mol/m^3，即

$$c_N' = 1000c_n$$

将式（1.172）、式（1.184）和式（1.185）代入式（1.183），得

$$\Lambda = F(u_+ + u_-) = \lambda_+ + \lambda_- \tag{1.186}$$

式中

$$Fu_+ = \lambda_+, Fu_- = \lambda_- \tag{1.187}$$

由式（1.186）可见，在电解质完全电离的情况下，当量电导率由离子淌度决定。

若电解质溶液无限稀，正负离子的当量电导趋向于某一确定值，即

$$\Lambda^\infty = F(u_+^\infty + u_-^\infty) \tag{1.188}$$

$$\lambda^\infty = \lambda_+^\infty + \lambda_-^\infty \tag{1.189}$$

式中，u_+^∞ 和 u_-^∞ 是无限稀的电解质溶液中正、负离子的淌度；λ_+^∞ 和 λ_-^∞ 是无限稀的电解质

溶液中正、负离子的当量电导率。表 1.5 列出无限稀的电解质溶液的一些离子的当量电导率。

表 1.5　在 25℃，无限稀溶液中离子的当量电导率

正离子	$\lambda_+^{\infty}/S \cdot m^2 \cdot mol^{-1}$	负离子	$\lambda_+^{\infty}/S \cdot m^2 \cdot mol^{-1}$
H^+	0.03497	OH^-	0.01976
K^+	0.00735	Br^-	0.00784
Na^+	0.00501	I^-	0.00769
Li^+	0.003868	Cl^-	0.00763
$\frac{1}{2}Ba^{2+}$	0.00637	CH_3COO^-	0.00409

为应用方便，定义离子的绝对淌度为在单位电场力的作用下离子的运动速度。正、负离子的绝对淌度为

$$\bar{u}_+ = \frac{v_+}{f_e} \tag{1.190}$$

$$\bar{u}_- = \frac{v_-}{f_e} \tag{1.191}$$

式中，f_e 为电场力。电场强度 E 是单位电量的电荷所受的电场力，所以电量为 $|z_+|e$ 和 $|z_-|e$ 的离子，其电场力分别为

$$f_e = |z_+|eE$$
$$f_e = |z_-|eE \tag{1.192}$$

将式（1.184）和式（1.185）分别代入式（1.190）和式（1.191），得

$$\bar{u}_+ = \frac{v_+}{|z_+|eE} = \frac{u_+}{|z_+|e} \tag{1.193}$$

$$\bar{u}_- = \frac{v_-}{|z_-|eE} = \frac{u_-}{|z_-|e} \tag{1.194}$$

即离子的绝对淌度和淌度的关系。

1.10.3　离子淌度和扩散系数的关系

在外电场作用下，正离子向阳极移动，其电迁移流量为

$$J_{+,e} = c_+ v_+ = c_+ \bar{u}_+ f_e \tag{1.195}$$

正离子迁移造成阳极附近正离子浓度增大，溶液中出现离子的浓度梯度，这就会产生与电迁移方向相反的扩散。扩散流量为

$$J_{+,d} = -D_+ \frac{dc_+}{dx} \tag{1.196}$$

式中，D_+ 为正离子的扩散系数。

调节外电压，使两个方向的流量相等，则

$$J_{+,e} + J_{+,d} = 0 \tag{1.197}$$

和

$$\frac{dc_+}{dx} = \frac{c_+ \bar{u}_+ f_e}{D_+} \tag{1.198}$$

假设外电场只沿 x 轴变化，溶液中正离子在 x 处的浓度 c_+ 与外电场作用下在该处离子的势能服从下列关系

$$c_+ = c_{+,0} \exp\left(-\frac{E_\mathrm{p}}{k_\mathrm{B}T}\right) \tag{1.199}$$

式中，$c_{+,0}$ 为外电场不存在时，x 处正离子的浓度；k_B 为玻耳兹曼常数；E_p 为 x 处正离子的势能。

将式（1.199）对 x 求导，得

$$\frac{\mathrm{d}c_+}{\mathrm{d}x} = -\frac{c_+}{k_\mathrm{B}T}\frac{\mathrm{d}E_\mathrm{p}}{\mathrm{d}x} \tag{1.200}$$

电场力对带电体所做的功为电场力与距离的乘积，等于带电体势能的减小，即

$$f_\mathrm{e}\mathrm{d}x = -\mathrm{d}E_\mathrm{p}$$

得

$$f_\mathrm{e} = -\frac{\mathrm{d}E_\mathrm{p}}{\mathrm{d}x} \tag{1.201}$$

将式（1.201）代入式（1.200），得

$$\frac{\mathrm{d}c_+}{\mathrm{d}x} = \frac{c_+}{k_\mathrm{B}T}f_\mathrm{e} \tag{1.202}$$

将式（1.202）与式（1.198）比较，得正离子的扩散系数与绝对淌度的关系

$$D_+ = k_\mathrm{B}T\,\overline{u}_+ \tag{1.203}$$

对于负离子，同样有

$$D_- = k_\mathrm{B}T\,\overline{u}_- \tag{1.204}$$

写做一般式，有

$$D_i = k_\mathrm{B}T\,\overline{u}_i \tag{1.205}$$

式（1.203）～式（1.205）即为爱因斯坦（Einstein）公式。

将式（1.193）和

$$k_\mathrm{B} = \frac{R}{N_\mathrm{A}}$$

一起代入式（1.203），得

$$D_+ = \frac{RTu_+}{|z_+|eN_\mathrm{A}}$$

$$= \frac{RTu_+}{|z_+|F} \tag{1.206}$$

式中，N_A 为阿伏伽德罗（Avogadro）常数；F 为法拉第常数，$F = eN_\mathrm{A}$。

对于负离子，同理有

$$D_- = \frac{RTu_-}{|z_-|F} \tag{1.207}$$

所以对各种离子可以统一表示为

$$D_i = \frac{RTu_i}{|z_i|F} \tag{1.208}$$

由于只考虑了库仑力，上述公式不是很精确，是近似式。

1.10.4 离子迁移数

电解质溶液中有正负两种离子，通过电解质溶液的总电流密度是两种离子的电流密度之和，即

$$j = j_+ + j_- \tag{1.209}$$

并有

$$j_+ = t_+ j \tag{1.210}$$

$$j_- = t_- j \tag{1.211}$$

$$t_+ + t_- = 1 \tag{1.212}$$

式中，t_+ 和 t_- 是正负离子所占电流密度的份数，叫做迁移数。由于电量和电流成正比，所以迁移数也是电解质溶液中某种离子迁移的电量占总迁移电量的份数。

由式（1.210）和式（1.211）得

$$t_+ = \frac{j_+}{j} = \frac{j_+}{j_+ + j_-} \tag{1.213}$$

$$t_- = \frac{j_-}{j} = \frac{j_-}{j_+ + j_-} \tag{1.214}$$

将式（1.184）和式（1.185）分别代入式（1.178）和式（1.179）后，再分别代入式（1.213）和式（1.214），得

$$t_+ = \frac{j_+}{j_+ + j_-} = \frac{|z_+| c_+ u_+}{|z_+| c_+ u_+ + |z_-| c_- u_-} \tag{1.215}$$

$$t_- = \frac{j_-}{j_+ + j_-} = \frac{|z_-| c_- u_-}{|z_+| c_+ u_+ + |z_-| c_- u_-} \tag{1.216}$$

写做近似式，为

$$t_i = \frac{|z_i| c_i u_i}{\sum_i |z_i| c_i u_i} \tag{1.217}$$

离子的迁移数与电解质溶液的浓度有关，也受溶液中其他电解质影响，在其他电解质含量非常大时，某些离子的迁移数甚至可能减小到零。例如，混合电解质溶液中 HCl 的浓度为 $0.001\,mol/L$，KCl 的浓度为 $1\,mol/L$，则 K^+ 的迁移数是 H^+ 迁移数的200 倍。

电解质溶液中的离子都是水化离子，在电场作用下离子都是携带一定数量的水分子运动，因此，离子迁移的同时还有水迁移。这样，实验测出的离子迁移数包括水迁移，所以称实验测出的离子迁移数叫做表观迁移数，而将扣除水迁移影响的迁移数叫做真实迁移数。

1.10.5 扩散系数与当量电导的关系

对于等价型电解质，当量电导与离子淌度的关系为

$$\Lambda = F(u_+ + u_-) \tag{1.218}$$

当量电导率与绝对离子淌度的关系为

$$\Lambda = |z_i|eF(\bar{u}_+ + \bar{u}_-)$$

(1.219)

将爱因斯坦公式（1.203）和式（1.204）代入式（1.219），得

$$\Lambda = \frac{|z_i|eF}{k_B T}(D_+ + D_-)$$

$$= \frac{|z_i|F^2}{RT}(D_+ + D_-)$$

(1.220)

后一步利用了公式

$$k_B = \frac{R}{N_A}$$

和

$$N_A e = F$$

1.10.6 扩散系数与黏度的关系

在稳态扩散过程，扩散的推动力化学势梯度与扩散阻力斯托克斯（Stokes）的黏滞力大小相等，方向相反。在一维方向上有

$$-\frac{d\mu_i}{dx} = 6\pi r_i \eta v_i$$

(1.221)

式中，μ_i 为离子 i 的化学势；r_i 为离子 i 的半径；η 为电解质溶液的黏度；v_i 为离子 i 的速度。

$$\bar{u}_i = \frac{v_i}{f_e} = \frac{v_i}{-\dfrac{d\mu_i}{dx}} = \frac{1}{6\pi r_i \eta}$$

(1.222)

将爱因斯坦公式（1.205）代入式（1.222），得

$$D_i = \frac{k_B T}{6\pi r_i \eta}$$

(1.223)

式（1.223）称为斯托克斯（Stokes）- 爱因斯坦公式。

1.10.7 当量电导率与黏度的关系

将式（1.223）与当量电导率公式（1.220）联立，消去扩散系数，得当量电导率与黏度的关系为

$$\Lambda = \frac{|z_i|F^2 k_B T}{6\pi RT r_i \eta}$$

$$= \frac{|z_i|eF}{6\pi r_i \eta}$$

$$= \frac{常数}{r_i \eta}$$

(1.224)

或

$$\Lambda\eta = \frac{常数}{r_i}$$

(1.225)

1.11 离子在电场中的相互作用

前面讨论的离子云均假定中心离子不移动（离子热运动的总位移为零），而在讨论无限稀溶液中的离子淌度时，又没有考虑离子云的存在。本节将这两方面联系起来讨论离子云对运动的中心离子的影响。

1.11.1 离子在电场中运动的阻力

在没有外电场存在时，离子作热运动。其净位移为零，在宏观上认为是不动的。在电场中，离子所受的电场力为

$$f_e = |z_i| eE \tag{1.226}$$

式中，f_e 为离子 $z_i e$ 所受的电场力；E 为电场强度。

离子在溶液中运动所受到的摩擦力与其运动速度成正比。将离子看作小圆球，根据斯托克斯公式，其受到的摩擦力为

$$f_s = 6\pi r_i' \eta v_i = k_i v_i \tag{1.227}$$
$$k_i = 6\pi r_i' \eta$$

式中，r_i' 为溶剂化的离子半径；η 为溶液黏度。此式是近似的。

作用在离子上的力为

$$f = f_e - f_s \tag{1.228}$$

将式（1.226）和式（1.227）代入式（1.228），得

$$m_i \frac{\mathrm{d}v_i}{\mathrm{d}t} = |z_i| eE - k_i v_i \tag{1.229}$$

移项，得

$$\frac{\mathrm{d}v_i}{|z_i| eE - k_i v_i} = \frac{\mathrm{d}t}{m_i} \tag{1.230}$$

积分式（1.230），并考虑 $t = 0$，$v_i = 0$，得

$$v_i = \frac{|z_i| eE}{k_i} \left[1 - \exp\left(\frac{-k_i t}{m_i} \right) \right] \tag{1.231}$$

当 $\dfrac{-k_i t}{m_i} \to \infty$ 时，$\exp\left(\dfrac{-k_i t}{m_i} \right) \to 0$，忽略指数项，得

$$v_i = \frac{|z_i| eE}{k_i} \tag{1.232}$$

v_i 与 t 无关。离子在电场作用下的运动，可以在瞬间达到稳定，即 $f_e = f_s$。因此，离子在电场中的运动可以当作与其质量无关的等速运动。

离子运动除受摩擦力外，还要受到离子间相互作用的力 f_a 牵制。因此，离子做匀速运动的条件是

$$f_e = f_s + f_a \tag{1.233}$$

1.11.2 昂萨格极限公式

前面介绍的德拜－休克尔公式是没有外电场的电解质溶液中离子相互作用的理论。昂

萨格（Onsager）将其发展为在外电场中离子相互作用的理论。

1.11.2.1　松弛效应

在没有外电场的情况下，静态的中心离子周围的离子云呈球形对称。在外电场作用下，中心离子向前移动。但是离子云不能和中心离子同步运动，发生滞后，造成中心离子和离子云的电荷中心不再重合，发生偏离。离子云的电荷中心和中心离子的电荷符号相反，阻碍中心离子的运动。这种阻力叫松弛力，这种阻碍作用叫做松弛效应。松弛力的大小取决于中心离子与离子云电荷中心的距离。

如果将中心离子从电解质溶液中取出，离子云会由于离子的随机运动逐渐消散，成为离子的无规则运动分布。离子消散所需要的时间与离子扩散系数成反比，与离子移动的均方距离成正比。所谓离子移动的均方距离是离子每次随机运动的距离平方之和的平均值。对于做一维随机运动的离子，有

$$t = \frac{\langle x^2 \rangle}{2D} \tag{1.234}$$

式中，t 为离子云消散时间；$\langle x^2 \rangle$ 为离子移动的均分距离；D 为离子扩散系数。在离子云中，半径大于 $\frac{1}{k}$ 的位置，电荷密度很小，基本上不存在离子云。将式（1.226）中的 x 用 $\frac{1}{k}$ 代替，将 D 用式（1.205）代替，得

$$\tau_t = \frac{(k^{-1})^2}{2k_B T \overline{u}_i} \tag{1.235}$$

式中，τ_t 为松弛时间。可以用在松弛时间内中心离子移动的距离 d 判断离子云的不对称性，有

$$d = \tau_t v_i = \frac{(k^{-1})^2 v_i}{2k_B T \overline{u}_i} \tag{1.236}$$

式中，v_i 为中心离子在外电场中的移动速率。松弛力可以近似认为与 d 成正比，中心离子与离子云的作用力为

$$f_\tau = \frac{z_i^2 e^2}{4\pi\varepsilon_0\varepsilon(k^{-1})^2} \frac{d}{k^{-1}} \tag{1.237}$$

式中，$\dfrac{d}{k^{-1}}$ 表示离子云电荷中心不在 k^{-1} 处，而在与中心离子相距 d 处，中心离子的作用力占 k^{-1} 处作用力的份数。

将式（1.236）代入式（1.237），得

$$\begin{aligned} f_\tau &= \frac{z_i^2 e^2 k v_i}{8\pi\varepsilon_0\varepsilon k_B T \overline{u}_i} \\ &= \frac{|z_i|^3 e^3 kE}{8\pi\varepsilon_0\varepsilon k_B T} \end{aligned} \tag{1.238}$$

后一步利用了由式（1.193）和式（1.194）得到的

$$\frac{v_i}{u_i} = |z_i| eE$$

上面的推导只考虑了中心离子在外电场作用下的运动对离子云的影响，没有考虑中心

离子的随机运动对离子云的影响。如果两种影响都考虑，溶液中只有正负两种离子，则式（1.238）修正为

$$f_\tau = \frac{|z_i| e^3 k \omega E}{24 \pi \varepsilon_0 \varepsilon k_B T} \qquad (1.239)$$

式中，

$$\omega = |z_+ z_-| \frac{2q}{1 + \sqrt{q}}$$

$$q = \frac{|z_+ z_-|}{|z_+| + |z_-|} \frac{\lambda_+^\infty + \lambda_-^\infty}{|z_+| \lambda_+^\infty + |z_-| \lambda_-^\infty}$$

1.11.2.2 电泳效应

在外电场作用下，中心离子带着它的水化膜运动，同时它的离子云携带水分子向相反方向运动，相当于中心离子随着水流运动。这样，中心离子的运动受到阻力，这种阻力称为电泳力，这种现象称为电泳效应。电泳力的大小可以用下式表示

$$f_e = \frac{|z_i|^2 e^2 FEk}{6 \pi \eta \lambda_i^\infty} \qquad (1.240)$$

因此，由于离子云的存在，对中心离子的运动阻力为

$$F_u = F_e - (f_r + f_e) \qquad (1.241)$$

或

$$k_i v_i = |z_i| eE - (f_r + f_e) \qquad (1.242)$$

由式（1.187）得，

$$u_i = \frac{\lambda_i}{F} \qquad (1.243)$$

由式（1.236）和式（1.184）、式（1.185）得，

$$v_i = \frac{\lambda_i E}{F} \qquad (1.244)$$

将式（1.244）代入式（1.242），得

$$\lambda_i = \frac{|z_i| eF}{k_i} - \frac{F}{k_i E}(f_r + f_e) \qquad (1.245)$$

如果电解质溶液无限稀，即 $c \to 0$，$k \to 0$，由式（1.239）和式（1.240）得

$$f_\tau + f_e = 0$$

式（1.245）成为

$$\lambda_i = \lambda_i^\infty = \frac{|z_i| eF}{k_i} \qquad (1.246)$$

或

$$\frac{F}{k_i} = \frac{\lambda_i^\infty}{|z_i| e} \qquad (1.247)$$

将式（1.239）、式（1.240）和式（1.247）代入式（1.245），得

$$\lambda_i = \lambda_i^\infty - \left(\frac{e^2 \lambda_i^\infty \omega}{24 \pi \varepsilon_0 \varepsilon k_B T} + \frac{|z_i| eF}{6 \pi \eta} \right) k \qquad (1.248)$$

如果电解质电离出正负两种离子，以电荷浓度表示离子浓度，即

$$c_N = |z_+| c_+ = |z_-| c_- \tag{1.249}$$

则厚度为 k 的离子云中的浓度为

$$\sum_i c_i z_i^2 = c_N(|z_+| + |z_-|) \tag{1.250}$$

从 k 中提出 $\sum_i c_i z_i^2$，再将式（1.248）代入式（1.186），得

$$\Lambda = \lambda_+ + \lambda_-$$

$$= \Lambda^\infty - \left[\frac{(|z_+| + |z_-|)eF}{6\pi\eta} \left(\frac{1000e^2 N_A}{\varepsilon_0 \varepsilon k_B T} \right)^{1/2} + \frac{e^2 \Lambda^\infty \omega}{24\pi\varepsilon_0 \varepsilon k_B T} \left(\frac{1000e^2 N_A}{\varepsilon_0 \varepsilon k_B T} \right)^{1/2} \right]$$

$$\left[c_N(|z_+| + |z_-|) \right]^{1/2} \tag{1.251}$$

式（1.248）和式（1.251）都叫做昂萨格公式。

将式（1.251）中的各个常数合并在一起，成为

$$\Lambda = \Lambda^\infty - (B_1 + B_2 \Lambda^\infty) \sqrt{c_N} \tag{1.252}$$

式中，B_1 和 B_2 在一定温度为常数。上式和柯劳尔许的经验公式（1.173）一样。

对于 1-1 型电解质，常数

$$B_1 = \frac{8.250 \times 10^{-4}}{\eta(\varepsilon T)^{1/2}} \tag{1.253}$$

$$B_2 = \frac{8.204 \times 10^5}{(\varepsilon T)^{1/2}} \tag{1.254}$$

公式（1.253）对 25℃ 下，$c_N < 0.001\,mol/L$ 的 1-1 型电解质溶液才准确。

1.11.3 离子缔合的影响

昂萨格极限公式是在假设电解质完全电离而且不形成离子对的情况下导出的。实际电解质溶液中存在离子对，则 $\sqrt{I}$ 中的离子浓度应以 $(1-\theta)c_N$ 或 αc_N 代替电解质的总浓度 c_N 计算。昂萨格极限公式中的 Λ^∞ 是电荷浓度为 $1\,mol/L$，离子都未缔合，且离子间无相互作用的当量电导率。因此，在离子缔合的情况下，电解质的当量电导率应为

$$\Lambda = \alpha \left[\Lambda^\infty - (B_1 + B_2 \Lambda^\infty) \sqrt{\alpha c_N} \right] \tag{1.255}$$

如果溶液中有三离子体，且 α 和 α_3 都比 1 小得多，则电解质的当量电导率为

$$\Lambda = \alpha \Lambda^\infty + \alpha_3 \Lambda'^\infty \tag{1.256}$$

式中，Λ'^∞ 表示无限稀溶液中两种三离子体的当量电导率之和。

将式（1.101）和式（1.103）代入式（1.256），得

$$\Lambda = \frac{\sqrt{K_B} \Lambda^\infty}{\sqrt{c_N}} + \frac{\sqrt{K_B c_N} \Lambda'^\infty}{K_3} \tag{1.257}$$

或

$$\Lambda = \frac{A_1}{\sqrt{c_N}} + A_2 \sqrt{c_N} \tag{1.258}$$

式中，

$$A_1 = \sqrt{K_B} \Lambda^\infty$$

$$A_2 = \frac{\sqrt{K_B}\Lambda'^{\infty}}{K_3}$$

1.11.4 李–维顿公式

1978 年，李–维顿（Lee-Wheaton）提出了一个电导理论。该理论给出的电导率公式为

$$\Lambda_m = F(v_s + v_R + v_e)/E \tag{1.259}$$

式中，Λ_m 为电解质的摩尔电导率；v_s 为不存在离子间作用力的离子迁移速度；v_R 为松弛效应引起的离子迁移速度变化；v_e 为电泳效应引起的离子迁移速度变化。

对于对称电解质（$|z_+| = |z_-| = z$），李–维顿公式为

$$\Lambda_m = z\alpha\left\{\Lambda_m^0\left[1 + c_1\beta k + c_2(\beta k)^2 + c_3(\beta k)^3\right] - \frac{\delta k}{1+kR}\left[1 + c_4\beta k + c_5(\beta k)^2 + \frac{kQ}{12}\right]\right\} \tag{1.260}$$

式中，$\beta = \frac{(ze)^2}{Dk_BT}$；$e = \left(\frac{8\pi N_A z^2 e^2 \alpha c}{1000Dk_BT}\right)^{1/2}$；$k = \left(\frac{8\pi N_A z^2 e^2 \alpha c}{1000Dk_BT}\right)^2$；$\delta = \frac{Fze}{3\pi\eta \times 2.99.7925}$；$c_1 \sim c_5$ 分别为 kQ 的函数；α 为解离度；η 为黏度；Q 为待定参数；F 为法拉第常数，为 96500C/mol。

1.11.5 法斯公式

1978 年法斯（Fuoss）提出适用于对称电解质溶液的电导理论。该理论给出的摩尔电导率公式为

$$\Lambda_m = \left[1 - \gamma(1-\alpha)\right]\left[\Lambda_m^{\infty}\left(1 + \frac{\Delta E}{E}\right) + \Delta\Lambda_e\right] \tag{1.261}$$

式中，γ 为短程力作用的体现；ΔE 为松弛电场；$\Delta\Lambda_e$ 为电泳效应。

$$\Delta E = -\left(\frac{\partial\varphi'}{\partial x}\right)_a$$

式中，φ' 为由于松弛效应引起的电势的微扰项；E 为外场强度；下角标 a 为离子间距。ΔE 和 $\Delta\Lambda_e$ 都是 kQ 的函数。

$$Q = \frac{11.81}{r_+ + 1.06}$$

式中，r_+ 为泡令（Pauling）半径。

如果溶剂的介电常数很小，则电解质的 $\gamma \approx 1$，即盐基本以离子对存在，则式（1.261）简化为

$$\Lambda_m = \alpha\left[\Lambda_m^{\infty}\left(1 + \frac{\Delta E}{E}\right) + \Delta\Lambda_e\right] \tag{1.262}$$

如果电解质的 $\alpha \approx 1$，即电解质完全电离，式（1.262）简化为

$$\Lambda_m = \Lambda_m^{\infty}\left(1 + \frac{\Delta E}{E}\right) + \Delta\Lambda_e \tag{1.263}$$

如果认为所有离子对都不导电，则由式（1.261）得

$$\Lambda_m = \alpha\left[\Lambda_m^{\infty}\left(1 + \frac{\Delta E}{E}\right) + \Delta\Lambda_e\right] \tag{1.264}$$

这些公式可应用于浓度达 1mol/L 的电解质溶液，远大于昂萨格公式的适用范围。

1.11.6　波耳纳德公式

波耳纳德（Bernard）等人采用平均球（MSA）近似研究电解质溶液的电导性质，得到电解质溶液的电导公式。

完全电离的电解质溶液电导率公式为

$$\lambda_i = \lambda_i^\infty \left[1 + \frac{\delta u_i^{el}}{u_i^\infty}\left(1 + \frac{\delta E}{E} \right) + \frac{\delta E}{E}\left(1 + \frac{3}{2}\frac{\delta E}{E} \right) \right] \tag{1.265}$$

$$\Lambda = \sum_i \lambda_i \tag{1.266}$$

式中，

$$\frac{\delta E}{E} = -\frac{k_q^2 e^2 \left| z_i z_j \right|}{3Dk_BT(k_q + k)}$$

$$k_q^2 = \frac{4\pi e^2}{Dk_BT}\frac{\rho_i z_i^2 D_i^\infty + \rho_j z_j^2 D_j^\infty}{D_i^\infty + D_j^\infty}$$

$$\frac{\delta u_i^{el}}{u_i^\infty} = -\frac{k_BTk}{6\pi\eta D_i^\infty}$$

ρ_i、ρ_j 分别为离子 i 和 j 的数密度。

不完全电离的电解质溶液的电导率公式

$$\Lambda' = \alpha\Lambda \tag{1.267}$$

$$\Lambda' = \sum \lambda_i' \tag{1.268}$$

将用式（1.266）计算 λ_i 时用到的离子数密度 ρ_i 代之以自由的离子数密度（即电离的离子的数密度），所得结果即为 λ_i'。

1.11.7　高频率电场对当量电导率的影响

在采用交流电测电导率时，由于电场方向呈周期性变化，离子运动方向也周期性改变。交流电频率越高，离子运动方向变化越频繁，在半个周期内离子移动的距离就越小。当交流电频率高到一定值，离子就会在某一位置附近振动。这时，离子云的不对称性变得极小，阻碍离子运动的松弛力大为降低，甚至消失，电解质的当量电导率增大。这种随着交流电频率增加，电解质当量电导率增大的现象称为德拜 – 法肯哈根（Falkenhagen）效应。但是，电泳效应随电导的影响仍然存在。

将式（1.252）写做

$$\Lambda = \Lambda^\infty - B_1\sqrt{c_N} - B_2\Lambda^\infty\sqrt{c_N}$$
$$= \Lambda^\infty - \Lambda_1 - \Lambda_2 \tag{1.269}$$

并有

$$\Lambda_1 = B_1\sqrt{c_N}$$

$$\Lambda_2 = B_2\Lambda^\infty\sqrt{c_N}$$

式中，Λ_2 为由松弛效应引起的当量电导率的改变值。

1.11.8 高电势梯度对当量电导率的影响

电解质溶液处于几万伏每米以上的高电势梯度的电场中，电解质溶液的当量电导率增大，这种现象叫做维恩（Wien）效应。

电势梯度高，离子运动速度快。例如，电位梯度为 $2 \times 10^6 \text{V/m}$，离子运动速度达 1m/s。由于离子运动速度太快，离子周围的离子云来不及形成，松弛力和电泳力减少甚至消失，因而，当量电导率增大，甚至可增大到 Λ^∞。

在高电势梯度下，离子运动速度加快，离子结合成分子变得困难，而分子电离成离子变得容易。因此，弱电解质电离度增大，电导率增加。

1.12 离子的标准自由能、生成热、标准熵

1.12.1 离子的标准生成自由能

水的电离反应为

$$H_2O === H^+ + OH^- \tag{1.a}$$

在 $25℃$，水的电离常数为

$$K = \frac{a_{H^+} a_{OH^-}}{a_{H_2O}} = 10^{-14}$$

由

$$\begin{aligned} \Delta G_{m,1}^{\ominus} &= \mu_{H^+}^{\ominus} + \mu_{OH^-}^{\ominus} - \mu_{H_2O}^{\ominus} \\ &= -RT\ln K \end{aligned}$$

得

$$\Delta G_{m,1}^{\ominus} = 79.6 \text{kJ/mol}$$

而由水的生成反应

$$H_2 + \frac{1}{2}O_2 === H_2O \tag{1.b}$$

得到水的标准生成自由能

$$\Delta G_{m,f}^{\ominus} = \Delta G_{m,2} = -236.4 \text{kJ/mol}$$

式（1.a）＋式（1.b），得

$$H_2 + \frac{1}{2}O_2 === H^+ + OH^- \tag{1.c}$$

$$\Delta G_{m,3} = \Delta G_{m,1} + \Delta G_{m,2} = 156.8 \text{kJ/mol}$$

$\Delta G_{m,3}$ 就是由标准状态的氢气和氧气生成 1mol 的 H^+ 和 1mol 的 OH^- 的标准生成自由能 $\Delta G_{m,f}^{\ominus}$，两种离子都处在 1mol/L 的理想溶液的标准状态。

由 H^+ 和 OH^- 的标准生成自由能可知，我们只能得到 H^+ 和 OH^- 的总的标准生成自由能，而不能得到 H^+ 或 OH^- 的单独的标准生成自由能。由于不能得到单独离子的生成自由能，只能得到正负离子的总生成自由能，因此必须规定某离子的 $\Delta G_{m,f}^{\ominus}$ 值，才能求得其他离子的 $\Delta G_{m,f}^{\ominus}$。现在以 H^+ 为参考，规定在任何温度，反应 $\frac{1}{2}H_2(\text{g,标准压力}) === H^+(1\text{mol/L}$

理想溶液）的 $\Delta G_{m,f}^{\ominus} = 0$，$\dfrac{\partial(\Delta G_{m,f}^{\ominus}/T)}{\partial T} = -\dfrac{\Delta H_{m,f}^{\ominus}}{T^2} = 0$，$\dfrac{\partial \Delta G_{m,f}^{\ominus}}{\partial T} = -\Delta S_{m,f}^{\ominus} = 0$。

据此，可以计算其他离子的 $\Delta G_{m,f}^{\ominus}$。

例 1-1　已知 $H^+ + OH^-$ 的 $\Delta G_{m,f}^{\ominus} = -156.8 kJ/mol$，$\Delta G_{m,f(H^+aq)}^{\ominus} = 0$，求 $\Delta G_{m,f(OH^-aq)}^{\ominus}$。

解： $\Delta G_{m,f(OH^-aq)}^{\ominus} = \Delta G_{m,f}^{\ominus} - \mu_{f(H^+aq)}$

$= -156.8 - 0$

$= -156.8 kJ/mol$

例 1-2　已知反应 $NH_{3(aq)} + H_2O \Longrightarrow NH_4^+ + OH^-$ 的 $\Delta G_m^{\ominus} = 27.0 kJ/mol$，$\Delta G_{m,f(NH_3)}^{\ominus} = -26.5 kJ/mol$，求 $\Delta G_{m,f(NH_4^+aq)}^{\ominus}$。

解： $\Delta G_{m,f(NH_4^+aq)}^{\ominus} = \Delta G_m^{\ominus} - \mu_{OH^-}^{\ominus} + \mu_{NH_3}^{\ominus} + \mu_{H_2O}^{\ominus}$

$= 27.0 + 156.8 - 26.5 - 236.4$

$= -79.2 kJ/mol$

1.12.2　离子的标准生成热

由化合物的生成热和溶解热可以计算离子的生成热。例如，25℃，HCl 的生成热为

$$\frac{1}{2}H_2(g, 101.325 kPa) + \frac{1}{2}Cl_2(g, 101.325 kPa) = HCl(g, 101.325 kPa) \qquad (1.d)$$

$$\Delta H_{m,f(HCl)} = -22.06 kJ/mol$$

25℃，HCl(g) 在无限稀溶液中的溶解热为

$$HCl(g) + \infty\, aq = HCl \cdot \infty\, aq = H^+ \cdot \infty\, aq + Cl^- \cdot \infty\, aq \qquad (1.e)$$

$$\Delta H_{m,5} = -17.96 kJ/mol$$

化学方程式（1.d）+式（1.e）得

$$\frac{1}{2}H_2(g, 101.325 kPa) + \frac{1}{2}Cl_2(g, 101.325 kPa) = H^+ \cdot \infty\, aq + Cl^- \cdot \infty\, aq \qquad (1.f)$$

$$\Delta H_{m,6} = \Delta H_{m,f(HCl)} + \Delta H_{m,5}$$

$$= -40.02 kJ/mol$$

因 $H^+ \cdot \infty\, aq$ 的生成热为零，所以 $\Delta H_{m,6}$ 就是 Cl^- 在无限稀溶液中的生成热 $\Delta H_{m,f(Cl^-)}$。这也是在 1mol/L 的理想溶液中 Cl^- 的生成热，因为理想溶液的 ΔH_m 不受浓度的影响。

1.12.3　离子的标准熵

根据吉布斯-赫姆霍兹公式

$$\Delta S_m^{\ominus} = \frac{\Delta H_m^{\ominus} - \Delta G_m^{\ominus}}{T}$$

由离子的标准熵和标准自由能就可求得离子的标准熵。仍以化学反应（1.f）为例予以说明。此反应的标准吉布斯自由能变化 $\Delta G_m^{\ominus} = 130.7 kJ/mol$，标准焓变化为 $\Delta H_m^{\ominus} = -166.9 kJ/mol$，所以此反应的标准熵变化为

$$\Delta S_m^{\ominus} = \frac{\Delta H_m^{\ominus} - \Delta G_m^{\ominus}}{T}$$

$$= \frac{-166.9 - 130.7}{T}$$

$$= -297.6 kJ/K$$

$$S^{\ominus}_{m,Cl^-} = \Delta S^{\ominus}_m - S^{\ominus}_{m,H^+} + \frac{1}{2}S^{\ominus}_{m,H_2} + \frac{1}{2}S^{\ominus}_{m,Cl_2}$$

$$= -297.6 + 111.1$$

$$= -186.5 kJ/K$$

此即 Cl⁻ 的标准熵。计算时取 $\frac{1}{2}H_2(g,101.325kPa) = H^+(1mol/L$ 理想溶液) 的熵变 $\Delta S^{\ominus}_m = 0$。

习　题

1-1　说明离子淌度、电导率和当量电导的定义、单位及它们之间的关系。

1-2　电解质溶液的浓度有哪几种表示方法，相应的活度标准状态的定义是什么，相应的活度系数是什么？

1-3　电解质的离子活度、活度系数、平均活度和平均活度系数如何定义？

1-4　在没有外电场的情况，在电解质溶液中，离子扩散的推动力是什么，怎样描述离子的扩散？

1-5　说明电解质溶液的电导率和当量电导率。

1-6　说明电解溶液中离子的淌度和绝对淌度。

1-7　什么是离子迁移数？

1-8　概述离子间相化作用的离子云理论。

1-9　概述离子间相互作用的离子云理论。

1-10　概述昂萨格极限公式。

1-11　说明匹采理论的要点。

1-12　简述适用高浓度电解质理论的公式。

2 水溶液电化学

2.1 相间电势和电化学势

2.1.1 相间电势

任何两相界面都会产生电势差，一个电化学体系的电动势就是由各个相间电势所组成。一个电化学体系可以包含多个相，诸如金属电极、液态电解质、气相、外电路导线等。为确定相间电势，先介绍以下几个电势定义。

（1）表面电势：带电物体表面的电势叫表面电势，其数值等于将单位正电荷从相的内部转移到相的表面所做的功，以 χ 表示。

（2）外电势：将单位负电荷从无穷远处的真空中转移到相的表面所做的功，相当于带电物体所带电荷产生的电势，叫做外电势，又称伏打电势，以 ψ 表示。

（3）内电势：将单位负电荷从无穷远处的真空中移如相本体内所做的功，叫做内电势，又称伽伐尼电势，以 φ 表示。

依据上述定义，可知内电势 φ 和外电势 ψ 之差是

$$\chi = \varphi - \psi \tag{2.1}$$

对于 β 相的内电势是

$$\varphi^{\beta} = \chi^{\beta} + \psi^{\beta} \tag{2.2}$$

2.1.2 电化学势

两点之间的电势差是使单位电荷从一点移到另一点所需要的电功。如果两点处在同一相中，电荷的移动仅由两点的电势决定；如果两点处在不同的相中，电荷从一点向另一点移动，不仅由两点的电势决定，还由带电物质在两相的化学势所决定。因而，带电粒子在两相间转移其摩尔吉布斯自由能变化为

$$\Delta G_{m,i(\alpha \to \beta)} = \mu_i^{\beta} - \mu_i^{\alpha} + z_i F(\varphi^{\beta} - \varphi^{\alpha}) \tag{2.3}$$

式中，$\mu_i^{\beta} - \mu_i^{\alpha}$ 为带电粒子 i 在两相中的化学势差；$z_i F(\varphi^{\beta} - \varphi^{\alpha})$ 为 i 粒子在两相间转移时电功的变化；z_i 为粒子的价数；F 为法拉第常数，$F = N_A e$；N_A 为阿伏伽德罗常数；e 为电子的电量。当体系达到平衡时，$\Delta G_m = 0$，则式（2.3）成为

$$\mu_i^{\beta} + z_i F \varphi^{\beta} = \mu_i^{\alpha} + z_i F \varphi^{\alpha} \tag{2.4}$$

或

$$\tilde{\mu}_i^{\beta} = \tilde{\mu}_i^{\alpha} \tag{2.5}$$

其中，$\tilde{\mu}_i = \mu_i + z_i F \varphi$，叫做电化学势。由式（2.5）可知，两相中带电粒子的平衡条件是它们的电化学势相等。

2.1.3 电动势

图 2.1 是一个开路电化学体系，两侧是金属，中间是溶液。

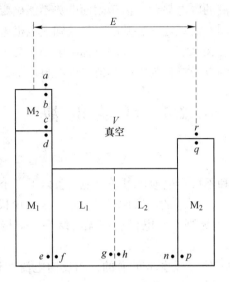

图 2.1 电化学体系的相和电势差

如图 2.1 所示，点 a 和点 b 及 q 和 r 之间的电势差是表面电势 χ_{V,M_2} 和 $\chi_{M_2,V}$，点 c 和 d 处于金属 M_2 和 M_1 内部，其电势差是内电势 φ_{M_2,M_1}。内电势差也叫做伽伐尼（Galvani）电势差。点 e 和点 f、点 n 和点 p 的电势差分别是金属 – 溶液（M_1 – L_1）和溶液金属（L_2 – M_2）之间的内电势差，分别以 φ_{L_1,M_1} 和 φ_{M_2,L_2} 表示，通常叫做能斯特（Nernst）电势。α 和 β 相的外电势差 $\psi^{\alpha} - \psi^{\beta}$ 叫做伏打电势差 $\psi_{\alpha,\beta}$。点 g 和点 h 之间的电势差是 L_1 和 L_2 界面的伽伐尼电势差，用符号 φ_{L_1,L_2} 表示。如果 L_1 和 L_2 是两种互不相溶的溶液，则 φ_{L_1,L_2} 叫做液体接界电势；如果 L_1 和 L_2 是互溶的溶液，只是电解质不同或电解质相同而浓度不同，则 φ_{L_1,L_2} 叫做扩散电势。

一个电化学体系（电池）的电动势是各相间电势差的加和

$$E = \chi_{V,M_2} + \varphi_{M_2,M_1} + \varphi_{M_1,L_1} + \varphi_{L_1,L_2} + \varphi_{L_2,M_2} + \chi_{M_2,V} \tag{2.6}$$

如果两个表面电势 χ_{V,M_2} 和 $\chi_{M_2,V}$ 是由同一物理状态金属构成，则其值相同，符号相反，可以对消。式（2.6）简化为

$$E = \varphi_{M_2,M_1} + \varphi_{M_1,L_1} + \varphi_{L_1,L_2} + \varphi_{L_2,M_2} \tag{2.7}$$

由此可见，一般化学电池的电动势由四种相间电势差构成，即两种金属间的接触电势差、两个金属和溶液间的能斯特电势差及溶液和溶液之间的扩散电势差（或接界电势差）所组成。采用盐桥法等可消除两个液体界面的电势差，这样任一电化学体系的电动势最少由三种电势差组成

$$E = \varphi_{M_2,M_1} + \varphi_{M_1,L_1} + \varphi_{L_2,M_2} \tag{2.8}$$

内电势包括外电势和表面电势。外电势可由实验测得，但表面电势尚无法确定，因此，内电势的绝对值就不得而知。如果电池两极的终端是具有同样化学组成和物理状态的

金属，其表面电势可以对消，则内电势差就不包含表面电势。这样内电势差就等于外电势差，用电势计测得的 $E = \varphi_1^\alpha - \varphi_2^\alpha$ 就是电池两端相上的电势差。如果电池两极的终端是两种不同的金属，由于有表面电势差和接触电势差，电势计测得的就不是内电势差。

电极电势是电极与溶液的内电势差，由于表面电势不能确定，因此电极电势的绝对值就无法知道。为了实际应用，需规定一个基准，只要知道电极电势相对于此基准的变化值即可，此变化值是可测的。在水溶液中，采用氢标准电极电势为基准。规定在任意温度氢离子活度为 1 的氢气电极的电极电势为零，其他电极电势值都是相对于氢电极而言。

2.2 可逆电池

2.2.1 可逆电池的条件

原电池分为可逆电池和不可逆电池。可逆电池具备以下三个条件。

（1）原电池的两个电极是可逆的。所谓可逆电极，是指电极反应是可逆的。

（2）电极上通过的电流无限小，电极反应无限缓慢。电极反应在平衡电势下进行，电池的能量转换是可逆的。

（3）电池中所进行的其他过程也是可逆的，当反向电流通过电池时，电极反应以外的其他变化也应当趋向于恢复原来的状态。

例如电池

$$\text{Pt}, \text{H}_2 \mid \text{HCl}(a) \mid \text{AgCl} \mid \text{Ag}$$

在放电和充电时两极上的反应分别为

负极 $\dfrac{1}{2}\text{H}_2 \underset{充}{\overset{放}{\rightleftharpoons}} \text{H}^+ + e$

正极 $\text{AgCl} + e \underset{充}{\overset{放}{\rightleftharpoons}} \text{Ag} + \text{Cl}^-$

可见，充电时的电极反应是放电时的电极反应的逆过程，电极反应是可逆的。而且，充电和放电过程都是在无限接近平衡状态下进行，电解质是单一的，因此，不存在其他不可逆过程，符合可逆电池的条件。这表明，两个可逆电极放在同一种电解液中构成的电池，在电流无限小的情况下，才是可逆电池。

2.2.2 可逆电池的电能

在恒温恒压条件下，一个化学反应在电池中可逆地进行，电池放电时做最大非体积功，即电功。由热力学原理，得

$$\Delta G_\text{m} = W_\text{r} \tag{2.9}$$

式中，ΔG_m 为电池反应的摩尔吉布斯自由能变化；W_r 为电池反应所做的电功。由

$$W_\text{r} = -zFE$$

得

$$\Delta G_\text{m} = -zFE$$

所以

$$E = -\frac{\Delta G_\text{m}}{zF} \tag{2.10}$$

式中，E 为可逆电池的电动势；F 为法拉第常数，为 $96500C/mol$。

由上式可见，电池的电动势大小取决于电池反应的摩尔吉布斯自由能变化。从电池结构上看，电池的电动势大小取决于各相界面电势差的大小。这说明相界面电势差的分布与电池反应有密切的关系。

由化学反应的等温方程

$$\Delta G_m = \Delta G_m^\ominus + RT\ln \prod_{i=1}^{n} a_i^{\nu_i}$$

得

$$E = E^\ominus - \frac{RT}{zF}\ln \prod_{i=1}^{n} a_i^{\nu_i} \tag{2.11}$$

$$E^\ominus = -\frac{\Delta G_m^\ominus}{zF}$$

$$\Delta G_m^\ominus = -RT\ln K^\ominus$$

式中，$E^\ominus$ 为电池的标准电动势，即参加电池反应的各组元活度等于 1 的电池的电动势；a_i 为参加电池反应的组元活度；ν_i 为参加电池反应的组元 i 的计量系数，反应物的 ν_i 为负值，产物的 ν_i 为正值；$K^\ominus$ 为标准平衡常数。

式（2.11）叫做电池电动势的能斯特方程。

2.3 电池电动势的温度系数

在恒压条件下，摩尔吉布斯自由能变化与温度的关系服从吉布斯－亥姆霍兹方程

$$\Delta G_m = \Delta H_m + T\left[\frac{\partial(\Delta G_m)}{\partial T}\right]_p \tag{2.12}$$

将式（2.10）代入式（2.12），得

$$-\Delta H_m = zFE - zFT\left(\frac{\partial E}{\partial T}\right)_p \tag{2.13}$$

式中，ΔH_m 为电池反应的摩尔焓变；$\left(\frac{\partial E}{\partial T}\right)_p$ 为恒压条件下电池的温度系数，即恒压条件下电池的电动势随温度的变化率，可由实验测量。

由式（2.10）和

$$-\Delta S_m = \left[\frac{\partial(\Delta G_m)}{\partial T}\right]_p$$

得

$$\Delta S_m = zF\left(\frac{\partial E}{\partial T}\right)_p \tag{2.14}$$

在电池做电功时，与环境有热交换。可逆电池的反应热称为可逆热，以 Q 表示，有

$$Q = T\Delta S_m \tag{2.15}$$

将式（2.15）代入式（2.14），得

$$Q = zFT\left(\frac{\partial E}{\partial T}\right)_p \tag{2.16}$$

将式 (2.16) 代入式 (2.13)，得

$$-\Delta H_m = zFE - Q$$

移项得

$$zFE = -\Delta H_m + Q \tag{2.17}$$

由式 (2.16) 和式 (2.17) 可知，可逆电池做电功时与环境的热交换有三种情况。

（1）若 $\left(\dfrac{\partial E}{\partial T}\right)_p = 0$，$Q = 0$，电池工作时与环境没有热交换，$-\Delta H_m = zFE$。

（2）若 $\left(\dfrac{\partial E}{\partial T}\right)_p < 0$，$Q < 0$，电池工作时向环境放热，$-\Delta H_m > zFE$，电池反应的反应热一部分转化为电功，另一部分以热的形式传给环境。如不能全部传出，电池会变热。

（3）若 $\left(\dfrac{\partial E}{\partial T}\right)_p > 0$，$Q > 0$，电池工作时从环境吸热，$-\Delta H_m < zFE$，电池的反应热比做的电功小，电池需要从环境吸收一部分热做电功，如果环境供热不畅，电池会变冷。

2.4　电极电势

由于单电极的界面电势差无法得到，只能采用相对的方法求单电极的界面电势差。国际上采用标准氢电极作为测量基准。

2.4.1　氢标准电极电势

如图 2.2 所示，标准氢电极是由分压为 100kPa 的氢气饱和的镀铂黑的铂电极浸入到 H^+ 离子活度为 1 的溶液中构成。

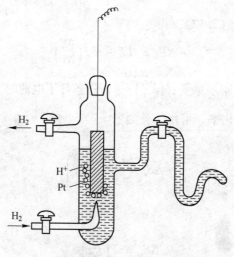

图 2.2　氢电极示意图

以待测极为正极，标准氢电极为负极，构成如下电池

$$\mathrm{Pt,H_2}(p=100\mathrm{kPa}) \mid \mathrm{H^+}(a_{\mathrm{H^+}}=1) \vdots\vdots \mathrm{M^{z+}}(a_{\mathrm{M^{z+}}}) \mid \mathrm{M}$$

该电池的电动势称为该待测电极的氢标准电极电势，简称为该待测电极的电极电势，以 φ 表示。氢标准电极电势是一个相对值。在任意温度，标准氢电极的电极电势为零。

2.4.2 平衡电极电势

电池

$$Pt, H_2 (p = 100kPa) \mid a_{H^+} = 1 \ \vdots\vdots \ Cu^{2+}(a_{Cu^{2+}}) \mid Cu$$

的电池反应为

$$H_2 + Cu^{2+} \Longrightarrow 2H^+ + Cu$$

电动势

$$E = E^\ominus + \frac{RT}{2F} \ln \frac{a_{H^+}^2 a_{Cu}}{\left(\frac{p_{H_2}}{p^\ominus}\right) a_{Cu^{2+}}}$$

$$= E^\ominus - \frac{RT}{2F} \ln \frac{1}{a_{Cu^{2+}}}$$

$$= E^\ominus + \frac{RT}{2F} \ln a_{Cu^{2+}} \qquad (2.18)$$

根据氢标准电极电势的定义，E 即为铜电极的平衡电极电势，或叫做铜电极的电极电势，以 φ_e 表示。在 298.15K，$a_{Cu^{2+}} = 1$ 的 $E = E^\ominus$，$E^\ominus$ 叫做铜电极的标准电极电势，以 $\varphi^\ominus$ 表示。这样，上式可以写成

$$\varphi_e = \varphi^\ominus + \frac{RT}{2F} \ln a_{Cu}^{2+} \qquad (2.19)$$

对于一般的电极反应，有

$$氧化态 + ze \Longrightarrow 还原态$$

则

$$\varphi_e = \varphi^\ominus + \frac{RT}{zF} \ln \frac{a(氧化态)}{a(还原态)} \qquad (2.20)$$

式中，$R = 8.314 J/(K \cdot mol)$，$F = 96500 C/mol$，$T = 298.15K$，得

$$\varphi_e = \varphi^\ominus + \frac{0.05916}{z} \lg \frac{a(氧化态)}{a(还原态)} \qquad (2.21)$$

式（2.20）叫做平衡电势方程式，也叫能斯特方程式。

按定义，标准氢电极永远做负极，待测电极永远做正极。因此，待测电极的氢标准电极电势可以是正值也可以是负值。没有氢活泼的组元，其氢标准电极电势为正值；比氢活泼的组元，其氢标准电极电势为负值。例如，Cu^{2+}/Cu 电极的氢标准电极电势为正值，Zn^{2+}/Zn 电极的氢标准电极电势为负值。

表 2.1 列出了在 298.15K，水溶液中一些电极的标准电极电势。

表 2.1　298.15K，水溶液中一些电极的标准电极电势

（标准态压力 $p^\ominus = 100kPa$）

电极反应	$\varphi^\ominus/V$	电极反应	$\varphi^\ominus/V$
$Ag^+ + e \rightleftharpoons Ag$	0.7994	$Au^{3+} + 3e \rightleftharpoons Au$	1.498
$AgCl + e \rightleftharpoons Ag + Cl^-$	0.22216	$Ba^{2+} + 2e \rightleftharpoons Ba$	−2.912
$Al^{3+} + 3e \rightleftharpoons Al$	−1.662	$Be^{2+} + 2e \rightleftharpoons Be$	−1.847

电极反应	$\varphi^{\ominus}/V$	电极反应	$\varphi^{\ominus}/V$
$Ca^{2+} + 2e \rightleftharpoons Ca$	-2.868	$K^+ + e \rightleftharpoons K$	-2.931
$Cd^{2+} + 2e \rightleftharpoons Cd$	-0.4032	$La^{3+} + 3e \rightleftharpoons La$	-2.522
$Ce^{3+} + 3e \rightleftharpoons Ce$	-2.483	$Mg^{2+} + 2e \rightleftharpoons Mg$	-2.372
$Ce^{4+} + e \rightleftharpoons Ce^{3+}$	1.61	$Mn^{2+} + 2e \rightleftharpoons Mn$	-1.185
$Cl_2(g) + 2e \rightleftharpoons 2Cl^-$	1.35810	$Mo^{3+} + 3e \rightleftharpoons Mo$	-0.200
$Co^{2+} + 2e \rightleftharpoons Co$	-0.28	$Na^+ + e \rightleftharpoons Na$	-2.71
$Cr^{3+} + 3e \rightleftharpoons Cr$	-0.744	$Nd^{3+} + 3e \rightleftharpoons Nd$	-2.431
$Cs^+ + e \rightleftharpoons Cs$	-2.92	$Ni^{2+} + 2e \rightleftharpoons Ni$	-0.257
$Cu^+ + e \rightleftharpoons Cu$	0.521	$O_2 + 4H^+ + 4e \rightleftharpoons 2H_2O$	1.229
$Cu^{2+} + 2e \rightleftharpoons Cu$	0.3417	$Pb^{2+} + 2e \rightleftharpoons Pb$	-0.1264
$F_2 + 2e \rightleftharpoons 2F^-$	2.866	$Pd^{2+} + 2e \rightleftharpoons Pd$	0.951
$Fe^{2+} + 2e \rightleftharpoons Fe$	-0.447	$Pt^{2+} + 2e \rightleftharpoons Pt$	1.118
$Fe^{3+} + 3e \rightleftharpoons Fe$	-0.037	$Rb^+ + e \rightleftharpoons Rb$	-2.98
$2H^+ + 2e \rightleftharpoons H_2$	0.00000	$S + 2e \rightleftharpoons S^{2-}$	-0.47644
$2H_2O + 2e \rightleftharpoons H_2 + 2OH^-$	-0.8279	$Sn^{2+} + 2e \rightleftharpoons Sn$	-0.1377
$Hg_2Cl_2 + 2e \rightleftharpoons 2Hg + 2Cl^-$	0.26791	$Ti^{2+} + 2e \rightleftharpoons Ti$	-1.630
$Hg_2SO_4 + 2e \rightleftharpoons 2Hg + SO_4^{2-}$	0.6123	$Zn^{2+} + 2e \rightleftharpoons Zn$	-0.7620
$I_2 + 2e \rightleftharpoons 2I^-$	0.5353		

注：表中数据摘自 CRC Handbook of Chem. And Phys. 70 版 1989~1990 年。其标准态压力为 101.325kPa，现换算成标准态压力 $p^{\ominus} = 100kPa$ 下的值。

2.4.3　可逆电极的类型

电极反应可逆的电极叫做可逆电极。

可逆电极有多种，下面分别介绍。

2.4.3.1　金属电极

金属浸在含有该金属离子的溶液中构成的电极叫做金属电极。例如

$$Cu \mid CuSO_4$$

电极反应

$$Cu^{2+} + 2e \rightleftharpoons Cu$$

电极电势

$$\varphi_e(Cu^{2+}/Cu) = \varphi^{\ominus}(Cu^{2+}/Cu) + \frac{RT}{2F}\ln a_{Cu^{2+}} \qquad (2.22)$$

2.4.3.2 金属－难溶盐电极

由金属、该金属的难熔盐及与此难熔盐具有相同阴离子的可溶性化合物的溶液构成的电极叫金属－难溶盐电极。例如，甘汞电极

$$Hg \mid Hg_2Cl_2, KCl$$

电极反应

$$Hg_2Cl_2 + 2e \Longrightarrow 2Hg + 2Cl^-$$

电极电势

$$\varphi_e\left(\frac{Hg_2Cl_2}{Hg}\right) = \varphi^{\ominus}\left(\frac{Hg_2Cl_2}{Hg}\right) + \frac{RT}{2F}\ln\frac{1}{a_{Cl^-}^2} \tag{2.23}$$

2.4.3.3 金属－难溶氧化物电极

由金属、该金属的难溶氧化物及碱溶液构成的电极叫金属－难溶氧化物电极。例如，氧化汞电极

$$Hg \mid HgO, Na(OH)$$

电极反应

$$HgO + H_2O + 2e \Longrightarrow Hg + 2OH^-$$

电极电势

$$\varphi_e\left(\frac{HgO}{Hg}\right) = \varphi^{\ominus}\left(\frac{HgO}{Hg}\right) + \frac{RT}{2F}\ln\frac{1}{a_{OH^-}} \tag{2.24}$$

表2.2给出了几种常用的参比电极电势。

表 2.2 298.15K 下几种常见参比电极的电极反应

电 极 名 称	电 极 组 成	φ/V
0.1mol/L 甘汞电极	$Hg \mid Hg_2Cl_2(s)$，KCl（0.1mol/L 溶液）	0.335
1mol/L 甘汞电极	$Hg \mid Hg_2Cl_2(s)$，KCl（0.1mol/L 溶液）	0.2799
饱和甘汞电极	$Hg \mid Hg_2Cl_2(s)$，KCl（饱和溶液）	0.2410
银－氯化银电极	$Ag \mid AgCl(s)$，KCl（0.1mol/L 溶液）	0.290
氧化汞电极	$Hg \mid HgO(s)$，NaOH（0.1mol/L 溶液）	0.165
硫酸亚汞电极	$Hg \mid Hg_2SO_4(s)$，SO_4^{2-}（$a=1$）	0.6123
硫酸铅电极	$Pb(Hg) \mid PbSO_4(s)$，SO_4^{2-}（$a=1$）	-0.3507

2.4.3.4 气体电极

由吸附在惰性金属（Pt 等）上的气体和其浸在含有该气体的离子的溶液构成的电极叫气体电极。例如，氢电极

$$Pt, H_2(p) \mid H^+$$

电极反应

$$2H^+ + 2e \Longrightarrow H_2$$

电极电势

$$\varphi_e(2H^+/H_2) = \varphi^{\ominus}(2H^+/H_2) + \frac{RT}{2F}\ln a_{H^+} \tag{2.25}$$

2.4.3.5　氧化–还原电极

将惰性材料浸入含有同一种物质的氧化态和还原态离子的溶液中构成的电极叫氧化–还原电极。例如，

$$Pt,\,|Fe^{3+}(a_{Fe^{3+}}),Fe^{2+}(a_{Fe^{2+}})$$

电极反应

$$Fe^{3+} + e \Longrightarrow Fe^{2+}$$

电极电势

$$\varphi_e(Fe^{3+}/Fe^{2+}) = \varphi^{\ominus}(Fe^{3+}/Fe^{2+}) + \frac{RT}{F}\ln\frac{a_{Fe^{3+}}}{a_{Fe^{2+}}} \qquad (2.26)$$

醌–氢醌电极也属于氧化–还原电极。

2.4.4　电极电势的标度

标准氢电极制作麻烦，使用也不方便，因此，实际测量电极电势常根据具体情况选择参比极。表 2.2 列出的几种参比电极在实际测量电极电势时常被选用。采用不同的参比极得到不同标度的电极电势，因此，对测量结果要注明是相对哪种参比电极的电极电势，或将结果换算成氢标准电极电势。

2.4.5　液体接界电势

由两个组成不同或浓度不同的电解质溶液相接触的界面产生的电势差叫液体接界电势，也叫扩散电势。

2.4.5.1　液体接界电势产生的原因

相接触的两种电解质溶液有三种情况：

（1）两种溶液组成相同，浓度不同。

（2）两种溶液的组成不同，浓度相同。

（3）两种溶液的组成和浓度都不同。

下面分别讨论两种溶液产生接界电位的原因。

第一种情况，两个浓度分别为 c_1 和 c_2 的硝酸银溶液相接触，如图 2.3 所示。$c_1 < c_2$，Ag^+ 和 NO_3^- 由浓度为 c_2 的一侧向浓度为 c_1 的一侧扩散。NO_3^- 的淌度大于 Ag^+ 的淌度，根据公式 $D = \dfrac{RT}{zF}u$ 可知，NO_3^- 的扩散速度大于 Ag^+ 的扩散速度，这样，通过界面的 NO_3^- 比 Ag^+ 多。因此，在界面两侧形成了左负右正的双电层，即产生了电势差。由于双电层电场的作用，NO_3^- 通过界面的速度会降低，Ag^+ 通过界面的速度会增大，最后达到稳定。Ag^+ 和 NO_3^- 以相同的速度通过界面，界面电势差达到一个稳定值。这是稳定状态，不是平衡状态，因为扩散仍在以一定的速度进行，是一个不可逆过程。这个稳定的电势差就是液体接界电势。

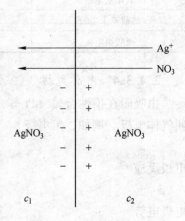

图 2.3　不同浓度溶液液体接界电位的形成

第二种情况，浓度相同的 $AgNO_3$ 溶液和 HNO_3 溶液相接触，如图 2.4 所示。界面两侧 NO_3^- 浓度相同，不发生扩散；但是界面两侧溶液的 H^+ 和 Ag^+ 离子浓度不同，会发生扩散。H^+ 向 $AgNO_3$ 溶液中扩散，Ag^+ 向 HNO_3 溶液中扩散。由于 H^+ 的扩散速度比 Ag^+ 大，在单位时间内通过界面的 H^+ 比 Ag^+ 多，因此，在界面两侧形成了左正右负的双电层，即产生了电势差。在双电层电场的作用下，H^+ 通过界面的速度下降，Ag^+ 通过界面的速度增加，最后达到稳定状态，即 H^+ 和 Ag^+ 以相同的速度通过界面，在界面上形成一个稳定的电势差，即液体接界电势。

第三种情况包括了第一、第二两种情况，也会在界面形成一个稳定的电势差，产生液体接界电势。

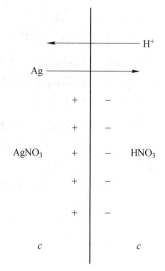

图 2.4　浓度相同的两种溶液液体接界电位的形成

2.4.5.2　液体接界电势方程式

液体接界电势可以用接界电势方程式表示。下面以一种简单的情况为例建立液体接界电势方程式。

界面两侧双电层的建立已接近完成。其中一侧溶液中离子浓度分别为 $c_i(i=1,2,\cdots,n)$ mol/L，另一侧溶液中离子浓度分别为 $c_i + dc_i (i=1,2,\cdots,n)$ mol/L。离子的电荷数分别为 $z_i(i=1,2,\cdots,n)$，离子迁移数分别为 $t_i(i=1,2,\cdots,n)$。

假定：（1）液体接界电势的数值与接界形式无关；（2）电解质的活度等于浓度；（3）迁移数 t_i 随浓度变化不大，可以看作常数。

有 1mol 电子的电量可逆地通过界面，每种离子通过界面迁移物质的量为 $\dfrac{t_i}{z_i}$ mol，所引起的吉布斯自由能变化为

$$dG_{m,i} = \frac{t_i}{z_i}d\mu_i$$

全部离子迁移所引起的吉布斯自由能变化为

$$dG_m = \sum_{i=1}^{n} \frac{t_i}{z_i}d\mu_i = \sum_{i=1}^{n} \frac{t_i}{z_i}RTd\ln c_i$$

式中

$$d\mu_i = RTd\ln c_i$$

1mol 电子的电量通过界面做的电功等于吉布斯自由能的变化。以 φ_j 表示液体接界电势，则

$$Fd\varphi_j = -dG_m$$

$$d\varphi_j = -\frac{dG_m}{F} = -\frac{RT}{F}\sum_{i=1}^{n} \frac{t_i}{z_i}d\ln c_i$$

积分上式，得

$$\varphi_j = -\frac{RT}{F}\sum_{i=1}^{n} \frac{t_i}{z_i}\ln\frac{c_i(左)}{c_i(右)} \tag{2.27}$$

式中，c_i（左）和 c_i（右）为界面两侧组元 i 的浓度。

2.4.5.3　浓差电池

由于电池中组元浓度差异而产生的电动势的电池叫做浓差电池。浓差电池有两类：第一类是由成分相同的材料作为电极分别浸入组成相同而浓度不同的电解液中构成的电池；第二类是两个电极的材料相同，但其中参与电极反应的物质浓度不同，两个电极浸入同一电解液中构成的电池。

第一类浓差电池还可以根据两种电解液直接接触还是不直接接触分为如下两种。

（1）有迁移的浓差电池。两种浓度不同的电解液直接接触，溶液中的离子可以穿过两种溶液的界面，在界面上有接界电势，这种电池叫做有迁移的浓差电池。例如

$$\mathrm{Ag \mid AgCl, HCl}(a_1) \vdots \mathrm{HCl}(a_2), \mathrm{AgCl \mid Ag} \qquad a_1 > a_2$$

$$\varphi_{右} = \varphi^{\ominus} + \frac{RT}{F} \ln \frac{1}{a_2}$$

$$\varphi_{左} = \varphi^{\ominus} + \frac{RT}{F} \ln \frac{1}{a_1}$$

因为 $a_1 > a_2$，则 $\varphi_{右}$ 比 $\varphi_{左}$ 正。电池的电动势为

$$E = \varphi_{右} - \varphi_{左} + \varphi_j \tag{2.28}$$

由上式可见，电池的电动势 E 包括了不可逆的液体接界电势。因此，有迁移的浓差电池是不可逆电池。

（2）无迁移的浓差电池。如果设法避免两种溶液直接接触，就可以消除液体接界电势。这种浓差电池叫做无迁移的浓差电池。例如，用两个可逆的氢电极分别与前述浓差电池的两极组成电池，再将这两个新组成的电池互相串联，即

$$\underbrace{\mathrm{Ag \mid AgCl, HCl}(a_1) \mid \mathrm{H_2, Pt}}_{电池\,I} - \underbrace{\mathrm{Pt, H_2 \mid HCl}(a_2), \mathrm{AgCl \mid Ag}}_{电池\,II} \qquad a_1 > a_2$$

电池 II 的反应为

$$\mathrm{AgCl} + \frac{1}{2}\mathrm{H_2} =\!=\!= \mathrm{Ag} + \mathrm{Cl^-} + \mathrm{H^+}$$

电池 II 的电动势为

$$E_{II} = E_{II}^{\ominus} - \frac{RT}{F} \ln(a_{2,\mathrm{H^+}} a_{2,\mathrm{Cl^-}}) \tag{2.29}$$

电池 I 的反应为

$$\mathrm{Ag} + \mathrm{Cl^-} + \mathrm{H^+} =\!=\!= \mathrm{AgCl} + \frac{1}{2}\mathrm{H_2}$$

电池 I 的电动势为

$$E_{I} = E_{I}^{\ominus} + \frac{RT}{F} \ln\left(\frac{1}{a_{1,\mathrm{H^+}} a_{1,\mathrm{Cl^-}}}\right) \tag{2.30}$$

电池 I 的反应不能自发进行，是靠电池 II 提供的电能进行。整个电池的反应为

$$\mathrm{Cl^-}(a_1) + \mathrm{H^+}(a_1) =\!=\!= \mathrm{Cl^-}(a_2) + \mathrm{H^+}(a_2)$$

整个浓差电池的电动势为

$$E = E_{I} + E_{II} = \frac{RT}{F} \ln \frac{a_{1,\mathrm{H^+}} a_{1,\mathrm{Cl^-}}}{a_{2,\mathrm{H^+}} a_{2,\mathrm{Cl^-}}} \tag{2.31}$$

第二类浓差电池没有液体接界，是可逆电池，常见有以下两种。

（1）由两个分压不同的气体电极浸在同一电解液中构成的浓差电池。例如，两个压力不同的氢电极浸入同一 HCl 溶液中构成的电池，即

$$Pt, H_2(p_1) \mid H^+Cl^- \mid H_2(p_2), Pt \qquad p_1 > p_2$$

阳极反应 $\qquad\qquad\qquad\qquad H_2 - 2e === 2H^+$

阴极反应 $\qquad\qquad\qquad\qquad 2H^+ + 2e === H_2$

电池反应 $\qquad\qquad\qquad\qquad H_2 === H_2$

电动势 $\qquad\qquad\qquad E = \varphi_+ - \varphi_- = \dfrac{RT}{2F}\ln\dfrac{p_1}{p_2}$ （2.32）

（2）两个浓度不同的汞齐电极浸入同一电解液中构成的电池。例如，两个浓度不同的锌汞齐电极浸入同一硫酸锌溶液中构成的电池。

$$Zn(Hg)(w_1) \mid ZnSO_4 \mid Zn(Hg)(w_2) \qquad w_1 > w_2$$

阳极反应 $\qquad\qquad\qquad Zn(Hg) - 2e === Zn^{2+} + Hg$

阴极反应 $\qquad\qquad Zn^{2+} + Hg + 2e === Zn(Hg)$

电池反应 $\qquad\qquad\qquad Zn(Hg) === Zn(Hg)$

电动势 $\qquad\qquad\qquad E = \varphi_+ + \varphi_- = \dfrac{RT}{2F}\ln\dfrac{a_{Zn}(左)}{a_{Zn}(右)}$ （2.33）

2.4.5.4 液体接界电势消除的方法

液体接界电势消除的方法有如下几种：

（1）将有迁移的浓差电池改装成无迁移的浓差电池。

（2）采用盐桥可以减少液体接界电势。盐桥是将隔开的两种不同的电解液相连接的溶液。构成盐桥的电解液浓度很高，所含的正、负离子的迁移数接近。例如由高浓度的 KCl 溶液构成的盐桥，即

$$Ag \mid AgCl, HCl(c_1) \mid KCl(浓) \mid HCl(c_2), AgCl \mid Ag$$

高浓度的 KCl 溶液与两种浓度不同的 HCl 溶液相接触，接界处产生的电势差主要是由 KCl 的扩散造成的。由于 K^+ 离子和 Cl^- 离子的迁移数接近（在 291.15K，KCl 浓度为 $1.0 \sim 3.0\text{mol/L}$，$t_{K^+} = 0.490$，$t_{Cl^-} = 0.485$），KCl 盐桥与两个 HCl 溶液的接界电位比两个 HCl 溶液直接接触的接界电势小很多，且方向相反，所以总的接界电势更小。盐桥中溶液的浓度越高，总的接界电势数值越小。选择盐桥时需要注意盐桥中的溶液不能与电池中的电解液发生反应。

（3）在组成电池的两种电解液中加入数量相同的其他电解质，减小电解液中的离子迁移数，也可以减小接界电势。但是，其他电解质的加入改变了原来电解液的活度，从而改变了电池的电动势。为了得到不加其他电解质的原来电池的电动势，需要测量一系列添加不同数量的其他电解质电池的电动势，然后用外推法求得不加其他电解质的原来电池的电动势。

2.5 电势-pH 图

2.5.1 原理

1919 年，波耳拜克斯（Pourbaix）提出电势-pH 图，将电化学体系的化学反应平衡与条件变化的关系用图表示。

在水溶液中，根据是否有氢离子 H^+ 和电子参加反应，可将化学反应分为三种类型：

（1）有 H^+ 参加的反应，例如

$$Fe(OH)_2 + 2H^+ =\!=\!= Fe^{2+} + 2H_2O$$

$$H_2CO_3 =\!=\!= H^+ + HCO_3^-$$

（2）有电子，没有 H^+ 参加的反应，例如

$$Fe^{3+} + e =\!=\!= Fe^{2+}$$

$$Cl_2 + 2e =\!=\!= 2Cl^-$$

（3）H^+ 和电子都参加的反应，例如

$$MnO_4^- + 8H^+ + 5e =\!=\!= Mn^{2+} + 4H_2O$$

$$Fe(OH)_3 + 3H^+ + e =\!=\!= Fe^{2+} + 3H_2O$$

第三种类型的反应可用通式表示为

$$aA + mH^+ + ne =\!=\!= bB + cH_2O$$

作为溶剂的水的活度可看作 1 或常数，反应达成平衡有

$$E = E^\ominus + \frac{2.3RT}{nF}m\mathrm{pH} + \frac{2.3RT}{nF}\lg\frac{a_A^a}{a_B^b} \tag{2.34}$$

式（2.34）是以 E 为函数，pH 为自变量的截斜式直线方程。以 E 为纵坐标，pH 为横坐标作图，得到直线。式中 $\frac{2.3RT}{nF}m$ 为直线的斜率，$E^\ominus + \frac{2.3RT}{nF}\lg\frac{a_A^a}{a_B^b}$ 为直线的截距。对一具体的化学反应而言，$E^\ominus$ 是常数，所以其直线的截距决定于反应物和产物的活度。对于一个化学反应而言，反应物质的活度确定，则直线的截距就确定了。在直线上的点所表示的是体系处于平衡状态的电势、pH 值和组成的关系。直线上方的点对应的电势值大于对应于同一 pH 值的直线上的点的电势值，因而就有 $a_A'^a > a_A^a$ 或 $a_B'^b < a_B^b$（a_A'、a_B' 表示直线上方的点所对应的 A、B 的活度），这时产物是稳定的。直线下方的点则情况相反。

一、二两种类型的反应可看作第三种类型反应的特例。第一种类型的反应可简化成通式

$$aA + cH_2O =\!=\!= bB + mH^+$$

平衡条件为

$$\mathrm{pH} = -\frac{1}{m}\lg K - \frac{1}{m}\lg\frac{a_A^a}{a_B^b} \tag{2.35}$$

其平衡取决于溶液的 pH 值，而与电极电势无关。温度一定，平衡常数 K 恒定，pH 值取决于反应物和产物的活度比 $\dfrac{a_A^a}{a_B^b}$。在 E-pH 图中，活度比是平行于 E 轴的直线，每条直线具有确定的活度比。

第二种类型的反应可简化成通式

$$aA + ne =\!=\!= bB$$

平衡条件为

$$E = E^\ominus + \frac{2.3RT}{nF}\lg\frac{a_A^a}{a_B^b} \tag{2.36}$$

其平衡与 pH 值无关，取决于平衡电势。电极反应的平衡电势与 pH 值无关，在一定的温

度条件下，随 $\dfrac{a_A^a}{a_B^b}$ 的变化而变化，在电势-pH 图上是斜率为零的直线，即平行于 pH 轴的直线。各条水平线上 $\dfrac{a_A^a}{a_B^b}$ 为常数。

2.5.2 水的电势-pH 图

2.5.2.1 电势-pH 图的建立

水的电离反应为

$$H_2O \Longrightarrow H^+ + OH^-$$

根据式（2.35），平衡条件为

$$pH = -\lg K - \lg \frac{1}{a_{OH^-}}$$
$$= -\lg K + \lg a_{OH^-} \tag{2.37}$$

在 25℃，水的 pH = 7，$\lg K = -14$，$\lg a_{OH^-} = 7$，是一条平行于 E 轴的直线，是水溶液酸碱性的分界线。

在纯水体系中，还能发生下列两个电极反应

$$2H^+ + 2e \Longrightarrow H_2 \tag{2.a}$$
$$2H_2O \Longrightarrow O_2 + 4H^+ + 4e \tag{2.b}$$

在 25℃，$E_1^\ominus = 0.000V$，$E_2^\ominus = 1.229V$。根据式（2.34），两个反应的平衡条件为

$$E_1 = -0.591pH - 0.0296\lg p_{H_2} \tag{2.38}$$

当 $p_{H_2} = 0.1MPa$ 时，

$$E_1 = -0.0591pH \tag{2.39}$$
$$E_2 = 1.229 - 0.0591pH + 0.0108\lg p_{O_2} \tag{2.40}$$

当 $p_{O_2} = 0.1MPa$ 时，

$$E_2 = 1.229 - 0.0591pH \tag{2.41}$$

在电势-pH 图中，是两条斜率为 -0.0591，间隔 1.229V 平行线；如果氢和氧的压力不是一个标准大气压力，仍是两条斜率为 -0.0591 平行线。

2.5.2.2 水的电势-pH 图分析

在图 2.5 中，线 a 是反应（2.a）的平衡条件，线上的每一点都对应于不同 pH 值的平衡电势。在线 a 的下方区域内的任一点的电势都比反应（2.a）的平衡电势更负，推动反应向右进行，产物稳定。因此，在该区域内，水不稳定，倾向于发生还原反应而分解，析出氢气，溶液的酸度降低。

线 b 是反应（2.b）的平衡条件。在线 b 的上方，各点的电势都比反应（2.b）的电势更正，因而水倾向于发生氧化反应而分解，析出氢气，使溶液的酸度增加。

在线 a 和线 b 之间区域，水才不会分解为氢气和氧气。这个区域是 25℃，$p_{H_2} = p_{O_2} = 0.1MPa$ 时，水的热力学稳定区。

$a_{H^+} = a_{OH^-}$，水溶液是中性的；$a_{H^+} > a_{OH^-}$，水溶液是酸性的；$a_{H^+} < a_{OH^-}$，水溶液是碱性的。因此，在水的电势-pH 图中，pH = 7 的直线即为酸性溶液和碱性溶液的分界线。

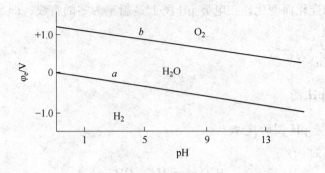

图 2.5　水的电势-pH 图

2.5.3　金属 – 水系的电势-pH 图

金属 – 水系的电势-pH 图绘制的是 25℃ 水溶液中金属的不同价态的平衡电势和水溶液的 pH 值的关系图。对于某个确定的金属 – 水系，给出可能存在的各组元物质和它们的标准自由能；写出各组元物质可能发生的化学反应；利用式（2.34）计算出各个化学反应的平衡条件，即给出各化学反应的 E-pH 关系的方程式；将 E 对 pH 作图，就得到了各个反应的 E-pH 图，即该金属 – 水系的电势-pH 图。图 2.6 是 Fe-H_2O 系的电势-pH 图。

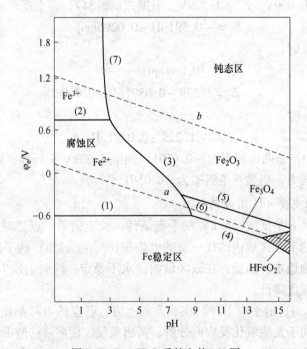

图 2.6　Fe – H_2O 系的电势-pH 图

下面以 Fe-H_2O 系为例，说明平衡方程的计算。

Fe-H_2O 系有化学反应 $Fe_3O_4 + 2H_2O + 2e = 3HFeO_2^- + H^+$。查热力学数据手册，得

$\Delta G_{\mathrm{m,H^+}}^{\ominus} = 0$，$\Delta G_{\mathrm{m,Fe_3O_4}}^{\ominus} = -498.9\mathrm{kJ/mol}$，$\Delta G_{\mathrm{H_2O}}^{\ominus} = -238.4\mathrm{kJ/mol}$，$\Delta G_{\mathrm{m,HFeO_2^-}}^{\ominus} = -337.6\mathrm{kJ/mol}$，利用这些数据，可计算所求化学反应的标准自由能变化

$$\Delta G_{\mathrm{m}}^{\ominus} = 3\Delta G_{\mathrm{m,HFeO_2^-}}^{\ominus} + \Delta G_{\mathrm{m,H^+}}^{\ominus} - \Delta G_{\mathrm{m,Fe_3O_4}}^{\ominus} - 2\Delta G_{\mathrm{m,H_2O}}^{\ominus}$$
$$= 3 \times (-337.6) + 0 - (-498.9) - 2 \times (-238.4)$$
$$= -37.1\mathrm{kJ/mol}$$

$$E^{\ominus} = \frac{\Delta G}{nF} = \frac{-37.1 \times 10^3}{2 \times 96500} = -0.192\mathrm{V}$$

代入方程式（2.34）中，得

$$E = E^{\ominus} + \frac{2.3RT}{nF}m\mathrm{pH} + \frac{2.3RT}{nF}\lg\frac{a_{\mathrm{Fe_3O_4}}}{a_{\mathrm{HFeO_2^-}}^3}$$

固体 $\mathrm{Fe_3O_4}$ 的活度取 1，将有关数据代入，得

$$E = -0.192 + \frac{2.3 \times 8.314 \times 298}{2 \times 96500}\mathrm{pH} - 3 \times \frac{2.3 \times 8.314 \times 298}{2 \times 96500}\lg a_{\mathrm{HFeO_2^-}}$$
$$= -0.192 + 0.0295\mathrm{pH} - 0.089\lg a_{\mathrm{HFeO_2^-}}$$

2.5.4　电势-pH 图的应用

电势-pH 图在电解、化学电源、电镀和金属腐蚀与防护等电化学领域有广泛的应用。下面以 $\mathrm{Fe\text{-}H_2O}$ 的电势-pH 图为例介绍其应用。

2.5.4.1　在金属电沉积中的应用

由图 2.6 可见，在酸性溶液中电沉积铁，阴极电势处在线 a 以下，线（1）以上的范围内，阴极上没有铁的沉积，只有 $\mathrm{H^+}$ 还原为 $\mathrm{H_2}$ 的反应。电势处在线（1）以下，阴极上才有铁的沉积。

2.5.4.2　在金属腐蚀与防护中的应用

由图 2.6 可见，在线 a 以下、线（1）以上，腐蚀反应为

正极 $\qquad\qquad\qquad\qquad 2\mathrm{H^+} + 2\mathrm{e} =\!=\!= \mathrm{H_2}$

负极 $\qquad\qquad\qquad\qquad \mathrm{Fe} - 2\mathrm{e} =\!=\!= \mathrm{Fe^{2+}}$

在线 a 以上、线 b 以下，腐蚀反应为

正极 $\qquad\qquad\qquad\qquad \frac{1}{2}\mathrm{O_2} + 2\mathrm{H^+} + 2\mathrm{e} =\!=\!= \mathrm{H_2O}$

负极 $\qquad\qquad\qquad\qquad \mathrm{Fe} - 2\mathrm{e} =\!=\!= \mathrm{Fe^{2+}}$

（1）调节溶液的 pH 值。为防止铁的腐蚀，需将溶液的 pH 值调到 $9 \sim 13$。在这样的溶液中，若电势较负，铁处于热力学稳定区；若电势较正，铁处在钝化区，都可以使铁免遭腐蚀。

（2）调节铁的电极电势，进行阴极保护。若溶液的 pH 值较小，可将铁的电极电势维持在较负的数值，使其处于热力学稳定区。

（3）调节铁的电极电势，进行阳极保护。若溶液的 pH 值较大，可将铁的电极电势维持在较正的数值，使其处于热力学钝化区。

由图 2.6 可见，溶液的 pH 值在 $9 \sim 14$ 范围内，采用阴极保护和阳极保护都可以防止

铁受到腐蚀。若溶液的 pH 值大于 14，则控制铁的电极电势，避免处在生成 $HFeO_2$ 的区域。

2.6　双　电　层

2.6.1　三种双电层

电极与溶液接触的界面附近，形成一个界面区，其性质与电极和溶液都不相同。来自电极或溶液本体的游离电荷或偶极子在界面上重新排布，形成双电层，在界面区产生了电势差。双电层有三种类型：离子双电层、偶极双电层和吸附双电层。图 2.7 给出了三种双电层的示意图。

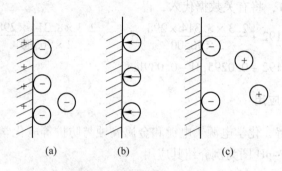

图 2.7　三种双电层的示意图
（a）离子双层；（b）偶极分子取向层；（c）吸附双层

离子双电层是由分布在电极和溶液中的游离电荷组成。库仑力使其分布在界面区内，形成双电层。若金属电极带正电，则溶液侧带负电；若金属侧带负电，则溶液侧带正电。这种双电层产生的电势差称为离子双电层电势差。

由于金属电极表面电子的逸去趋势或金属表面晶格缺陷，金属表面可形成偶极层。液相中处于表面的偶极分子受金属表面偶极层的影响而取向，形成偶极层。这种由偶极子中正负电荷分隔开而形成的双电层称为偶极双电层。对任何一种金属－溶液界面，偶极双电层总是存在。

由于溶液中某种离子被电极－溶液界面吸附，形成一层电荷。这层电荷又靠库仑力吸引溶液中等同数量的相反电荷的离子而形成双电层，称之为吸附双电层。

金属与溶液界面间电势差是由上述三种双电层产生的电势差的一部分或全部组成。

由于不同物相的性质差别，在任何两相界面粒子所受的作用力总是与各相内部的粒子不同，因此，界面上会出现游离的电荷（电子或离子）或取向的偶极子的重新排布。所以，任何两相界面区都会形成不同形式的双电层，也都存在电势差，双电层并非金属与溶液界面所特有的，而是两相界面的普遍现象。

2.6.2　离子双电层

在三种双电层中，离子双电层对电极反应速率影响最大。因此，有必要对其进一步讨论。离子双电层可以是在电极与溶液接触自发形成，也可以在外电源作用下强制形成。两种情况形成的双电层在性质上没有差别。

由金属离子和自由电子组成的金属相电极未与溶液接触之前，在一般情况下，其金属离子的化学势与溶液相中同种金属离子的化学势并不相等，因此，在金属与溶液两相接触时，会发生离子在两相间的转移。带电粒子及在 M 和 L 两相间转移的平衡条件是它们的电化学势相等，即

$$\tilde{\mu}_B^M = \tilde{\mu}_B^L$$

或

$$\mu_B^M + z_B F \varphi^M = \mu_B^L + z_B F \varphi^L$$

如果两相的电化学势不等，带电粒子将从电化学势高的相向电化学势低的相转移。例如，金属锌和氯化锌溶液组成的半电池。如果 Zn^{2+} 在金属锌中的化学势比溶液中高，则金属锌上的 Zn^{2+} 就自发地转入溶液中，发生锌的氧化反应，电子留在金属锌上。金属锌表面带负电，以库仑引力吸引溶液中的 Zn^{2+}，使之停留在金属锌电极表面附近，在两相界面区形成电势差。这个电位差对 Zn^{2+} 继续进入溶液起阻滞作用，相反却促使溶液中的 Zn^{2+} 返回到金属锌上。随着金属锌上的 Zn^{2+} 进入溶液数量的增加，电势差变大，进入溶液中的 Zn^{2+} 量变小，返回金属锌上的 Zn^{2+} 量变大，最后达成动态平衡，在两相界面区形成离子双电层，产生稳定的电势差。自发形成离子双电层的过程非常迅速，一般为百万分之一秒。

在有些情况下，金属与溶液接触时并不能自发地形成离子双电层。例如，将纯汞放入氯化钾溶液中。由于汞相当稳定，难以被氧化，K^+ 也很难被还原，因而不能自发地形成双电层。若将汞电极与外电源负极接通，外电源向电极上输送电子，在其电极电势达到 K^+ 的还原电势之前，电极上不会发生化学反应，电子停留在汞电极上，使汞表面带负电。这一层负电荷吸引溶液中相同数量的正电荷（K^+），形成双电层。反之，若将汞接在外电源的正极上，外电源从电极上取走电子，使汞表面带正电。它吸引溶液中的负离子（Cl^-），使靠近汞的液面带负电，形成正负离子构成的双电层。

这种靠外电源作用强制形成双电层的过程犹如电容器充电。在一定电极电势范围内，借助外电源任意改变双电层的带电状况，而不致引起任何化学反应的电极，叫做理想极化电极。例如，对 KCl 溶液中的汞电极而言，如果外电源充电后没达到引起 Hg、K^+ 和 H_2O（H^+ 和 OH^-）发生氧化或还原反应的程度，就是理想极化电极。这种电极的特性和平行板电容器类似。如果外电源给电极表面充电过多，超过了使 Hg、K^+ 和 H_2O（H^+ 和 OH^-）发生氧化或还原反应的电势，则汞电极就不是理想极化电极了。任何一个理想极化电极都只能在一定的电势范围内。

理想极化电极与不理想极化电极是两种极端情况，实际电极大多介于两者之间。

双电层中剩余电荷不多，电势差也不大（在 1V 数量级）。但是，由于两层间距离小（在 10^{-10} m 的数量级），所以双电层间的电场强度很大。

$$\frac{1V}{10^{-10} m} = 10^{10} V/m$$

双电层间的巨大电场强度能使一些在其他条件下不能进行的化学反应顺利进行。双电层电势差小的改变，就能大大改变电极过程的速率。

2.6.3　离子双电层的结构模型

早在19世纪末，赫姆霍兹（Helmholtz）曾以为双电层结构类似于平行板电容器，即电极表面上与溶液中的两层剩余电荷均整齐地排列在界面的两侧。但是，该种想法与实验测得的微分电容曲线随电势的变化不一致。

在20世纪初，古依（Gouy）和启普曼（Chapman）认为溶液一侧构成双电层的离子不是整齐地排列在双电层界面溶液一侧，而是分散在溶液中与界面相邻的一个不大的区域里。但依据此种模型计算的双电层微分电容在溶液浓度较高或表面剩余电荷较大时，远大于实测数据。斯特恩（Stern）吸收了上述两种模型的合理部分，建立了GCS（Gouy-Chapman-Stern）模型。斯特恩认为双电层溶液一侧的电荷分为两部分：一部分电荷靠近电极，形成紧密层；另一部分电荷离电极表面稍远一些，形成分散层。相应地，电极与溶液间的电势差也分为两部分：前一部分是紧密层电势 $\varphi_a - \psi_1$；后一部分是分散层电势 ψ_1。这里 φ_a 和 ψ_1 都是相对于溶液内部的电势而言的，溶液内部的电势规定为零。

2.6.4　半导体电极与溶液界面区的双电层

半导体电极不同于金属电极，半导体电极在溶液中形成双电层时，半导体电极表面上的剩余电荷也像溶液一侧那样存在着分散层，分布在电极一侧表面一定厚度的区域（10～10^2 nm）内。这个区域叫做空间电荷层。

当本征半导体与溶液相接触形成双电层时，在溶液一侧的电场作用下，半导体中电子和空穴在空间电荷层中的分布规律和溶液中的离子相似。如果溶液中剩余电荷是正的，则在半导体中离表面近的地方电子多、空穴小，离表面远的地方电子少、空穴多。从表面到内部的一段区域内存在剩余电荷，此区域即为空间电荷层，如图2.8所示。

掺杂半导体与溶液接触时，在界面区电场的作用下，半导体表面附近也存在着与本征半导体相似的空间电荷层。

2.6.5　电毛细现象

电极与溶液界面间存在着界面张力。界面张力与界面上物质组成有关。电极电势的变化也会改变界面张力的大小，这种现象称为电毛细现象。电极电势的变化对应于电极表面剩余电荷数量的变化。电极表面出现剩余电荷时，同性电荷的排斥作用使界面面积倾向于增大，所以界面张力将减小。单位电极表面上剩余电荷越多，界面张力就越小。与界面带电相比，界面上单位面积剩余电荷为零时界面

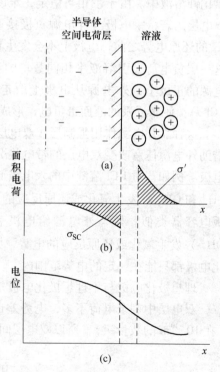

图2.8　半导体－溶液界面的双电层
（a）结构示意图；（b）剩余电荷分布；
（c）电位分布

张力最大。因此，可以通过对不同电极电势下界面张力的测量来研究电极表面带电状况，并进一步探讨双电层的结构。

2.7　不可逆电极过程

2.7.1　不可逆的电化学装置

2.7.1.1　化学装置的端电压

将两个可逆电极浸在同一溶液中，构成一个电化学装置。当电流趋于零时，电化学反应是可逆的，两极间的电势差等于它们的平衡电极电势之差。如果有电流——哪怕是很小的电流——通过该装置，两个电极的电极反应都是不可逆的，其电极电势将偏离平衡电势。而且，即使电极电势不变，电化学装置中的一系列由电阻（主要是溶液的电阻）引起的电势降也会引起两极间电势差的变化。对电池来说，两极间的电势差变小；对电解池来说，两极间的电势差变大。两极间的电势差包括两个电极电势之差，两极间溶液的欧姆电势降，以及电极本身和各连接点的欧姆电势降等几个部分。这样，原电池端点的电势差可以表示为

$$V = \varphi_K - \varphi_A - IR \tag{2.42}$$

电解池端点的电势差可以表示为

$$V' = \varphi_A - \varphi_K + IR \tag{2.43}$$

式中，φ_A 为阳极电势；φ_K 为阴极电势；I 为通过电极的电流；R 为电化学装置系统中的电阻。

一般情况下，电子导体的电阻比离子导体的电阻小得多，所以电极本身和各连接点的欧姆电势降常可忽略不计。上式中的 R 则是溶液的电阻。

2.7.1.2　电极的极化

若没有电流通过电化学装置，$I = 0$，$IR = 0$，由式（2.42）和式（2.43）得

$$V = \varphi_{K,e} - \varphi_{A,e} \tag{2.44}$$

$$V' = \varphi_{A,e} - \varphi_{K,e} \tag{2.45}$$

式中，$\varphi_{K,e}$ 和 $\varphi_{A,e}$ 分别表示阴极和阳极的平衡电极电势。

若有电流通过电化学装置，$I > 0$，$IR > 0$，则

$$V < \varphi_{K,e} - \varphi_{A,e} \tag{2.46}$$

$$V' > \varphi_{A,e} - \varphi_{K,e} \tag{2.47}$$

但

$$V \neq \varphi_{K,e} - \varphi_{A,e} - IR \tag{2.48}$$

$$V' \neq \varphi_{A,e} - \varphi_{K,e} + IR \tag{2.49}$$

实际上 V 的减小值和 V' 的增大值都超过 IR。这表明，在有电流通过电化学装置时，其阴极电势和阳极电势都偏离其平衡值，即

$$\varphi_K \neq \varphi_{K,e} \tag{2.50}$$

$$\varphi_A \neq \varphi_{A,e} \tag{2.51}$$

而且，随着电极上通过的电流大小不同，φ_K 和 φ_A 的变化也不一样。把这种电流通过电极时，电极偏离其平衡值的现象叫做电极的极化。

实验表明，阴极极化其电极电势比平衡电势更负，阳极极化其电极电势比平衡电势更正。而且，随着电流的增大，电极电势离平衡电极电势更远。由实验测得电流 I 与电极电势 φ 的关系曲线称为极化曲线，如图 2.9 所示。

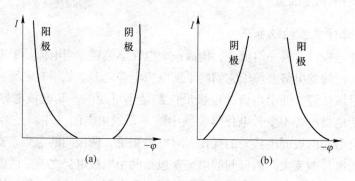

图 2.9　极化曲线
（a）电解池；（b）原电池

2.7.2　稳态极化曲线

电极上通过的电流和电极电势都不随时间改变的状态就是稳态。为了消除电极面积大小对极化曲线的影响，通常用电流密度 j 代替电流 I。在某一电流密度的电极电势 φ 与其平衡电极电势 φ_e 之差称为过电势，以 $\Delta\varphi$ 表示

$$\Delta\varphi = \varphi - \varphi_e \tag{2.52}$$

阴极极化时，$\varphi < \varphi_e$，$\Delta\varphi < 0$；阳极极化时，$\varphi > \varphi_e$，$\Delta\varphi > 0$。通常过电势的大小都用其绝对值表示。由式（2.52）可见，对于组成确定的溶液，$\Delta\varphi$ 与 φ 只相差一个常数，所以也可以用 $\Delta\varphi$ 与 j 或 $\Delta\varphi$ 与 $\lg j$ 的关系表示极化曲线，如图 2.10 所示。

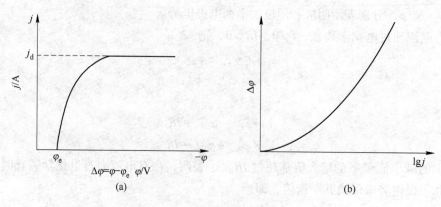

图 2.10　极化曲线
（a）j 与 $\Delta\varphi$ 的关系；（b）$\Delta\varphi$ 与 $\lg j$ 的关系

2.7.3 电极过程

2.7.3.1 电极过程的特点

电化学反应是在电极界面区发生的有电子参加的氧化反应或还原反应。电极本身既是传递电子的介质，又是电化学反应发生的位置。电极反应涉及一系列的物理变化和化学变化。电流通过电极与溶液的界面所发生的一系列变化的总和称为电极过程。电极过程是有电子参加的异相氧化还原反应，电极相当于异相反应的催化剂。电极过程具有异相催化反应的一般规律：

（1）反应是在两相界面而发生的，反应速率与界面面积的大小和界面特性有关。

（2）反应速率与电极表面附近很薄的液层中反应物和产物的传质有关。

（3）电极反应与新相生成有关。

电极过程还有其特殊规律，双电层结构和界面区的电场对电极过程的速率有重大影响。

2.7.3.2 电极过程的步骤

电极过程是由一系列单元步骤组成。这些单元步骤有接续进行的和平行进行的。依电极过程不同，这些步骤不同，但是一定有如下三个必不可少的接续进行的步骤：

（1）液相传质。反应物粒子从溶液本体或液态电极内部向电极表面传输。

（2）电子转移。反应物粒子在电极与溶液两相区得失电子。

（3）产物粒子从电极表面向溶液内部或向液态电极内部疏散，这也是液相传质；或者电极反应生成气体或固体——生成新相。

有些电极过程，在步骤（1）和（2）之间存在着反应物粒子在得失电子之前在界面区发生没有电子参加的变化，叫做前置的表面转化步骤。例如，高配位数的络离子在阴极还原时，常常先电离成低配位数的离子，然后再与电子相结合。

有些电极过程在步骤（2）和（3）之间还存在着产物进一步转化为其他物质的步骤，称为后继表面转化步骤。例如，H^+ 在电极上得到电子变成氢原子后又进一步复合成氢分子。

反应物在电极上同时获得两个电子的概率很小。一般情况下，多电子反应的电子转移步骤往往不止一个，而且前置表面转化步骤和后继表面转化步骤也有好多个。电子转移步骤与前后表面转化步骤一起构成总的化学反应。

有些电极过程存在着平行的表面转化步骤。例如，在电极反应

$$Fe^{3+} + e === Fe^{2+}$$

进行的同时，液相中进行着平行的表面转化反应

$$Fe^{2+} + \frac{1}{2}H_2O_2 === Fe^{3+} + OH^-$$

又重新生成了 Fe^{3+}。这种情况下反应的总结果是

$$\frac{1}{2}H_2O_2 + e === OH^-$$

电极过程的速率 v_r 可以用单位时间单位电极表面上所消耗的反应物的物质的量表示，单位为 $mol/(s \cdot m^2)$。电极反应

$$A + ze \Longrightarrow D \tag{2.c}$$

式中, z 为一个反应物 A 粒子在反应中所需要的电子数。在电极反应前后有液相传质等步骤存在。在稳态下接续进行的各步骤速率相等, 因此可以根据单位时间内电极反应式所需要的电量来表示整个电极过程的速率。

在上面的反应式中, 反应物 A 的每个粒子需要消耗 z 个电子, 还原 1molA 物质所需电量为 $zF(C)$。F 为法拉第常数。若将反应速率 v_r 以电量表示, 则 v_r 乘以 zF 就成为物质 A 反应时所需要的电量, 单位为 A/m^2 或 $C/(s \cdot m^2)$, 此即电流密度, 所以

$$j = zFv_r \tag{2.53}$$

对于某一确定反应, zF 为常数, 故 j 与 v_r 成正比。在电化学中往往用电流密度表示反应速率。

2.7.3.3 电极过程的控速步骤

电极过程的几个接续进行的单元步骤中, 如果某个步骤的速率比其他步骤小得多, 则电极过程的速率由这个最慢的步骤控制。在稳态时, 每个步骤都与这个最慢步骤的速率相等, 所以其他步骤是处在平衡态或接近平衡态。

例如, 在 $AgNO_3$ 溶液中, Ag^+ 在阴极还原为金属银的电极过程, 液相传质步骤比电子转移步骤困难得多, 故液相传质为控速步骤, 而电子转移步骤可认为是基本上处于平衡状态。可以表示为

液相传质步骤 Ag^+ (溶液内部) $\Longrightarrow Ag^+$ (电极表面附近)

电子转移步骤 Ag^+ (电极表面附近) $+ e \Longrightarrow Ag$

在电极上无外电流通过时, Ag 与 Ag^+ 处于动态平衡, 界面两相间 Ag^+ 的交换速率相等, 即 Ag^+ 的还原速率 $v_{还原}$ 与银的氧化速率 $v_{氧化}$ 相等

$$v_{还原}^{平} = v_{氧化}^{平}$$

假定平衡时界面上两相间交换 Ag^+ 速率为 10^{30} 个 $/(s \cdot m^2)$, 当电极上有外电流通过时, Ag^+ 从溶液本体扩散到电极表面的速率为 10^{20} 个 $/(s \cdot m^2)$。液相传质步骤的速率比电子转移步骤的交换速率慢得多, 液相传质是控速步骤。在稳态时, 电子转移步骤也应当按照液相传质步骤的速率进行。这样, Ag^+ 的还原速率就增加了 10^{20} 个 $/(s \cdot m^2)$, 而 Ag 的氧化速率没增大, 所以 Ag^+ 的还原速率比 Ag 的氧化速率大 10^{20} 个 $/(s \cdot m^2)$, 即

$$v_{还原}^{稳} - v_{氧化}^{稳} = 10^{20} 个/(s \cdot m^2) \tag{2.54}$$

为简单计, 假定这个差值是平均分配的, 即稳态还原速率比平衡态增大 $\dfrac{10^{20}}{2}$ 个 $/(s \cdot m^2)$, 稳态氧化速率比平衡态减少 $\dfrac{10^{20}}{2}$ 个 $/(s \cdot m^2)$, 有

$$v_{还原}^{稳} - v_{还原}^{平} = \frac{10^{20}}{2} 个/(s \cdot m^2) \tag{2.55}$$

$$v_{氧化}^{平} - v_{氧化}^{稳} = \frac{10^{20}}{2} 个/(s \cdot m^2) \tag{2.56}$$

将式 (2.55) 和式 (2.56) 代入式 (2.54), 得

$$\left(10^{30} + \frac{10^{20}}{2}\right) 个/(s \cdot m^2) - \left(10^{30} - \frac{10^{20}}{2}\right) 个/(s \cdot m^2) = 10^{20} 个/(s \cdot m^2)$$

可以认为

$$10^{30} + \frac{10^{20}}{2} \approx 10^{30} - \frac{10^{20}}{2}$$

即

$$v_{\text{还原}}^{\text{稳}} \approx v_{\text{还原}}^{\text{平}} \tag{2.57}$$

这就是说在电极上有电流通过时，电子转移步骤平衡基本上未被破坏。

各单元步骤的速率 v_r 与标准活化吉布斯自由能 $\Delta G^{\neq\ominus}$ 间有指数关系

$$v_r = \exp\left(-\frac{\Delta G^{\neq\ominus}}{RT}\right) \tag{2.58}$$

式中，$\Delta G^{\neq\ominus}$ 为以整个电极过程的最初反应物的吉布斯自由能为起点计量的活化吉布斯自由能。活化吉布斯自由能高的步骤就是速率控制步骤。各单元步骤的活化吉布斯自由能的数量级为 10^2kJ/mol。

控速步骤限制了整个电极过程的反应速率，为了提高电极过程的反应速率，需要一定的过电势。电极过程的过电势是由各种不同的原因引起的。根据电极过程的控速步骤不同，可将过电势分为四类。

（1）由电子转移步骤控制电极过程速率而引起的过电势，叫做电子转移过电势。

（2）由液相传质步骤控制电极过程速率而引起的过电势，叫做浓度过电势。

（3）由表面转化步骤控制电极过程速率而引起的过电势，叫做反应过电势。

（4）由于原子进入电极的晶格存在困难而引起的过电势，叫做结晶过电势。

改变控速步骤的速率就可以改变整个电极过程的速率，因而研究找出控速步骤对电极过程具有重大意义。

2.8   电极反应中的传质

2.8.1   三种传质方式

在电化学过程中，液相传质有三种方式，即扩散、对流和电迁移。

电极上有电流通过时会发生电极反应，电极反应的结果使得溶液中某组元在电极和溶液界面区域的浓度不同于溶液本体的浓度，于是发生扩散。稳态条件下，i 组元沿 x 轴的扩散流量服从菲克定律，为

$$J_{i,d} = -D_i \frac{dc_i}{dx} \tag{2.59}$$

式中，$J_{i,d}$ 为 i 种组元的扩散流量；D_i 为 i 组元的扩散系数；c_i 为 i 组元的浓度。

电极反应的进行，会引起溶液中局部浓度和温度的变化，使得溶液中各部分密度出现差别，引起溶液流动，此即对流。电极反应有气体生成时，气体放出会扰动液体，引起对流。这两种对流为自然对流。如果对溶液进行机械搅拌，则形成的对流为强制对流。第 i 种组元垂直流向电极表面的对流流量为

$$J_{i,c} = v_x c_i \tag{2.60}$$

式中，v_x 为 i 组元与电极垂直方向的流速；c_i 为 i 组元的浓度。

电极上有电流通过时，溶液中各种离子在电场作用下均沿着一定的方向移动，此即电

迁移。如果溶液中单位截面积上通过的总电流为 j，则 i 离子的电迁移流量为

$$J_{i,e} = \frac{jt_i}{z_i F} \qquad (2.61)$$

式中，$J_{i,e}$ 为 i 离子的电迁移流量；t_i 为 i 离子的迁移数；z_i 为 i 离子的电荷数；F 为法拉第常数。

电流通过电极时，三种传质过程同时存在。但在电极附近，若没有气体生成，则以电迁移和扩散传质为主，而在溶液本体，则以对流传质为主。

2.8.2　稳态扩散

电极反应进行过程中，反应物粒子的反应消耗量等于扩散流量，电极表面附近的扩散层中各点的浓度不随时间变化，达到稳定状态，称为稳态扩散。稳态扩散时，流量恒定，即

$$J_{i,d} = -D_i \frac{dc_i}{dx} = 常数 \qquad (2.62)$$

则

$$\frac{dc_i}{dx} = 常数 \qquad (2.63)$$

在扩散层内 c_i 与 x 为直线关系。式（2.62）可写做

$$J_{i,d} = -D_i \frac{c_i^b - c_i^s}{l} \qquad (2.64)$$

式中，c_i^b 为溶液本体反应物组元 i 的浓度；c_i^s 为电极表面液层中组元的浓度；l 为扩散区厚度。

若电极反应为

$$A + ze \Longrightarrow D$$

则以电流密度表示的扩散流量为

$$j = zF(-q_{i,d}) = zFD_i \frac{dc_i}{dx} = zFD_i \frac{c_i^b - c_i^s}{l} \qquad (2.65)$$

式中，j 为电流密度，以还原电流密度为正值。溶液中反应物粒子向着电极方向运动，与 x 轴方向相反（x 轴指向溶液本体）。

通电前，$j=0$，$c_i^s = c_i^b$。随着 j 增大，c_i^s 减小。在极限情况下 $c_i^s = 0$，电流密度 j 达最大值，称为极限电流密度，以 j_d 表示，即

$$j_d = zFD_i \frac{c_i^b}{l} \qquad (2.66)$$

将式（2.66）代入式（2.65），得

$$j = j_d\left(1 - \frac{c_i^s}{c_i^b}\right) \qquad (2.67)$$

或

$$c_i^s = c_i^b\left(1 - \frac{j}{j_d}\right) \qquad (2.68)$$

2.8.3 对流扩散

在实际的电极过程，对流扩散总是存在。由于自然对流理论处理很困难，这里只讨论机械搅拌下的稳态扩散。

溶液流动时，在电极表面存在着具有浓度梯度的液层，即边界层，其厚度以 δ_B 表示。δ_B 的厚度与流体流速 v_0、运动黏度 $\nu (=\eta/\rho_s$，η 为黏度，ρ_s 为密度）及距液流冲击点的距离 y（见图 2.11）的关系为

$$\delta_B \approx \sqrt{\frac{\nu y}{v_0}} \tag{2.69}$$

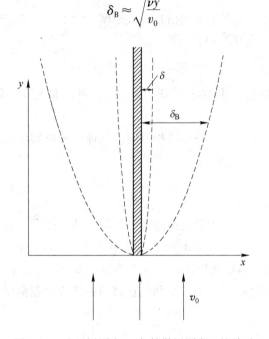

图 2.11 边界层厚度 δ_B 与扩散层厚度 δ 的关系

电极表面附近有扩散层和边界层。扩散层存在浓度梯度，决定物质的传递；边界层存在速度梯度，决定动量的传递。物质的传递取决于扩散系数 D_i，动量的传递取决于运动黏度 ν。两者的量纲都是 m^2/s，但 D_i 要比 ν 小几个数量级。扩散层厚度比边界层薄得多，两者间有关系式

$$\frac{\delta}{\delta_B} \approx \left(\frac{D_i}{\nu}\right)^{\frac{1}{3}} \tag{2.70}$$

对于水溶液来说，δ 约为 δ_B 的十分之一。将式（2.69）代入式（2.70），得

$$\delta \approx D_i^{\frac{1}{3}} \nu^{\frac{1}{6}} y^{\frac{1}{2}} v_0^{-\frac{1}{2}} \tag{2.71}$$

由上式可见，对流扩散条件下的扩散层厚度，不但与扩散物质的本性有关（表现在 D_i 上），而且还与流体的运动情况（表现在 v_0 上）有关。

稳态对流扩散，扩散层的浓度梯度也不是常数。但是，可以根据紧靠电极表面处 $(x=0)$ 液层的浓度梯度 $\left(\dfrac{\mathrm{d}c_i}{\mathrm{d}x}\right)_{x=0}$，求出 δ 的有效值，即

$$\delta = \frac{c_i^b - c_i^s}{(dc_i - dx)_{x=0}} \tag{2.72}$$

使用扩散层的有效厚度 δ，则适用于静止溶液的稳态扩散公式（2.65）和式（2.66）就可用于对流扩散，相应的公式为

$$j = zFD_i \frac{c_i^b - c_i^s}{\delta} \tag{2.73}$$

$$j_d = zFD_i \frac{c_i^b}{\delta} \tag{2.74}$$

这就将对流扩散的多种影响因素都包括在有效厚度 δ 中了。

将式（2.71）代入式（2.73），得

$$j \approx zFD_i^{\frac{2}{3}} v_0^{\frac{1}{2}} \nu^{-\frac{1}{6}} y^{-\frac{1}{2}} (c_i^b - c_i^s) \tag{2.75}$$

从式（2.75）可见，对流扩散的 j 与 $D_i^{\frac{2}{3}}$ 成正比，而不是与 D_i 成正比，这与静止扩散不同。

为使扩散层厚度减小，可以采用搅拌、通入气体、使电解液循环、使电极转动或移动等方法。

2.8.4　电迁移传质

在电极上有电流通过时，扩散层内除离子扩散之外，还存在着电迁移。下面讨论一种简单的体系，溶液中只有一种二元电解质，其中 i 离子是反应物，电荷为 z_i，j 离子不参加电极反应，电荷为 z_j。假定还原产物不溶于溶液，离子的迁移数不随浓度变化。在稳态下，电极上消耗的反应物离子，由扩散和电迁移两种传质过程提供。因而有

$$\frac{j}{zF} = D_i \frac{c_i^b - c_i^s}{\delta} + \frac{jt_i}{z_i F}$$

即

$$j = \frac{z_i FD_i (c_i^b - c_i^s)}{\left(\dfrac{z_i}{z} - t_i\right)\delta} \tag{2.76}$$

对于正离子还原，只要 $\dfrac{z_i}{z} > t_i$，则 $\dfrac{z_i}{z_i/z - t_i} > z$，比较式（2.76）和式（2.73），可见，电迁移传质使电流密度增加。

扩散层中各点都是电中性的，假定 i 离子为正，j 离子为负，当 i 离子在扩散层中建立起浓度梯度时，j 离子也建立起了同样的浓度梯度。j 离子的电迁移和扩散也在同时进行。稳态下，扩散层中各点的浓度不随时间改变，所以 j 离子的扩散流量与电迁移流量之和为零，即

$$\frac{jt_j}{z_j F} + \frac{D_j}{\delta}(c_j^b - c_j^s) = 0 \tag{2.77}$$

考虑到 i 和 j 两种离子的迁移数之比等于它们的离子淌度之比，正负离子迁移电流的方向相反，而有

$$\frac{t_i}{t_j} = -\frac{z_i D_i}{z_j D_j} \tag{2.78}$$

根据电中性条件，溶液中任一点正负离子的电荷数相等，即

$$z_i c_i = -z_j c_j \tag{2.79}$$

将上两式代入式（2.77），得

$$\frac{jt_i}{z_i F} + \frac{z_i D_i}{z_j \delta}(c_i^b - c_i^s) = 0 \tag{2.80}$$

利用式（2.76），得

$$j = z\left(1 - \frac{z_i}{z_j}\right)F\frac{D_i}{\delta}(c_i^b - c_i^s) \tag{2.81}$$

如果两种离子电荷在数值上相等，$z_i = -z_j$，则上式成为

$$j = 2zFD_i\frac{c_i^b - c_i^s}{\delta} \tag{2.82}$$

2.9 浓 差 极 化

若电极反应的交换电流密度很大，电子转移与表面转化等步骤不是限制性步骤，电极过程的速率由液相传质步骤控制。电子转移、表面转化等步骤可以认为处于平衡状态，整个电极过程的不可逆只出现在液相中，是由扩散传质的不可逆引起的。所以，仍然可以用热力学的平衡电势公式表示电极反应的电极电势与浓度的关系。扩散的影响由扩散层中反应物浓度的变化来反映。以简单的阴极还原反应为例

$$A + ze \Longrightarrow D$$

产物 A 为固体或气体，不溶于溶液。其平衡电势 φ_e 和极化电势 φ 分别为

$$\varphi_e = \varphi^\ominus + \frac{RT}{zF}\ln f_A c_A^b \tag{2.83}$$

$$\varphi = \varphi^\ominus + \frac{RT}{zF}\ln f_A c_A^s = \varphi^{\ominus\prime} + \frac{RT}{zF}\ln c_A^s \tag{2.84}$$

式中，f_A 为反应物 A 的活度系数，这里假定不同浓度的活度系数相等。将式（2.68）代入式（2.84），得

$$\varphi = \varphi^\ominus + \frac{RT}{zF}\ln f_A c_A^b + \frac{RT}{zF}\ln\left(1 - \frac{j}{j_d}\right) \tag{2.85}$$

再将式（2.83）代入上式，得

$$\varphi = \varphi_e + \frac{RT}{zF}\ln\left(1 - \frac{j}{j_d}\right) \tag{2.86}$$

$$\Delta\varphi = \varphi - \varphi_e = \frac{RT}{zF}\ln\left(1 - \frac{j}{j_d}\right) \tag{2.87}$$

式中，$\Delta\varphi$ 为浓差过电势，是极化电势和平衡电势之差，表示极化电势偏离平衡的程度。

将 $\Delta\varphi$ 对 j 作图，得极化曲线如图 2.12 所示。若以 φ 对 $\ln\left(1 - \frac{j}{j_d}\right)$ 作图，则得一直线。由直线斜率可求出参加反应的电子数 z。

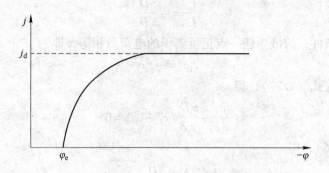

图 2.12　产物不溶时的阴极浓度极化曲线

电流密度很小时，$\dfrac{j}{j_d} \ll 1$，将式（2.87）做泰勒（Taylor）展开，取一次项，得

$$\Delta\varphi = -\frac{RTj}{zFj_d} \tag{2.88}$$

如果产物可溶，按式（2.68）求出电极表面液层中产物的浓度 c_M^S 与电流密度 j 的关系。以电流密度表示电极反应速率，则为 $\dfrac{j}{zF}$。稳态时，产物中电极表面向溶液内部扩散的速率等于产物在电极上生成的速率，产物 D 和反应物 A 的扩散方向相反，则

$$\frac{j}{zF} = D_D\left(\frac{c_D^S - c_D^b}{\delta_D}\right) \tag{2.89}$$

及

$$c_D^S = c_D^b + \frac{j\delta_D}{zFD_D} \tag{2.90}$$

式中，δ_D 和 D_D 为产物 D 的扩散层厚度和扩散系数。

若反应开始前，溶液中没有产物 D，即 $c_D^b = 0$，则上式简化为

$$c_D^S = \frac{j\delta_D}{zFD_D} \tag{2.91}$$

如果反应物和产物都可溶，电极反应的电极电势为

$$\varphi = \varphi^\ominus + \frac{RT}{zF}\ln\frac{f_A c_A^S}{f_D c_D^S} = \varphi^{\ominus\prime} + \frac{RT}{zF}\ln\frac{c_A^S}{c_D^S} \tag{2.92}$$

式中，

$$\varphi^{\ominus\prime} = \varphi^\ominus + \frac{RT}{zF}\ln\frac{f_A}{f_D} \tag{2.93}$$

反应物 A 的本体浓度为

$$c_A^b = \frac{j_d \delta_A}{zFD_A} \tag{2.94}$$

将式（2.94）代入式（2.68），得

$$c_A^S = \frac{j_d \delta_A}{zFD_A}\left(1 - \frac{j}{j_d}\right) \tag{2.95}$$

将式（2.95）和式（2.91）代入式（2.92），得

$$\varphi = \varphi^{\ominus} + \frac{RT}{zF}\ln\frac{f_A\delta_A D_D}{f_D\delta_D D_A} + \frac{RT}{zF}\ln\left(\frac{j_d - j}{j}\right) \tag{2.96}$$

当 $j = \frac{1}{2}j_d$ 时，上式成为

$$\varphi_{1/2} = \varphi^{\ominus} + \frac{RT}{zF}\ln\frac{f_A\delta_A D_D}{f_D\delta_D D_A} \tag{2.97}$$

式中，$\varphi_{1/2}$ 为半波电势。式（2.96）可写为

$$\varphi = \varphi_{1/2} + \frac{RT}{zF}\ln\frac{j_d - j}{j} \tag{2.98}$$

根据式（2.98）做出的极化曲线如图 2.13 所示。

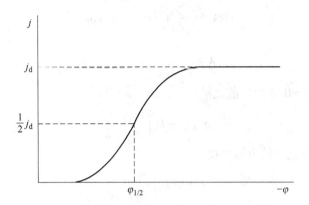

图 2.13　产物可溶的阴极浓度极化曲线

2.10　平面电极的非稳态扩散过程的动力学

2.10.1　菲克第二定律

这里所讨论的平面电极是指在一个非常大的平面中的一小块面积。溶液浓度沿与该平面垂直的 x 轴变化，只存在着沿 x 轴的一个方向上的扩散。因此，菲克第二定律的公式为一维形式

$$\frac{\partial c_i}{\partial t} = D_i\frac{\partial^2 c_i}{\partial x^2} \tag{2.99}$$

相应的初始条件和边界条件为

$$t = 0 \text{ 时}, c_i = c_i^b$$

$$t > 0 \text{ 时}, x\to\infty \text{ 处}, c_i = c_i^b$$

即在电极通过电流前（$t = 0$），溶液内 i 组元均匀分布，多处浓度都为 c_i^b。通电以后（$t > 0$），溶液中离开电极表面非常远（$x\to\infty$）的地方，i 组元的浓度也是 c_i^b。这种扩散条件称为半无限扩散条件。

2.10.2 完全浓度极化

不同的电极极化条件，会使电极表面附近某一瞬间 i 组分浓度分布不同，方程 (2.99) 会有不同的解。如果给电极加上一个很大的阴极极化电势，使紧靠电极表面的液层中反应物粒子浓度立即降为零，达到极限电流密度，称之为完全浓度极化，则有另一边值条件

$$t > 0, x = 0 \text{ 处}, c_i = 0$$

由上述边界条件，可解得方程 (2.99) 的解为

$$c_i = c_i^{\text{b}} \text{erf}\left(\frac{x}{2\sqrt{D_i t}} \right) \tag{2.100}$$

式中，erf 为误差函数，定义做

$$\text{erf}\lambda = \frac{2}{\sqrt{\pi}} \int_0^\lambda \exp(-y^2) \, dy \tag{2.101}$$

$$\lambda = \frac{x}{2\sqrt{D_i t}}$$

紧靠电极表面 $x = 0$ 处的扩散流量为

$$q_{i,d} = -D_i \left(\frac{\partial c_i}{\partial x} \right)_{x=0} \tag{2.102}$$

对于完全浓度极化下的电流密度为

$$j_d = zFD_i \left(\frac{\partial c_i}{\partial x} \right)_{x=0} \tag{2.103}$$

将式 (2.100) 对 x 求导，得

$$\frac{\partial c_i}{\partial x} = \frac{c_i^{\text{b}}}{\sqrt{\pi D_i t}} \exp\left(-\frac{x^2}{4 D_i t} \right) \tag{2.104}$$

在 $x = 0$ 时，上式成为

$$\left(\frac{\partial c_i}{\partial x} \right)_{x=0} = \frac{c_i^{\text{b}}}{\sqrt{\pi D_i t}} \tag{2.105}$$

将上式代入式 (2.103) 中，得

$$j_d = \frac{zFD_i c_i^{\text{b}}}{\sqrt{\pi D_i t}} \tag{2.106}$$

由上式可见，j_d 与 $\sqrt{t}$ 成反比。这表明在理论上表面电极的半无限扩散不可能达到稳态。但是，在实际过程中，由于对流的作用，扩散传质很快就达到稳态。

2.10.3 恒电势极化

反应物可溶，产物不溶，极化时维持电势恒定。边界条件则为

$$t > 0 \text{ 时}, x = 0 \text{ 处}, c_i^{\text{s}} = \exp\left[\frac{zF(\varphi_{\text{D}} - \varphi^{\ominus})}{RT} \right] = \text{常数}$$

式中，φ_{D} 为极化时的恒定电势。结合前面给的初始条件和边界条件，可求出方程 (2.99) 的解为

$$c_i = c_i^{\mathrm{S}} + (c_i^{\mathrm{b}} - c_i^{\mathrm{S}})\,\mathrm{erf}\left(\frac{x}{2\sqrt{D_i t}}\right) \qquad (2.107)$$

利用 $x=0$ 处的浓度梯度

$$\left(\frac{\partial c_i}{\partial x}\right)_{x=0} = \frac{c_i^{\mathrm{b}} - c_i^{\mathrm{S}}}{\sqrt{\pi D_i t}} \qquad (2.108)$$

可得

$$j = \frac{zFD_i(c_i^{\mathrm{b}} - c_i^{\mathrm{S}})}{\sqrt{\pi D_i t}} \qquad (2.109)$$

这里，j 仍与 $\sqrt{t}$ 成反比，和式（2.106）一致，只是以 $c_i^{\mathrm{b}} - c_i^{\mathrm{S}}$ 代替了 c_i^{b}。图 2.14 给出了恒电势阴极极化的 j 和 t 的关系曲线。

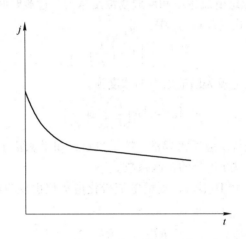

图 2.14　电流密度 – 时间曲线

2.10.4　恒电流极化

非稳态扩散电流密度与浓度梯度的关系为

$$j = zFD_i\left(\frac{\partial c_i}{\partial x}\right)_{x=0} \qquad (2.110)$$

极化时保持电流密度为恒定值 j_{D}，则边界条件为

$$t>0 \ \text{时},\ \left(\frac{\partial c_i}{\partial x}\right)_{x=0} = \frac{j_{\mathrm{D}}}{zFD_i} = \text{常数} \qquad (2.111)$$

与前面的初始条件和边界条件相结合，方程（2.99）的解为

$$c_i = c_i^{\mathrm{b}} + \frac{j_{\mathrm{D}}}{zF}\left[\frac{x}{D_i}\mathrm{erfc}\left(\frac{x}{2\sqrt{D_i t}}\right) - 2\sqrt{\frac{t}{\pi D_i}}\exp\left(-\frac{x^2}{4D_i t}\right)\right] \qquad (2.112)$$

式中，$\mathrm{erfc}\lambda = 1 - \mathrm{erf}\lambda$，称为余误差函数。

在 $x=0$ 处，$c_i = c_i^{\mathrm{S}}$，所以由上式可得

$$c_i^{\mathrm{S}} = c_i^{\mathrm{b}} - \frac{2j_{\mathrm{D}}}{zF}\sqrt{\frac{t}{\pi D_i}} \qquad (2.113)$$

这里 c_i^S 与 $\sqrt{t}$ 成正比，而且当

$$c_i^b = \frac{2j_D}{zF}\sqrt{\frac{t}{\pi D_i}} \tag{2.114}$$

时，$c_i^S = 0$。在恒电流下使反应物 i 组分浓度降到零时所需时间称为过渡时间。用 τ_i 表示以 i 组分浓度表示的过渡时间。将上式中的 t 换成 t_i，则有

$$\tau_i = \frac{z^2 F^2 \pi D_i}{4 J_D^2} c_i^{O_2} \tag{2.115}$$

或

$$\tau_i = \frac{z^2 F^2 \pi D_i}{4 j_D^2} c_i^{O_2} \tag{2.116}$$

由此可见，在电极上的恒定电流越小和反应物浓度越大，过渡时间越长。

将式（2.115）代入式（2.113）中，得

$$c_i^S = c_i^O \left[1 - \left(\frac{t}{\tau_i} \right)^{1/2} \right] \tag{2.117}$$

除 i 组分外，其他组分在电极表面液层中的浓度为

$$c_j^S = c_j^b - c_i^b \nu_j \left(\frac{D_i}{D_j} \right)^{1/2} \left(\frac{t}{\tau_i} \right)^{1/2} \tag{2.118}$$

式中，ν_j 为一个 i 粒子进行反应所需要的 j 粒子数目，如果 j 组分是产物，则 ν_j 为负；c_j^b 为 j 组分的本体浓度；D_j 为 j 组分的扩散系数。

如果阴极还原反应产物 D 不溶，则恒电流极化电势仅由反应物 A 在紧靠电极表面处的液体浓度 c_A^S 所决定。

$$\varphi = \varphi^\ominus + \frac{RT}{zF}\ln c_A^b + \frac{RT}{zF}\ln \frac{\tau_A^{1/2} - t^{1/2}}{\tau_A^{1/2}} \tag{2.119}$$

由上式可见，当 $t = \tau_A$ 时，$c_A^S = 0$，$\varphi \to -\infty$，电极电势向负的方向急剧变化。

如果阴极还原产物 D 是可溶的，$\nu_j = 1$ 时，c_D^S 可表示为

$$c_D^S = c_D^b + c_A^b \left(\frac{D_A}{D_D} \right)^{1/2} \left(\frac{t}{\tau_A} \right)^{1/2} \tag{2.120}$$

假设 $D_A = D_D$，$c_D^b = 0$，将式（2.117）和式（2.120）代入式（2.92）中，得

$$\varphi = \varphi^{\ominus\prime} + \frac{RT}{zF}\ln \frac{\tau_A^{1/2} - t^{1/2}}{t^{1/2}} \tag{2.121}$$

由上式可得 $t \to \tau_A$ 时，$\varphi \to -\infty$。$t = \dfrac{\tau_A}{4}$ 时，$\varphi_{1/4} = \varphi^{\ominus\prime}$。$\varphi_{1/4}$ 与稳态极化曲线中的半波电势 $\varphi_{1/2}$ 相似，反映电极反应体系的特征。

实验测出恒电流极化下的电势－时间曲线如图 2.15 所示。由图可求出 τ_A，如果知道 c_A^b，则可从式（2.115）或式（2.116）求出 D_A；如果 D_A 已知，则可求出 c_A^b。

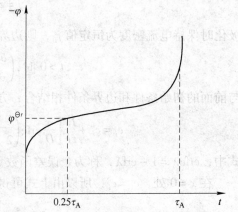

图 2.15　恒电流电势与时间的关系图

2.11　球状电极的非稳态扩散

前面介绍的平面电极是一维扩散，而实际常遇到的是三维扩散。下面以球面电极为例，讨论三维空间的非稳态扩散。

球状电极周围的浓度分布是呈球形对称的，为描述方便，采用球坐标系。

图 2.16 的球状电极半径为 r_0，在半径为 r 和 $r + \mathrm{d}r$ 的球面上各点的径向流量分别为

$$q_{i,d(r=r)} = -D_i \left(\frac{\partial c_i}{\partial r} \right)_{r=r}$$

$$q_{i,d(r+\mathrm{d}r)} = -D_i \left(\frac{\partial c_i}{\partial r} \right)_{r=r+\mathrm{d}r} = -D_i \left[\left(\frac{\partial c_i}{\partial r} \right)_{r=r} + \frac{\partial}{\partial r} \left(\frac{\partial c_i}{\partial r} \right) \mathrm{d}r \right]$$

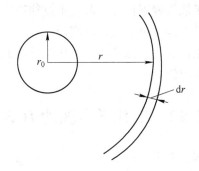

图 2.16　球状电极

因此，在两个球面间 i 组分浓度变化的速度为

$$\frac{\partial c_i}{\partial t} = \frac{4\pi r^2 q_{i,d(r=r)} - 4\pi (r + \mathrm{d}r)^2 q_{i,d(r+\mathrm{d}r)}}{4\pi r^2 \mathrm{d}r} \tag{2.122}$$

略去 $\mathrm{d}r$ 的高次项，得

$$\frac{\partial c_i}{\partial t} = D_i \left[\left(\frac{\partial^2 c_i}{\partial r^2} \right) + \frac{2}{r} \left(\frac{\partial c_i}{\partial r} \right) \right] \tag{2.123}$$

此即菲克第二定律的球坐标表达式。

只考虑浓差极化，初始条件和边界条件为

$$t = 0 \text{ 时}, c_i = c_i^{\mathrm{b}}$$

$$t > 0 \text{ 时}, r \to \infty \text{ 处}, c_i = c_i^{\mathrm{b}}$$

$$t > 0 \text{ 时}, r = r_0 \text{ 处}, c_i = 0$$

方程（2.123）的解为

$$c_i = c_i^0 \left[1 - \frac{r_0}{r} \mathrm{erfc} \left(\frac{r - r_0}{2\sqrt{D_i t}} \right) \right] \tag{2.124}$$

某时刻电极表面液层（$r = r_0$）的浓度梯度为

$$\left(\frac{\partial c_i}{\partial r} \right)_{r=0} = c_i^0 \left(\frac{1}{\sqrt{\pi D_i t}} + \frac{1}{r_0} \right) \tag{2.125}$$

由 i 组分在电极上还原所引起的瞬间电流密度为

$$j_d = zFD_i \left(\frac{\partial c_i}{\partial r} \right)_{r=r_0} = zFD_i c_i^0 \left(\frac{1}{\sqrt{\pi D_i t}} + \frac{1}{r_0} \right) \tag{2.126}$$

如果通电时间很短，$\sqrt{\pi D_i t} \ll r_0$，即扩散层的有效厚度比电极表面曲率半径小得多，则上式中 $\frac{1}{r_0}$ 项可略去不计。上式则变成式（2.106），即通电时间短时，球电极可当作平面电极处理。

当 $t \to \infty$ 时，$\frac{1}{\sqrt{\pi D_i t}} \to 0$，则

$$J_d = \frac{zFD_i c_i^b}{r_0} \tag{2.127}$$

上式表示扩散流量与时间无关，达到稳态扩散。事实上，任何一种形状的电极，在没有对流的影响下，都会由非稳态扩散过渡到稳态扩散，不过往往需要的时间很长。实际过程中由非稳态扩散到稳态扩散几乎都是通过对流传质实现的。

无论恒电势极化还是恒电流极化，都有用于电化学反应的法拉第电流和用于双电层放电的电流，即电容电流或充电电流。

2.12　电化学步骤动力学

电极过程至少有一个步骤是电子转移步骤，在电子转移步骤进行时，电极上发生化学反应总有电流通过。电子转移步骤将化学反应和电流联系到一起。

在电极上发生的电子转移反应具有方向性。反应物将电子传给电极，发生氧化反应；电极将电子传给反应物，发生还原反应。在电极上这两个反应同时存在。若在一个电极上这两个方向的反应速率相等，则宏观上没有净电流。当还原反应速率大于氧化反应速率，电极上有阴极电流；反之，则电极上有阳极电流。

2.12.1　电极电势对活化吉布斯自由能的影响

假定液相传质速度很快，电极表面处物质的浓度等于溶液本体浓度，反应物和产物不和电极发生化学反应，反应物、产物和其他电解质都不在电极表面吸附。仅有一个电子参加的电极反应为

$$A + e \Longrightarrow D$$

其中 A、D 可以是离子或原子。根据过渡状态理论，反应物 A 转变为产物 D 需要越过一定的能垒，A 的还原反应速率和 D 的氧化速率可分别表示为

$$\nu_{还原} = k_1^0 a_A \exp \left(-\frac{\Delta G_{m,还原}^{\neq \ominus}}{RT} \right) \tag{2.128}$$

$$\nu_{氧化} = k_2^0 a_D \exp \left(-\frac{\Delta G_{m,氧化}^{\neq \ominus}}{RT} \right) \tag{2.129}$$

如果以电流密度表示电极反应速率，则

$$j_{还原} = Fk_1^0 a_A \exp \left(-\frac{\Delta G_{m,还原}^{\neq \ominus}}{RT} \right) \tag{2.130}$$

$$j_{氧化} = Fk_2^0 a_D \exp\left(-\frac{\Delta G_{m,氧化}^{\neq\ominus}}{RT}\right) \qquad (2.131)$$

式中，$\Delta G_{m,还原}^{\neq\ominus}$ 表示过渡态与反应的始态标准吉布斯自由能之差，即还原反应的标准活化吉布斯自由能；$\Delta G_{m,氧化}^{\neq\ominus}$ 为过渡态与反应的终态标准吉布斯自由能之差，即氧化反应的标准活化吉布斯自由能；a_A 和 a_D 为溶液本体 A 和 D 的活度；k_1^0 和 k_2^0 为常数。

取溶液深处内电势为零，电极表面的内电势为 φ^M，忽略双电层中的分散层，则 φ^M 也是电极表面与外紧密层间的电势差。

电子也作为反应物参加电极反应，其摩尔标准吉布斯自由能 $\tilde{G}_{m,e}^{\ominus}$ 与电势 φ^M 的关系为

$$\tilde{G}_{m,e}^0 = \tilde{\mu}_e^{\ominus} = \mu_e^{\ominus} - F\varphi^M$$

得
$$\Delta\tilde{G}_{m,e}^{\ominus} = \tilde{\mu}_e^{\ominus} - \mu_e^{\ominus} = -F\varphi^M \qquad (2.132)$$

在 $\varphi^M = 0$ 时，还原反应和氧化反应的标准活化吉布斯自由能分别为 $\Delta G_{m,0,还原}^{\neq\ominus}$ 和 $\Delta G_{m,0,氧化}^{\neq\ominus}$，在 $\varphi^M \neq 0$ 时，还原反应和氧化反应的标准活化吉布斯自由能分别为

$$\Delta G_{m,还原}^{\neq\ominus} = \Delta G_{m,0,还原}^{\neq\ominus} + \beta F\varphi^M \qquad (2.133)$$

和

$$\Delta G_{m,氧化}^{\neq\ominus} = \Delta G_{m,0,氧化}^{\neq\ominus} - (1-\beta) F\varphi^M \qquad (2.134)$$

标准活化吉布斯自由能与电极和溶液界面的电势差有关，这是电子转移步骤的特点。图 2.17 给出了电势对标准活化吉布斯自由能的影响。

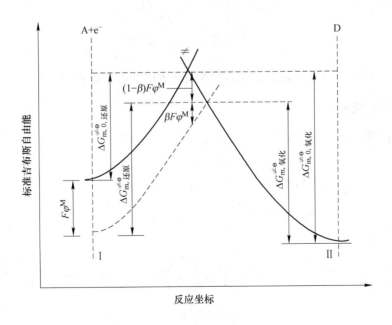

图 2.17　电势的变化对于氧化和还原的标准活化吉布斯自由能的影响

将上两式分别代入式（2.130）和式（2.131），得

$$j_{还原} = Fk_1^0 a_A \exp\left(-\frac{\Delta G_{m,0,还原}^{\neq\ominus}}{RT}\right)\exp\left(-\frac{\beta F\varphi^M}{RT}\right)$$

$$= Fk_1 a_A \exp\left(-\frac{\beta F\varphi}{RT}\right) \tag{2.135}$$

$$j_{氧化} = Fk_2^0 a_D \exp\left(-\frac{\Delta G_{m,0,氧化}^{\neq\ominus}}{RT}\right)\exp\left[\frac{(1-\beta)F\varphi^M}{RT}\right]$$

$$= Fk_2 a_D \exp\left[\frac{(1-\beta)F\varphi}{RT}\right] \tag{2.136}$$

式中

$$k_1 = k_1^0 \exp\left(-\frac{\Delta G^{\neq\ominus}}{RT}\right)\exp\left(-\frac{\beta Fb}{RT}\right) \tag{2.137}$$

$$k_2 = k_2^0 \exp\left(-\frac{\Delta G^{\neq\ominus}}{RT}\right)\exp\left[\frac{(1-\beta)Fb}{RT}\right] \tag{2.138}$$

$$\varphi^M = \varphi + b$$

b 为常数，φ 为以标准氢电极为参比极的电极电势。

若以浓度代替活度

$$j_{还原} = Fk_1 c_A \exp\left(-\frac{\beta F\varphi}{RT}\right) \tag{2.139}$$

$$j_{氧化} = Fk_2 c_D \exp\left[\frac{(1-\beta)F\varphi}{RT}\right] \tag{2.140}$$

在分散层不存在的情况下，界面液层中反应物的浓度与溶液本体的浓度相同。将浓度并入常数，将上两式取对数，得

$$\varphi = \frac{2.3RT}{\beta F}\lg k_1' - \frac{2.3RT}{\beta F}\lg j_{还原} \tag{2.141}$$

$$\varphi = \frac{2.3RT}{(1-\beta)F}\lg k_2' + \frac{2.3RT}{(1-\beta)F}\lg j_{氧化} \tag{2.142}$$

式（2.141）和式（2.142）是电子转移步骤最基本的动力学公式。

2.12.2 交换电流密度

在平衡电势，正反应与逆反应速率相等，即 $\varphi = \varphi_e$ 时

$$j_{还原} = j_{氧化}$$

由式（2.135）和式（2.136）得

$$k_1 a_A \exp\left(-\frac{\beta F\varphi_e}{RT}\right) = k_2 a_A \exp\left[\frac{(1-\beta)F\varphi_e}{RT}\right] \tag{2.143}$$

两边取对数，整理得

$$\varphi_e = \frac{RT}{F}\ln\frac{k_1}{k_2} + \frac{RT}{F}\ln\frac{a_A}{a_D}$$

$$= \varphi^\ominus + \frac{RT}{F}\ln\frac{a_A}{a_D} \tag{2.144}$$

式中，

$$\varphi^{\ominus} = \frac{RT}{F}\ln\frac{k_1}{k_2}$$

或

$$\varphi_e = \varphi^{\ominus\prime} + \frac{RT}{F}\ln\frac{c_A}{c_D} \tag{2.145}$$

式中，

$$\varphi^{\ominus\prime} = \varphi^{\ominus} + \frac{RT}{F}\ln\frac{f_A}{f_D}$$

将 $\varphi = \varphi_e + \Delta\varphi$ 代入式 (2.135) 和式 (2.136)，得

$$j_{还原} = Fk_1c_A\exp\left(-\frac{\beta F\varphi_e}{RT}\right)\exp\left(-\frac{\beta F\Delta\varphi}{RT}\right) \tag{2.146}$$

$$j_{氧化} = Fk_2c_D\exp\left[\frac{(1-\beta)F\varphi_e}{RT}\right]\exp\left[\frac{(1-\beta)F\Delta\varphi}{RT}\right] \tag{2.147}$$

在平衡电势，$\Delta\varphi = 0$，$j_{还原} = j_{氧化} = j_0$，称为交换密度，它表示在平衡电势正逆反应的交换速率，即

$$j_0 = Fk_1c_A\exp\left(-\frac{\beta F\varphi_e}{RT}\right) = Fk_2c_D\exp\left[\frac{(1-\beta)F\varphi_e}{RT}\right] \tag{2.148}$$

将式 (2.145) 代入式 (2.146)，并认为 $\frac{f_A}{f_D} = 1$，则

$$\varphi^{\ominus\prime} = \varphi^{\ominus} + \frac{RT}{F}\ln\frac{k_1}{k_2}$$

所以

$$j_0 = F(k_1c_A)^{1-\beta}(k_2c_D)^{\beta} \tag{2.149}$$

平衡体系，宏观上没有变化，微观上仍然存在数量相等、方向相反的粒子交换作用。用电流密度 j_0 表示电极与溶液界面间粒子的交换速率。平衡电极电势 φ_e 相同的两个电极的 j_0 值可以相差很大，这表明这两个电极的动力学性质完全不同。这种差别在电极电势离开平衡时，就表现得相当突出。

将式 (2.148) 代入式 (2.146) 和式 (2.147)，得

$$j_{还原} = j_0\exp\left(-\frac{\beta F\Delta\varphi}{RT}\right) \tag{2.150}$$

$$j_{氧化} = j_0\exp\left[\frac{(1-\beta)F\Delta\varphi}{RT}\right] \tag{2.151}$$

两个不同的电极反应在它们过电势相同时，反应速率可以有很大差别。由上两式可见，这种差别是由 β 和 j_0 决定的。对称系数 β 和交换电流密度 j_0 是反映电极反应动力学特性的两个重要参量。

2.12.3 电极反应速率常数

只要是平衡电势就有 $j_{还原} = j_{氧化}$，因此在 $\varphi = \varphi^{\ominus\prime}$ 的条件下，$c_A = c_D$，由式 (2.139) 和式 (2.140) 可得

$$k_1 \exp\left(-\frac{\beta F \varphi}{RT}\right) = k_2 \exp\left[\frac{(1-\beta)F\varphi}{RT}\right] = k \qquad (2.152)$$

式中，k 即为电极反应速率常数。将上式代入式（2.149）中，得

$$j_0 = Fk c_A^{1-\beta} c_D^{\beta} \qquad (2.153)$$

将 $\varphi^{\ominus\prime}$ 引入式（2.139）和式（2.140），并将 k 代入，得

$$j_{\text{还原}} = Fk c_A \exp\left[-\frac{\beta F(\varphi - \varphi^{\ominus\prime})}{RT}\right] \qquad (2.154)$$

$$j_{\text{氧化}} = Fk c_D \exp\left[\frac{(1-\beta)F(\varphi - \varphi^{\ominus\prime})}{RT}\right] \qquad (2.155)$$

由上两式可见，k 是电极电势等于 $\varphi^{\ominus\prime}$、反应物浓度为 1 时电极反应的速率，单位为 m/s。k 值越大，$j_{\text{还原}}$（或 $j_{\text{氧化}}$）越大，反应越容易进行，即反应的可逆性越好。

2.13　巴特勒 – 伏尔摩公式

2.13.1　巴特勒 – 伏尔摩公式

稳态时，外电流密度 j 等于还原电流密度和氧化电流密度之差，即

$$j = j_{\text{还原}} - j_{\text{氧化}} \qquad (2.156)$$

式中，$j_{\text{还原}}$ 和 $j_{\text{氧化}}$ 均取正值。阴极极化（发生净还原反应）时 j 值为正，阳极极化（发生净氧化反应时）j 值为负。将式（2.150）和式（2.151）代入上式，得

$$j = j_0 \left\{ \exp\left(-\frac{\beta F \Delta\varphi}{RT}\right) - \exp\left[\frac{(1-\beta)F\Delta\varphi}{RT}\right] \right\} \qquad (2.157)$$

此即巴特勒 – 伏尔摩（Butler-Volmer）公式，它描述单电子转移步骤的极化电流密度与过电势的关系，如图 2.18 所示。巴特勒 – 伏尔摩公式给出了电子转移步骤的推动力与流量之间的关系。由于 j 与 β 和 $\Delta\varphi$ 成指数关系，β 和 $\Delta\varphi$ 少许变化就会使 j 明显变化。$\Delta\varphi$ 是外部因素，可人为控制，β 取决于电极反应的本性。

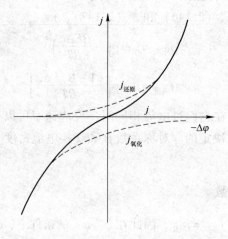

图 2.18　$j_{\text{还原}}$、$j_{\text{氧化}}$ 和 j 与 $\Delta\varphi$ 的关系

2.13.2 高过电势的近似

若 $|\Delta\varphi|$ 很大，对阴极来说可略去第二项，得

$$j = j_0 \exp\left(-\frac{\beta F \Delta\varphi}{RT}\right) \qquad (2.158)$$

或

$$-\Delta\varphi = \frac{2.3RT}{\beta F}\lg j_0 + \frac{2.3RT}{\beta F}\lg j \qquad (2.159)$$

对阳极来说可略去第一项，得

$$j = j_0 \exp\left[\frac{(1-\beta)F\Delta\varphi}{RT}\right] \qquad (2.160)$$

或

$$\Delta\varphi = -\frac{2.3RT}{(1-\beta)F}\lg j_0 + \frac{2.3RT}{(1-\beta)F}\lg(-j) \qquad (2.161)$$

对于一个确定体系，T、β、j_0 都是常数，极化电流密度的对数与过电势呈线性关系，则式（2.158）和式（2.159）可写成

$$|\Delta\varphi| = a + b\lg|j| \qquad (2.162)$$

式中，对于阴极，

$$a = -\frac{2.3RT}{\beta F}\lg j_0 \qquad (2.163)$$

$$b = \frac{2.3RT}{\beta F} \qquad (2.164)$$

对于阳极，

$$a = -\frac{2.3RT}{(1-\beta)F}\lg j_0 \qquad (2.165)$$

$$b = \frac{2.3RT}{(1-\beta)F} \qquad (2.166)$$

式（2.162）就是著名的塔菲尔（Tafel）公式。在1905年，塔菲尔以经验公式提出。在1950年代，从理论上推导出了式（2.159）和式（2.161），给出了塔菲尔经验公式中常数 a 和 b 的表达式，明确了常数 a 和 b 的意义。

2.13.3 低过电势的近似

若 $|\Delta\varphi|$ 很小，将巴特勒－伏尔摩公式做泰勒展开，只保留一次项，得

$$j = -j_0 \frac{F\Delta\varphi}{RT} \qquad (2.167)$$

或

$$\Delta\varphi = -\frac{RT}{F}\frac{j}{j_0} \qquad (2.168)$$

阴极极化时 $\Delta\varphi < 0$，故 $j > 0$；阳极极化时 $\Delta\varphi > 0$，故 $j < 0$。上式表明 $\Delta\varphi$ 很小时，$\Delta\varphi$ 与 j 呈线性关系。

将上式改写为

$$-\frac{\Delta\varphi}{j} = \frac{RT}{j_0 F} = R_{M/S} \tag{2.169}$$

上式写做微分形式，即

$$-\left[\frac{\partial(\Delta\varphi)}{\partial j}\right]_{c_A, c_D, T} = R_{M/S} \tag{2.170}$$

式中，$R_{M/S}$ 称为极化率或电荷传递电阻。

由式（2.169）可见，当 $j_0 \to \infty$ 时，$R_{M/S} \to 0$，$\Delta\varphi = 0$，电极反应在平衡电极电势下进行，是不极化电极。当 $j_0 \to 0$ 时，$R_{M/S} \to \infty$，$\Delta\varphi \to \infty$，电极在 $j = 0$ 的情况下极化，是理想极化电极。

图 2.19 为 $\Delta\varphi$ 与 $\lg j$ 的关系。由图可见，在高过电势区，$\Delta\varphi$ 与 $\lg j$ 的关系为一条直线；在低过电势区，$\Delta\varphi$ 与 j 的关系也为一条直线。在 $|\Delta\varphi| = 0.01 \sim 0.12\text{V}$ 的范围内为过渡区。

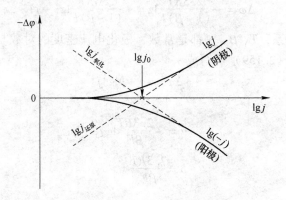

图 2.19　$\Delta\varphi$ 与 $\lg j$ 的关系

2.13.4　双电层的影响

前面推导的电子转移步骤动力学公式忽略了双电层中分散层的存在，这仅在溶液很浓和电极电势远离零电荷电势的情况下才如此。如果分散层电势 ψ_1 不能忽略，则应以 $\varphi - \psi_1$ 代替 φ，用外紧密层的浓度 c_A^* 和 c_D^* 代替本体浓度 c_A 和 c_D，于是式（2.139）和式（2.140）成为

$$j_{\text{还原}} = Fk_1 c_A^* \exp\left[-\frac{\beta F(\varphi - \psi_1)}{RT}\right] \tag{2.171}$$

$$j_{\text{氧化}} = Fk_2 c_D^* \exp\left[-\frac{(1-\beta)F(\varphi - \psi_1)}{RT}\right] \tag{2.172}$$

假定在电场作用下双电层中反应物粒子呈平衡分布，并服从玻耳兹曼定律，则有

$$c_i^* = c_i \exp\left(-\frac{z_i F\psi_1}{RT}\right) \tag{2.173}$$

式中，z_i 为 i 离子电荷数。将上式代入前两式，得

$$j_{\text{还原}} = Fk_1 c_A \exp\left(-\frac{\beta F\varphi}{RT}\right)\exp\left[-\frac{(z_A - \beta)F\psi_1}{RT}\right] \tag{2.174}$$

$$j_{氧化} = Fk_2c_D\exp\left[\frac{(1-\beta)F\varphi}{RT}\right]\exp\left[-\frac{(z_D+1-\beta)F\psi_1}{RT}\right] \tag{2.175}$$

式中，z_A、z_D 分别表示 A 和 D 的电荷数。利用 $\varphi = \varphi_e + \Delta\varphi$，上两式可写做

$$j_{还原} = Fk_1c_A\exp\left(-\frac{\beta F\varphi_e}{RT}\right)\exp\left[-\frac{(z_A-\beta)F\psi_1}{RT}\right]\exp\left(-\frac{\beta F\Delta\varphi}{RT}\right) \tag{2.176}$$

$$j_{氧化} = Fk_2c_D\exp\left[\frac{(1-\beta)F\varphi_e}{RT}\right]\exp\left[-\frac{(z_D+1-\beta)F\psi_1}{RT}\right]\exp\left[\frac{(1-\beta)F\Delta\varphi}{RT}\right] \tag{2.177}$$

交换电流密度为

$$j_0 = Fk_1c_A\exp\left(-\frac{\beta F\varphi_e}{RT}\right)\exp\left[-\frac{(z_A-\beta)F\psi_1}{RT}\right]$$

$$= Fk_2c_D\exp\left[\frac{(1-\beta)F\varphi_e}{RT}\right]\exp\left[-\frac{(z_D+1-\beta)F\psi_1}{RT}\right] \tag{2.178}$$

在高过电势下的阴极过程有

$$j\approx j_{还原}$$

将式（2.174）取对数，得

$$-\varphi = -\frac{RT}{\beta F}\ln Fk_1c_A + \frac{RT}{\beta F}\ln j + \frac{z_A-\beta}{\beta}\psi_1 \tag{2.179}$$

以 $\Delta\varphi$ 表示，则为

$$-\Delta\varphi = 常数 + \frac{RT}{\beta F}\ln j + \frac{z_A-\beta}{\beta}\psi_1 \tag{2.180}$$

这样塔菲尔公式中的常数 a 也与 ψ_1 有关，随 φ 的变化而改变，就不是常数了（因为 ψ 随 φ 变化而变化），$\Delta\varphi$ 与 $\lg j$ 也不是线性关系了。

分散层电势 ψ_1 虽然影响电子转移步骤的过电势 $\Delta\varphi$，但不影响平衡电势 φ_e。

2.14　多电子电极反应

2.14.1　多电子电极反应的巴特勒－伏尔摩公式

前面讨论的是一个电子参加的电极反应，实际电极反应往往有两个以上的电子参加，这种反应称为多电子电极反应。多电子电极反应分成多个步骤进行，其中有电子转移步骤，还有表面转化步骤。一般情况下，一个电子转移步骤有一个电子参加。在多个接续进行的步骤中，有一个是控速步骤。有的控速步骤需要重复若干次，下一步骤才能进行。重复次数用 ν' 表示。例如，H^+ 还原为氢原子的步骤就要重复两次，才能进行两个氢原子复合成氢分子的步骤，$\nu' = 2$。控速步骤可以是电子转移步骤，也可以是表面转化步骤。

假定电极反应总共有 z 个电子参加，分成 z 个电子转移步骤，每个步骤有一个电子转移：

$$A + e =\!=\!= B \quad （步骤 1）$$
$$B + e =\!=\!= C \quad （步骤 2）$$
$$\vdots$$
$$H + e =\!=\!= I \quad （步骤 i）$$

$$\text{I} + n\text{e} \Longrightarrow \text{R} \quad （控速步骤，重复 \nu' 次，n = 0 或 1）$$

$$\vdots$$

$$\text{r} + \text{e} \Longrightarrow \text{Z} \quad （步骤 z）$$

总反应为

$$\text{A} + z\text{e} \Longrightarrow \text{Z}$$

控速步骤中，$n = 1$ 为电子转移步骤，$n = 0$ 为表面转化步骤。控速步骤以外的各步骤可以认为达成平衡，并可将电子转移步骤前后的表面转化步骤并入电子转移步骤中。

在电极极化的情况下，控速步骤的 $j_{还原}$ 和 $j_{氧化}$ 不相等。若以 j' 表示控速步骤反应的净电流密度，则

$$j' = j_{还原} - j_{氧化} \tag{2.181}$$

在整个电极反应进行时，根据总的电化学反应方程式，每消耗一个 A 粒子，需要 z 个电子。而控速步骤只消耗一个电子，因为在稳态情况下，各个单元步骤的速率都与控速步骤相等，所以电极上通过的总电流密度 j 应当是控速步骤的净电流密度 j' 的 z 倍，即

$$j = zj' = z(j_{还原} - j_{氧化}) \tag{2.182}$$

并且

$$j = j_0 \left[\exp\left(-\frac{\alpha_{还原} F \Delta\varphi}{RT} \right) - \exp\left(\frac{\alpha_{氧化} F \Delta\varphi}{RT} \right) \right] \tag{2.183}$$

式中，$\alpha_{还原}$ 和 $\alpha_{氧化}$ 分别称为还原反应和氧化反应的传递系数，并有

$$\alpha_{还原} + \alpha_{氧化} = \frac{z}{\nu'} \tag{2.184}$$

式（2.183）就是多电子反应的巴特勒 – 伏尔摩公式。与式（2.157）相比可见，式（2.183）是用传递系数 α 代替对称系数 β。对称系数小于1，传递系数可以大于1。

在过电势比较大时，阴极极化，有

$$-\Delta\varphi = -\frac{2.3RT}{\alpha_{还原}F}\lg j_0 + \frac{2.3RT}{\alpha_{还原}F}\lg j$$

$$= -\frac{2.3RT}{\alpha_{还原}F}\lg\left(\frac{j_0}{j}\right) \tag{2.185}$$

阳极极化，则

$$\Delta\varphi = -\frac{2.3RT}{\alpha_{氧化}F}\lg j_0 + \frac{2.3RT}{\alpha_{氧化}F}\lg(-j)$$

$$= -\frac{2.3RT}{\alpha_{氧化}F}\lg\left(-\frac{j_0}{j}\right) \tag{2.186}$$

在过电势很小时，可写做

$$j = -j_0 \frac{zF\Delta\varphi}{\nu'RT} \tag{2.187}$$

式（2.187）也适用于表面转化步骤为控速步骤的情况，只是传递系数不同于电子转移步骤的值。

在 z 个电子参加的电极反应的电化学极化动力学方程也常写成

$$j = j_0 \left\{ \exp\left(-\frac{\beta z F \Delta\varphi}{RT} \right) - \exp\left[\frac{(1-\beta)z F \Delta\varphi}{RT} \right] \right\} \tag{2.188}$$

这里 β 的数值和含义与以前的 β 的数值和含义有所不同。

2.14.2　电极反应的级数

化学反应速率方程为

$$v_r = k c_A^{n_A} c_B^{n_B} \tag{2.189}$$

取对数，得

$$\lg v_r = \lg k + n_A \lg c_A + n_B \lg c_B \tag{2.190}$$

各项分别对 $\lg c_A$ 和 $\lg c_B$ 求导，得

$$\left(\frac{\partial \lg v_r}{\partial \lg c_A} \right)_{c_B} = n_A \tag{2.191}$$

$$\left(\frac{\partial \lg v_r}{\partial \lg c_B} \right)_{c_A} = n_B \tag{2.192}$$

式（2.191）和式（2.192）分别为组元 A 和 B 的反应级数表达式。

利用式（2.191）求组元 A 的反应级数时，需保持组元 A 之外的其他组元的浓度不变，对组元 B 也是如此。对电极反应而言，除保持其他组元浓度不变外，还必须保持电极电势恒定。在电化学中，用电流密度表示反应速率。在过电势较高、逆反应可以忽略不计的情况下，可以将阴极过程和阳极过程中某一组元的电化学反应级数 $n_{i,K}$ 和 $n_{i,A}$ 分别定义为

$$\left(\frac{\partial \lg j_{还原}}{\partial \lg c_i} \right)_{c_{j \neq i}, \varphi} = n_{i,K} \tag{2.193}$$

$$\left(\frac{\partial \lg j_{氧化}}{\partial \lg c_i} \right)_{c_{j \neq i}, \varphi} = n_{i,A} \tag{2.194}$$

在过电势较高的条件下，由实验测出组元 i 在不同浓度的极化曲线，即可求出 φ 恒定时 j 与 c_i 的关系。以 $\lg j$ 对 $\lg c_i$ 作图，曲线的斜率就是组元 i 的电化学反应级数。需要注意的是在测量电化学反应级数时，由组元 i 浓度的变化所引起的 ψ_1 电势的变化必须是可以忽略的。否则，ψ 虽然恒定，但外紧密层中的电势差并不恒定，仍然会影响电极反应速率。因此，在测量电化学反应级数时，溶液中要含有大量的局外电解质。

电化学反应级数与多电子反应的反应分子数不同。不能用反应分子数当作反应级数。同一电极反应，其阳极极化与阴极极化时的反应级数可能不同。

在测量电极反应级数时，会出现反应速率受某一物质的浓度影响，而在总的电极反应中都不出现该种物质，其电化学反应级数并不一定等于零。例如，Fe^{2+} 还原为 Fe 的总反应

$$Fe^{2+} + 2e === Fe$$

没有 H^+ 或 OH^- 参加，但是测量反应级数时发现

$$n_{OH^-,K} = \left(\frac{\partial \lg J}{\partial \lg c_{OH^-}} \right)_{c_j, \varphi} = 1$$

说明溶液的 pH 值影响这个电极反应速率。Fe^{2+} 还原为 Fe 的反应历程如下。

（1）前置表面转化步骤：$Fe^{2+} + H_2O === FeOH^+ + H^+$

（2）电子转移步骤：　　　$FeOH^+ + e === FeOH$

（3）电子转移步骤：　$FeOH + H^+ + e \Longrightarrow Fe + H_2O$

第二个步骤是控速步骤。控速步骤的反应物是 $FeOH^+$。前置反应达到平衡，有

$$K = \frac{c(FeOH^+)c(H^+)}{c(Fe^{2+})}$$

得

$$c(FeOH^+) = \frac{Kc(Fe^{2+})}{c(H^+)}$$

将上式代入控速步骤的动力学方程，可得反应速率与 $c(H^+)$ 有关，即与 $c(OH^-)$ 有关。这就解释了 $n_{OH^-,K}$ 并不为零的原因。

2.15　浓差极化和电化学极化同时存在的过程

前面分别讨论了浓差极化和电化学极化的电极过程动力学。在有些体系，这两种极化会同时存在，这时，电化学极化的动力学公式中各反应物的浓度就不能用本体浓度 c_i^b，而应以电极表面液层中的浓度 c_i^s 代之，并把 c_i^s 与 c_i^b 的关系引入公式中，以反映浓差极化的影响。下面讨论稳态的情况。

2.15.1　在稳态电极电势与电流密度的关系

假定稳态情况电流密度 j 远大于交换电流密度 j_0，对于阴极过程，式（2.183）可简化为

$$j = j_0 \exp\left(-\frac{\alpha_{还原}F\Delta\varphi}{RT}\right) \qquad (2.195)$$

如果液相传质不快，上式应改写做

$$j = \frac{c_A^s}{c_A^b} j_0 \exp\left(-\frac{\alpha_{还原}F\Delta\varphi}{RT}\right) \qquad (2.196)$$

将 c_A^s 与 c_A^b 的关系式（2.68）代入上式，并取对数，得

$$-\Delta\varphi = \frac{RT}{\alpha_{还原}F}\ln\frac{j}{j_0} + \frac{RT}{\alpha_{还原}F}\ln\frac{j_d}{j_d-j} \qquad (2.197)$$

式中，左边第一项表示电化学极化，第二项表示浓差极化。

将上式写成

$$-\Delta\varphi = \frac{RT}{\alpha_{还原}F}\ln\frac{j}{j_0} - \frac{RT}{\alpha_{还原}F}\left(\ln\frac{j_d-j}{j} + \ln\frac{j}{j_d}\right)$$

$$= \frac{RT}{\alpha_{还原}F}\ln\frac{j_d}{j_0} - \frac{RT}{\alpha_{还原}F}\ln\frac{j_d-j}{j} \qquad (2.198)$$

这里 φ 与 j 的关系与式（2.98）的形式相同。

2.15.2　在恒电势极化电流密度与时间的关系

在恒电势极化时，由于存在浓度极化，溶液界面浓度和本体浓度不同，因此需将非稳态条件下的多电子巴特勒-伏尔摩公式中的溶液本体浓度 c_A^b、c_D^b 换成界面浓度 c_A^s、c_D^s。如果电极反应是电子转移步骤控制，且 $\nu' = 1$，则瞬时电流密度为

$$j = j_0 \left[\frac{c_A^S}{c_A^b} \exp\left(-\frac{\alpha_{还原} F \Delta\varphi}{RT} \right) - \frac{c_D^S}{c_A^b} \exp\left(\frac{\alpha_{氧化} F \Delta\varphi}{RT} \right) \right] \tag{2.199}$$

在恒电势条件下，$\Delta\varphi = 0$，因此可以将上式右边两项中的常数合并，得

$$j = zF(k_1^* c_A^S - k_2^* c_D^S) \tag{2.200}$$

式中，

$$k_1^* = \frac{j_0}{c_A^b} \exp\left(-\frac{\alpha_{还原} F \Delta\varphi}{RT} \right)$$

$$k_2^* = \frac{j_0}{c_D^b} \exp\left(-\frac{\alpha_{氧化} F \Delta\varphi}{RT} \right)$$

是给定电势的还原反应和氧化反应的速率常数；c_A^S 和 c_D^S 都是时间的函数。

若电极上被还原的反应物都是由扩散提供的，则电极反应的速率与电极表面液层中的反应物的扩散速度相同。如果是半无限扩散条件，则第一个边界条件为

$$D_A \left(\frac{\partial c_A}{\partial x} \right)_{x=0} = k_1^* c_A^S - k_1^* c_D^S \tag{2.201}$$

反应物 A 和产物 D 都可溶，产物的初始浓度为零，即 $c_{D,0} = 0$。在 $x = 0$ 处，反应物的扩散流量与产物的扩散流量相等，方向相反。这是第二个边界条件，即

$$D_A \left(\frac{\partial c_A}{\partial x} \right)_{x=0} + D_D \left(\frac{\partial c_D}{\partial x} \right)_{x=0} = 0 \tag{2.202}$$

初始条件为

$$t = 0, c_A = c_A^b, c_D = 0$$
$$t > 0, x \to \infty, c_A = c_{A,0}, c_D = 0$$

利用上述初始和边界条件，求解菲克第二定律方程（2.99），得瞬时电流密度的表达式为

$$j = zF k_1^* c_A^b \exp(\lambda^2 t) \operatorname{erfc}(\lambda t^{1/2}) \tag{2.203}$$

式中，

$$\lambda = \frac{k_1^*}{D_A^{1/2}} + \frac{k_2^*}{D_D^{1/2}}$$

如果产物的初始浓度不是零，而是 $c_{D,0}$，则式（2.203）为

$$j = zF(k_1^* c_{A,0} - k_2^* c_{D,0}) \exp(\lambda^2 t) \operatorname{erfc}(\lambda t^{1/2}) \tag{2.204}$$

令

$$\lambda t^{1/2} = \xi$$

则瞬时电流密度 j 与 $\exp(\xi^2) \operatorname{erfc}(\xi)$ 成正比。

当 $t = 0$ 时，$\xi = \lambda t^{1/2} = 0$，$\exp(\xi^2) = 1$，$\operatorname{erfc}(\xi) = 1$。由式（2.203）得

$$j = j_e = zF k_1^* c_{A0} \tag{2.205}$$

此即浓度极化为零时，恒电势的电流密度。

当 $\xi \ll 1$ 时，$\operatorname{erf}(\xi) \approx \frac{2}{\sqrt{\pi}} \xi$，$\operatorname{erfc}(\xi) \approx 1 - \frac{2}{\sqrt{\pi}} \xi$，$\exp(\xi^2) \approx 1$，得

$$\exp(\xi^2) \operatorname{erfc}(\xi) \approx 1 - \frac{2}{\sqrt{\pi}} \xi$$

这样，式（2.203）可以近似为

$$j = zFk_1^* c_{A,0} \left(1 - \frac{2}{\sqrt{\pi}} \lambda t^{1/2} \right) \tag{2.206}$$

这表明，在刚开始通电，$\lambda t^{1/2} = 1$ 时，j 与 $t^{1/2}$ 成直线关系。利用此关系将实验测得的 j 对 $t^{1/2}$ 作图，外推到 $t=0$，求出不存在浓度极化时的电流密度。

用上述方法求出不同电势阶跃的 j_e，就可以得到排除了浓度极化的过电势与电流密度的关系，并可进一步求出电子转移步骤的动力学参数。

在实验的最初瞬间 τ_c，实际测得的电流大于式（2.203）得到的理论值。这是由于在 $t < \tau_c$ 时，j 中包含有双电层的电容电流。由于电容电流的干扰，造成虽然 t 很小，而 j 与 $t^{1/2}$ 不呈直线关系。因此，必须保持 $t > \tau_c$ 才行。

2.15.3　在恒电流极化电极电势与时间的关系

在过电势较大的情况下，对阴极施加一恒定的电流密度 j_D，若电极反应是不可逆的，且 $\nu' = 1$，处于非稳态条件下的电流密度与过电势的关系可表示为

$$j_D = \frac{c_A^S}{c_A^b} j_0 \exp\left(-\frac{\alpha_{\text{还原}} F \Delta\varphi}{RT} \right) \tag{2.207}$$

式中，j_0 为常数，c_A^S 与 $\Delta\varphi$ 都随时间变化。

将式（2.117）代入式（2.207）并取对数，得

$$-\Delta\varphi = -\frac{RT}{\alpha_{\text{还原}} F} \ln\frac{j_0}{j_D} - \frac{RT}{\alpha_{\text{还原}} F} \ln\left[1 - \left(\frac{t}{\tau_A} \right)^{1/2} \right] \tag{2.208}$$

由式（2.208）可见，将 $-\Delta\varphi$ 对 $\lg\left[1 - \left(\dfrac{t}{\tau_A} \right)^{1/2} \right]$ 作图，得一直线，外推到 $t=0$，就可以求出没有浓度极化时的过电势

$$(-\Delta\varphi)_{t=0} = -\frac{2.303RT}{\alpha_{\text{还原}} F} \ln\frac{j_0}{j_D} \tag{2.209}$$

从直线斜率求出传递系数 $\alpha_{\text{还原}}$，将 $\alpha_{\text{还原}}$ 代入式（2.208），可求得交换电流密度 j_0，进而求得速率常数。

2.16　表面转化步骤不可逆条件下的扩散电流

如果电子转移步骤是可逆的，而表面转化步骤不可逆，那么在电极极化较大时，表面转化步骤和液相传质步骤共同控制整个电极过程的速度，从而对粒子的扩散电流产生影响。

2.16.1　动力电流

如果反应物 A 在电极表面附近的液层中先转化为中间产物 A^*，然后 A^* 再在电极上还原为 D。由于 A 与 A^* 都存在于溶液中，因此属于均相的前置表面转化步骤，即

$$A \Longrightarrow A^*$$

$$A^* + ze \Longrightarrow D$$

液相中反应物主要以 A 的形式存在，中间产物 A^* 的量远小于 A，但 A^* 在电极上的

还原要比 A 容易。

如果反应物 A 转化为中间产物 A^* 的反应很难进行，反应速率非常慢，则由 A 转化为 A^* 的量可以忽略不计。在电极的电势达到 A^* 可以还原的电极电势后，电极上所通过的电流只是由溶液中原有的 A^* 还原而引起的，与一般的以 A^* 为反应物的电极过程没什么两样。若电子转移步骤是可逆的，则可以只考虑 A^* 的液相传质，而得出图 2.20 曲线 1 中的第一个波。在达到 A^* 的极限扩散电流密度 $j_{d(1)}$ 后，若电势进一步变负，达到 A 能在电极上直接还原的电极电势，则溶液中 A 与 A^* 两种物质同时还原，极化曲线上又出现了另一个波，其极限电流密度为 $j_{d(2)}$。这种情况相当于表面转化步骤不存在，只是溶液中存在 A^* 和 A 两种可以被还原的物质。

如果 A 转变为 A^* 的反应容易进行，可以随时维持 A 与 A^* 间的平衡，则在电极上的电势达到 A^* 可以被还原的电极电势时，随着 A^* 被电子转移步骤的消耗，A 马上可以根据平衡关系转变为 A^*，及时补充。电子转移步骤的反应物浓度是 A 与 A^* 二者之和。在电子转移步骤可逆的情况下，电极过程与一般的液相传质相同，其极化曲线为图 2.20 的 2，极限电流密度是 $j_{d(2)}$。前置表面转化步骤不影响扩散电流密度。

如果 A 转变为 A^* 的速率不太快，但也不很慢，则在电极上有电流通过时，电子转移步骤的反应物有两个来源。一部分为溶液中原有的 A^*，另一部分为溶液中由 A 转变的 A^*。这两部分 A^* 都要经过液相传质步骤到达电极表面与电子结合形成电极上通过的电流，这时，反应物总浓度比通电过程中表面转化步骤处于平衡时小。所以，如图 2.20 中曲线 3 所示，其极限电流密度 $j_{d(3)}$ 比 $j_{d(2)}$ 小，但比 $j_{d(1)}$ 大。在这种情况下，电极上通过的电流与表面转化反应速率有关，因此，将其称为动力电流，其电流密度以 j_k 表示。当电极电势达到 A 可以直接在电极上还原时，则可以得到图 2.20 中曲线 3 的第二个波，其极限电流密度与曲线 2 的 $j_{d(2)}$ 相等。

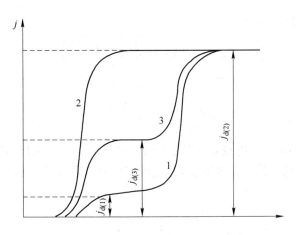

图 2.20　前置转化反应速度不同情况下的极化曲线

下面推导前置转化反应为过程控制步骤的动力电流密度公式。

假设溶液中反应物的电迁移传质和对流传质可以忽略，电子转移处于平衡，电极电势控制在只有 A 能在电极上还原。

在电极通电以前，A 与 A^* 达成平衡，即

$$k_f c_{A,0} = k_b c_{A^*,0}$$

$$K = \frac{c_{A,0}}{c_{A^*,0}} = \frac{k_b}{k_f} \tag{2.210}$$

式中，$c_{A,0}$ 和 $c_{A^*,0}$ 分别为组元 A 和 A^* 的初始浓度；k_f 和 k_b 分别为前置表面转化反应正、反方向的速率常数。

通过电流时，造成组元 A 和 A^* 的浓度 c_A 和 c_{A^*} 随时间变化的原因有两个：一是非稳态扩散的浓度梯度变化；二是表面转化反应。因此，有

$$\frac{\partial c_{A^*}}{\partial t} = D_{A^*} \frac{\partial^2 c_{A^*}}{\partial x^2} + k_f c_A - k_b c_{A^*} \tag{2.211}$$

式中，右边第一项是浓度梯度变化的影响；后两项是表面转化反应的影响。

在稳态，即 $\frac{\partial c_{A^*}}{\partial t} = 0$，有

$$D_{A^*} \frac{\partial^2 c_{A^*}}{\partial x^2} + k_f c_A - k_b c_{A^*} = 0 \tag{2.212}$$

假设 $K \gg 1$，$c_{A,0} \gg c_{A^*,0}$，并且表面转化反应也不快，则在通电过程中阴极表面液层里 $c_{A,0} \gg c_{A^*,0}$。据此，可以近似地认为，c_A 不变，$c_A \approx c_{A,0}$，有

$$D_{A^*} \frac{\partial^2 c_{A^*}}{\partial x^2} + k_f c_{A,0} - k_b c_{A^*} = 0 \tag{2.213}$$

在恒电势极化，保持电极电势使 A^* 完全浓度极化，即紧靠电极表面液层中，$c_{A^*} = 0$ 远离电极表面的溶液中 A 的浓度仍为 $c_{A^*,0}$，即边界条件为

$$x = 0, c_{A^*} = 0$$

$$x \rightarrow \infty, c_{A^*} = c_{A^*,0} = \frac{c_{A,0}}{K}$$

得方程（2.213）的解为

$$c_{A^*} = c_{A,0} \left[1 - \exp\left(-\sqrt{\frac{k_b}{D_{A^*}}} x \right) \right] \tag{2.214}$$

微分上式，得

$$\left(\frac{\partial c_{A^*}}{\partial x} \right)_{x=0} = c_{A^*} \sqrt{\frac{k_b}{D_{A^*}}} \tag{2.215}$$

由式（2.214）可见，在电极表面附近的液层中，c_{A^*} 随 x 的增加而增加，这是由表面转化反应和扩散共同造成，其中表面转化反应起的作用大。将 c_{A^*} 随 x 变化的液层称为反应层。令

$$\left(\frac{\partial c_{A^*}}{\partial x} \right)_{x=0} = \frac{c_{A^*,0}}{l^*} \tag{2.216}$$

式中，l^* 为反应层的当量厚度。

与式（2.215）比较，得

$$l^* = \sqrt{\frac{D_{A^*}}{k_b}} \tag{2.217}$$

参照式（2.103），A^* 在阴极上还原的极限电流密度为

$$j_{K,d} = zFD_{A*}\left(\frac{\partial c_{A*}}{\partial x}\right)_{x=0} = \frac{zFD_{A*}c_{A*,0}}{l^*} = zFD_{A*}^{1/2}k_b^{1/2}c_{A*,0} \qquad (2.218)$$

即极限动力电流。

2.16.2 催化电流

在电子转移步骤之后,电极表面附近液层中进行的平衡转化步骤是均相转化反应,影响扩散电流。反应为

$$A + ze \Longrightarrow D$$
$$D + X_A \Longrightarrow A + X_D$$

电子转移步骤将反应物 A 转变为产物 D,又经过表面转化步骤被溶液中的 X_A 重新氧化为 A 和 X_D。由于 A 不断地由表面转化步骤得到补充,因此在这种情况下的极限电流密度比单纯 A 还原的极限电流密度大很多。并且,X_A 的浓度越大,这种电流增加越多。上述两个步骤达到稳态以后,净反应为

$$X_A + ze \Longrightarrow X_D$$

这里的 X_A 并不能在电极上直接接受电子,它是通过 A 的催化作用还原的,反应物 A 相当于催化剂。因此,将这种条件下的电流叫做催化电流。以下是催化电流的推导过程。

反应物 A 既由于在电极上被还原而减少,又可以通过表面转化步骤而产生,因此在电极上反应物 A 的量既与液相传质速度有关,又与其再生的速率有关。假设电迁移和对流传质可以忽略,电极电势处于 A 能在电极上获得电子,而 X_A 不能在电极上直接还原的水平。A 的还原速率快,到达电极表面的 A 立即被还原。据此平面电极的非稳态扩散方程为

$$\frac{\partial c_A}{\partial t} = D_A \frac{\partial^2 c_A}{\partial x^2} + k_f c_D c_{X_A} - k_b c_A c_{X_D} \qquad (2.219)$$

在稳态,$\frac{\partial c_A}{\partial t} = 0$,所以

$$D_A \frac{\partial^2 c_A}{\partial x^2} + k_f c_D c_{X_A} - k_b c_A c_{X_D} = 0 \qquad (2.220)$$

如果溶液中 X_A 和 X_D 的初始浓度 $c_{X_A,0}$ 和 $c_{X_D,0}$ 比 A 的初始浓度大很多,可以认为通电过程 c_{X_A} 和 c_{X_D} 都保持不变,这样就可以用 $c_{X_A,0}$ 和 $c_{X_D,0}$ 分别代替式(2.220)中的 c_{X_A} 和 c_{X_D},即

$$k_f c_{X_A} \approx k_f c_{X_A,0} = k_f' \qquad (2.221)$$
$$k_b c_{X_A} \approx k_b c_{X_D,0} = k_b' \qquad (2.222)$$

组元 A 的阴极还原容易,生成 D 后又通过表面转化反应变为 A,因此在稳态,A 和 D 不消耗,可以用一常数 $c_{总,0}$ 代替 c_A 和 c_D 之和,即

$$c_A + c_D = c_{A,0} + c_{D,0} = c_{总,0}$$

或

$$c_D = c_{总,0} - c_A \qquad (2.223)$$

将式(2.221)~式(2.223)代入式(2.220),得

$$D_A \frac{\partial^2 c_A}{\partial x^2} - (k_f' + k_b')c_A + k_f' c_{总,0} = 0 \qquad (2.224)$$

在电极已被极化到完全浓度极化的情况下，根据边界条件

$$x = 0, c_A = 0$$

$$x \to \infty, c_A = c_{A,0} = \frac{c_{总,0} k'_f}{k'_f + k'_b}$$

求解方程 (2.224)，得

$$c_A = c_{总,0} \left\{ 1 - \exp\left[-\left(\frac{k'_f + k_b}{D_A} \right)^{1/2} x \right] \right\} \tag{2.225}$$

由式 (2.223) 得

$$c_D = c_{总,0} \exp\left[-\left(\frac{k'_f + k'_b}{D_A} \right)^{1/2} x \right] \tag{2.226}$$

若 $k'_f \gg k'_b$，$c_{D,0} \approx 0$，$c_{A,0} \approx c_{总,0}$，上两式可以简化为

$$c_A = c_{A,0} \left\{ 1 - \exp\left[-\left(\frac{k'_f}{D_A} \right)^{1/2} x \right] \right\} \tag{2.227}$$

$$c_D = c_{A,0} \exp\left[-\left(\frac{k'_f}{D_A} \right)^{1/2} x \right] \tag{2.228}$$

微分式 (2.227)，得电极表面 ($x = 0$) 处的浓度梯度

$$\left(\frac{\partial c_A}{\partial x} \right)_{x=0} = c_A \left(\frac{k'_f}{D_A} \right)^{1/2} \tag{2.229}$$

将电极表面附近液层中的浓度梯度线性化，以反应层当量厚度 l^* 表示 $x = 0$ 处的浓度梯度，有

$$\left(\frac{\partial c_A}{\partial x} \right)_{x=0} = \frac{c_{A,0}}{l^*} \tag{2.230}$$

将式 (2.230) 与式 (2.229) 对比，得

$$l^* = \left(\frac{D_A}{k'_f} \right)^{1/2} = \left(\frac{D_A}{k'_f c_{A,0}} \right)^{1/2} \tag{2.231}$$

在厚度为 l^* 的液层内，既有 A 的扩散和阴极还原，也有由于表面转化反应引起的 D 的再氧化。k_1 和 $c_{X_{A,0}}$ 越大，则 l^* 越薄。

极限催化电流可以表示为

$$j_{c,d} = zFD_A \left(\frac{\partial c_A}{\partial x} \right)_{x=0} = \frac{zFD_A c_{A,0}}{l^*} = zFD^{1/2} k_f^{1/2} c_{X_{A,0}} c_{A,0} \tag{2.232}$$

由于极限催化电流 $j_{c,d}$（图 2.20 中的 $j_{d(2)}$）比纯扩散的极限电流 j_d（图 2.20 中的 $j_{d(1)}$）大得多，并且 $c_{X_{A,0}}$ 越大，$j_{c,d}$ 越大，因此，在电分析化学中常利用催化电流分析微量组元 A 的浓度。

2.17　阴极过程

2.17.1　氢的阴极还原

氢的电极还原具有重要意义。电解水制氢，是氢的阴极还原过程。水溶液电解，析氢反应是许多阴极还原过程的副反应。

氢的析出是由多步反应所组成的。在酸性溶液中析氢的总反应为

$$2H_3O^+ + 2e \longrightarrow H_2 + 2H_2O$$

在碱性溶液中析氢的总反应为

$$2H_2O + 2e \longrightarrow H_2 + 2OH^-$$

氢在各种金属上析出的塔菲尔常数 a 的数值不同，且与金属材料和交换电流有关，但 b 的数值比较接近。

根据 a 值的大小，可以将金属电极材料分为三类：

（1）高过电势金属，$a = 1.0 \sim 1.5V$。例如，Pb、Cd、Hg、Tl、Zn、Ga、Bi、Sn 等。

（2）中过电势金属，$a = 0.5 \sim 0.7V$。例如，Fe、Co、Ni、Cu、W、Au 等。

（3）低过电势金属，$a = 0.1 \sim 0.3V$。例如，铂系元素 Pt、Pd 等。

2.17.1.1 酸性溶液

在酸性溶液中，H^+ 还原过程的第一步是由 H^+ 变成吸附在金属 M 上的氢原子 M—H，这是个电子转移步骤。随后的反应有两种可能：一种是两个吸附的氢原子结合为 H_2，称为复合脱附；另一种是有另一个 H^+ 在吸附氢原子的位置放电，称为电化学脱附步骤。表示如下：

$$H^+ + M + e \Longrightarrow M-H$$
$$M-H + M-H \Longrightarrow H_2 + 2M$$

或

$$H^+ + M + e \Longrightarrow M-H$$
$$M-H + H^+ \Longrightarrow H_2 + M$$

如果电子转移步骤是控速步骤，在 $j \gg j_0$ 时，由式（2.159）和式（2.164）可知

$$b = \frac{2.3RT}{\beta F}$$

取 $\beta = 0.5$，$T = 298K$，可得 $b = 0.118V$。

如果复合脱附步骤是控速步骤，电极上无电流通过时，氢的平衡电势为

$$\varphi_e = \varphi_{(H)}^{\ominus} + \frac{RT}{F}\ln\frac{a_{H^+}}{a_{M-H}^0} \tag{2.233}$$

式中，a_{H^+} 为溶液中 H^+ 的活度；a_{M-H}^0 为平衡时电极表面吸附 H 的活度。如果当电极上有电流通过时，电子转移步骤迅速，电子转移步骤的平衡未受破坏，则

$$\varphi_e = \varphi_{(H)}^{\ominus} + \frac{RT}{F}\ln\frac{a_{H^+}}{a_{M-H}} \tag{2.234}$$

式中，a_{M-H} 为有电流通过时电极表面吸附 H 的活度。假定吸附 H 的活度与它在电极表面的覆盖度成正比。则

$$-\Delta\varphi = \varphi_e - \varphi = \frac{RT}{F}\ln\frac{a_{M-H}}{a_{M-H}^0} = \frac{RT}{F}\ln\frac{\theta_{(H)}}{\theta_{(H)}^0} \tag{2.235}$$

式中，$\theta_{(H)}$ 为有电流时电极表面 H 的覆盖度；$\theta_{(H)}^0$ 为平衡电势时电极表面 H 的覆盖度。式（2.235）也可写为

$$\theta_{(H)} = \theta_{(H)}^0 \exp\left(-\frac{F\Delta\varphi}{RT}\right) \tag{2.236}$$

氢的复合脱附步骤是双分子反应，如果极化较大，略去其逆过程，并以电流密度表示其速率，则

$$j = 2Fk\left[\theta_{(H)}\right]^2 \tag{2.237}$$

式中，k 为复合反应速率常数。将式（2.236）代入式（2.237），并取对数，得

$$-\Delta\varphi = 常数 + \frac{2.3RT}{2F}\lg j \tag{2.238}$$

若取 $T = 298\mathrm{K}$，由上式得 $b = 0.0295\mathrm{V}$。若控速步骤为电化学脱附步骤，在高的过电势下，氢还原的电流密度为

$$j = 2Fk'a_{\mathrm{H^+(H)}}\exp\left(-\frac{\beta F\Delta\varphi}{RT}\right) \tag{2.239}$$

将式（2.236）代入并取对数，则

$$-\Delta\varphi = 常数 + \frac{2.3RT}{(1+\beta)F}\lg j \tag{2.240}$$

取 $\beta = 0.5$，$T = 298\mathrm{K}$，则 $b = 0.039\mathrm{V}$。

由上式各种控速步骤的讨论可见，不论是何种控速步骤，$|\Delta\varphi|$ 与 $\lg j$ 都呈线性关系，但直线斜率 b 不同。因此，可以根据斜率 b 判断 $\mathrm{H^+}$ 还原的控速步骤。

2.17.1.2　碱性溶液

在碱性溶液中，阴极还原的不是 $\mathrm{H^+}$ 而是 $\mathrm{H_2O}$。

$$\mathrm{H_2O + M + e \longrightarrow M-H + OH^-}$$

随后的步骤为

$$\mathrm{M-H + M-H \longrightarrow H_2 + 2M}$$

或

$$\mathrm{M-H + H_2O + e \longrightarrow H_2 + M + OH^-}$$

对于汞阴极，则有

$$-\Delta\varphi = 常数 - \frac{RT}{F}\ln c_{\mathrm{OH^-}} - \psi_1 + \frac{RT}{\beta T}\lg j \tag{2.241}$$

由上式可见，$|\Delta\varphi|$ 随着 pH 值的增大而减小。

2.17.2　氧的阴极还原

氧的析出电极反应也很重要。例如，电解水制取氢和氧或制取重水，用不溶性阳极进行金属电沉积，氧的析出是主要的反应或副反应。某些金属腐蚀过程的阴极反应也是氧的还原。

氧的还原反应有四个电子参加，反应历程相当复杂。如果不考虑反应历程的细节，氧的还原过程可分为两种类型。

2.17.2.1　形成中间产物 $\mathrm{H_2O_2}$

第一类是形成中间产物 $\mathrm{H_2O_2}$，然后，进一步电化学还原或催化分解。

在酸性溶液中

$$\mathrm{O_2 + 2H^+ + e \longrightarrow H_2O_2}$$

电化学还原

$$H_2O_2 + 2H^+ + 2e \Longrightarrow 2H_2O$$

或催化分解

$$H_2O_2 \Longrightarrow \frac{1}{2}O_2 + H_2O$$

在碱性溶液中

$$O_2 + H_2O + 2e \Longrightarrow HO_2^- + OH^-$$

电化学还原

$$HO_2^- + H_2O + 2e \Longrightarrow 3OH^-$$

或催化分解

$$HO_2^- \Longrightarrow \frac{1}{2}O_2 + OH^-$$

2.17.2.2　不形成中间产物 H_2O_2

第二类不形成中间产物 H_2O_2，而是连续获得四个电子，形成吸附氧或表面氧化物等中间粒子，最终还原为 H_2O 或 OH^-。通常该过程称为四电子反应途径。

在酸性溶液中

$$O_2 + 2M \Longrightarrow 2M—O$$
$$M—O + 2H^+ + 2e \Longrightarrow H_2O + M$$

在碱性溶液中

$$O_2 + 2M \Longrightarrow 2M—O$$
$$M—O + H_2O + 2e \Longrightarrow 2OH^- + M$$

对于汞电极，根据实验结果得到

$$\varphi = 常数 + \frac{2RT}{F}\lg c_{O_2} - \frac{2RT}{F}\lg j \tag{2.242}$$

或写做

$$j = K_1 c_{O_2}\exp\left(-\frac{F\varphi}{2RT}\right) \tag{2.243}$$

式中，K_1 为常数。由上式可见，O_2 在汞电极上还原为 H_2O_2 过程的控速步骤是有 O_2 参加但无 H^+ 参加的电子转移步骤，即

$$O_2 + e \Longrightarrow O_2^-$$

随后进行的一系列步骤均处于平衡状态：

$$O_2^- + H^+ \Longrightarrow HO_2$$
$$HO_2 + e \Longrightarrow HO_2^-$$
$$HO_2^- + H^+ \Longrightarrow H_2O_2$$

若过电势较大，将逆反应略去不计，式（2.243）可写为

$$j = K_1 c_{O_2}\exp\left[-\frac{\beta F(\varphi - \psi_1)}{RT}\right] \tag{2.244}$$

或

$$\varphi = 常数 + \frac{RT}{\beta F}\ln c_{O_2} + \psi_1 - \frac{RT}{\beta F}\ln j \tag{2.245}$$

H_2O_2 在汞上还原的过电势很大，根据在 $pH = 1 \sim 13$ 范围内的实验结果归纳得到

$$\varphi = 常数 + \frac{4RT}{F}\ln c_{H_2O_2} - \frac{4RT}{F}\ln j \tag{2.246}$$

式中，$c_{H_2O_2}$ 是未电离的 H_2O_2 的浓度。上式也可写做

$$j = K_1 c_{H_2O_2} \exp\left(-\frac{\beta F\varphi}{RT}\right) \tag{2.247}$$

式中，$\beta = \frac{1}{4}$。H_2O_2 在汞电极上还原的控速步骤是

$$H_2O_2 + e \Longrightarrow OH + OH^-$$

随后的步骤处于平衡状态，有

$$OH + e \Longrightarrow OH^-$$
$$2OH^- + 2H^+ \Longrightarrow 2H_2O$$

碱性溶液中，实验测得氧在汞电极上还原为 H_2O_2 的极谱曲线为一可逆波，这表明汞电极上进行的反应接近于可逆。

2.17.3　金属的阴极过程

金属的阴极过程是电极反应生成金属的电极过程，在电镀、电铸、化学电源、电解制取金属、电解加工、电分析等领域具有重要意义。金属的阴极过程有新相生成，其步骤如下：

（1）液相传质步骤。反应物粒子由溶液内部向电极表面传递。

（2）电子转移步骤。反应物粒子在电极界面得到电子。

（3）电结晶步骤。新生原子进入晶格。

如果反应产物是液态金属，则步骤（3）不是电结晶，而是产物由电极界面向电极内部扩散。在步骤（1）和（2）之间，有些情况还可能有前置表面转化步骤。

在外电流作用下，反应物金属离子在阴极表面发生还原反应生成金属的过程叫做金属的电沉积。金属离子在阴极还原的电极电势可以写做

$$\varphi = \varphi_e + \Delta\varphi$$

式中，φ_e 为平衡电势，决定电极反应能否进行；$\Delta\varphi$ 为过电势，决定电极反应的可逆程度。在电解过程中，影响金属离子阴极还原过程的因素有金属本性、电解质溶液的组成等。

2.17.4　电催化

在电极反应中，不被消耗的物质对电极反应所起的加速作用称为电催化。能够催化电极反应的物质叫做电催化剂。电催化与异相化学催化不同：

（1）电催化与电极电势有关；

（2）电极与溶液界面存在的不参加电极反应的离子和溶剂分子对电催化有明显的影响；

（3）电催化的反应温度可以比异相催化的反应温度低几百度。

电催化剂主要是电极，有些情况下也包括溶剂和其他活性物质。最有效的电催化剂是能形成中等温度吸附键的物质，这是由于电催化常常涉及吸附键的形成与断裂。影响这类电催化剂性能的因素有两类：一类是几何因素，即电催化剂的比表面积和表面形状，以及

反应的粒子在电催化剂表面的几何排列；另一类是能量因素，主要是反应的粒子与电催化剂的相互作用。

电极的电催化作用主要表现在以下几个方面：

（1）电极与活化络合物间存在相互作用，决定反应的活化吉布斯自由能。

（2）电极与被吸附在其上的反应物或中间产物间存在相互作用。这样作用决定了反应物或中间产物的浓度，确定了电极反应的有效面积。

（3）在一定的电极电势下，电极本性与溶剂和不反应的溶质的吸附能力有关，即与双电层结构有关，会影响电极反应速率。

2.18 金属离子的阴极还原

为简化问题，在讨论金属离子的阴极还原时，不考虑液相传质、前置化学反应和电结晶步骤的困难，认为这些步骤不存在问题。

2.18.1 一价金属离子的阴极还原

一价金属离子的阴极还原反应可写做

$$Me^+ + e \longrightarrow Me$$

还原反应步骤为：

（1）水化金属离子失去部分水化分子，从而金属离子与电极表面靠得足够近，并且金属离子的未成键价电子能级升高，与电极上费米能级的电子能量相近，为电子转移创造了必要的条件。

（2）电子在电极与金属离子间跃迁，形成吸附原子。这种吸附原子还带有部分电荷，也可叫做吸附离子。

2.18.2 多价金属离子的阴极还原

多价金属离子所带正电荷多，其电子转移步骤比一价金属离子复杂。一般可能有以下四种反应历程：

（1）一步还原。

$$Me^{n+} + ne \longrightarrow Me$$

（2）分步还原，n 个电子转移分步进行，每步得到一个电子。

$$Me^{n+} + e \longrightarrow Me^{(n-1)+}$$
$$Me^{(n-1)+} + e \longrightarrow Me^{(n-2)+}$$
$$\vdots$$
$$Me^+ + e \longrightarrow Me$$

（3）中间价电子歧化。

$$Me^{n+} + e \longrightarrow Me^{(n-1)+}$$
$$2Me^{(n-1)+} \longrightarrow Me^{n+} + Me^{(n-2)+}$$

（4）中间价电子还原。高价离子先进行表面转化反应，生成中间价离子 $Me^{\frac{1}{2}n+}$，然后再进行电子转移反应。

$$Me^{n+} + Me \Longrightarrow 2Me^{\frac{1}{2}n+}$$

$$Me^{\frac{1}{2}n+} + e \Longrightarrow 2Me^{\left(\frac{n}{2}-1\right)+}$$

实验结果表明，多价金属离子的阴极还原过程是按（2）进行的。

2.18.3 几种简单金属离子共同还原

2.18.3.1 理想非共轭体系

当几种金属离子共同还原时，每种金属离子与单独存在时的还原一样，不受其他金属离子的影响，几种离子共同还原的总速率等于单种金属离子单独还原的速率之和，这就是理想的非共轭体系。n 种离子共同还原的条件是

$$\varphi_1 = \varphi_2 = \cdots = \varphi_n \tag{2.248}$$

或

$$\varphi_1^{\ominus} + \frac{RT}{z_1 F}\ln a_1 + \Delta\varphi_1 = \varphi_2^{\ominus} + \frac{RT}{z_2 F}\ln a_2 + \Delta\varphi_2 = \cdots = \varphi_n^{\ominus} + \frac{RT}{z_n F}\ln a_n + \Delta\varphi_n \tag{2.249}$$

由上式可见，n 种金属离子的共同还原受标准电极电势 $\varphi^{\ominus}$、金属离子活度和过电势的影响。

2.18.3.2 异常共析和诱导共析

多种金属离子共同还原时，离子间相互影响，每种金属离子的还原情况与其单独存在时并不一样，几种金属离子的共同还原速率也不等于各种金属离子单独还原速率之和，这是各种金属离子间相互影响所致。

在两种以上金属离子共同还原的过程中，有两种异常情况：异常共析和诱导共析。

异常共析是指标准电极电势相差大而过电势相差不大的金属离子共同还原时，电流密度达到一定值后，电势较正的金属离子的还原速率急剧下降，而电势较负的金属离子的还原速率急剧增加。例如，铁的标准电势比镍负，当溶液中两种金属离子活度相同，共同还原时过电势相差不大，但 Fe^{2+} 却比 Ni^{2+} 的还原速率大。

诱导共析是指在水溶液中不能单独还原的金属却能和其他某些金属共同还原。例如，在水溶液中 WO_4^{2-} 不能单独还原为 W，但却可以和镍一同还原为 Ni-W 合金。

2.18.3.3 共同还原的实现

通过调整影响共同还原的因素，可以实现共同还原。

（1）若两种金属离子放电的过电势不大，标准还原电势相近，可以共同还原。例如，铅的标准电极电势为 $\varphi_{Pb/Pb^{2+}}^{\ominus} = -0.126V$，锡的标准电极电势为 $\varphi_{Sn/Sn^{2+}}^{\ominus} = -0.140V$。两者相近，相差仅 $0.014V$。两者的过电势不大。通过调整溶液中 Pb^{2+} 和 Sn^{2+} 的活度，使其还原电势相等，两者就可以共同还原。

（2）若两种金属的标准电极电势不同，但是两种金属的过电势可以补偿这一差额而使还原电势相近，两者就可以共同还原。例如，镍的标准电极电势为 $\varphi_{Ni/Ni^{2+}}^{\ominus} = 0.2500V$，锌的标准电极电势为 $\varphi_{Zn/Zn^{2+}}^{\ominus} = -0.7628V$，两者相差较大。调节温度，使镍的过电势达 $0.3000V$，而锌的过电势很小，从而使镍和锌的还原电势相近，可以共同还原。

（3）若两种金属的标准电极电势相差较大，可以同时调整溶液中离子的活度和过电

势，使其还原电势相近。例如，铜的标准电极电势 $\varphi^{\ominus}_{Cu/Cu^{2+}} = 0.521V$，与锌的标准电极电势相差很大，在 1V 以上。因此，需要通过调整溶液中 Cu^{2+} 和 Zn^{2+} 的活度及过电势，才能使两种金属共同还原。调整金属离子活度的方法可以通过改变离子浓度、温度和向溶液中添加络合剂来实现，改变过电势可以通过改变电解温度、溶液体系等来实现。

2.18.3.4 影响共同还原的几种金属组成因素

共同还原也叫共同析出或共同沉淀。上面讨论了几种离子共同还原的条件是它们的析出电势相等。但是，析出的物质组成如何，还不能由析出电势确定，而可以应用极化曲线来推测。

图 2.21 是 A、B 两种组元的析出电势与电流密度的关系曲线。由图可见，在 φ_1 电势处，组元 A 和 B 共同析出。组元 A 和 B 的析出电流密度分别为 j_1 和 j'_1。析出的物质中组元 A 和 B 的比例近似等于 j_1/j'_1。在 φ_2 电势处，组元 A 和 B 的析出电流密度分别为 j_2 和 j'_2。析出的物质中组元 A 和 B 的比例近似等于 j_2/j'_2。

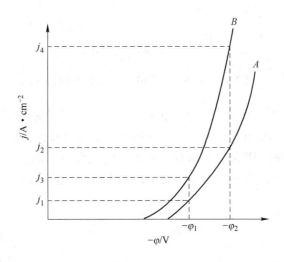

图 2.21　在相同的电解液中分别测得的 A、B 两组元的极化曲线

然而，由于处于同一溶液中的组元 A 和 B 相互影响，上面应用单独测得的极化曲线推测析出物质的组成并不准确。除少数简单情况外，理论上尚不可能预测共同析出物质的组成。

下面讨论一些因素对几种离子共同沉积的影响。

A　溶液中金属离子的比值对析出金属组成比值的影响

图 2.22 是析出金属的组成与电解液中金属组成的关系曲线。图中曲线 1 是从过氯酸溶液中沉积铜 – 铋合金，金属总浓度为 0.35mol/L，$j_K = 1A/nm^2$。

曲线 2 是从氯化物溶液中电沉积铜 – 锌合金，金属总浓度为 $25 \sim 55g/L$，$j_K = 1 \sim 2A/dm^2$。

曲线 3 是从硼氟酸盐溶液中电沉积铅 – 锡合金，金属总浓度为 0.5mol/L，$j_K = 0.8A/dm^2$。

曲线 4 数据同曲线 1，采用铋代替铜计算。

曲线 5 是假设曲线。

曲线 ab 是组成参考线。

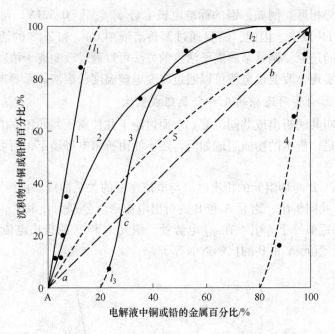

图 2.22　共析出合金组成与溶液组成的关系

曲线 *ab* 作为组成参考线，用合金中相对电势正的组元含量作图，所得曲线的位置在 *ab* 线之上，用合金中相对电势负的组元含量作图，所得曲线的位置在 *ab* 线之下。图中曲线 4 就是曲线 1 的倒映。用合金中相对电势正的组元含量作图，所得曲线在 *ab* 线之上，叫做正常共沉积；反之，则为异常共沉积，即电势较负的金属在这种情况下先析出。如图 2.23 所示。

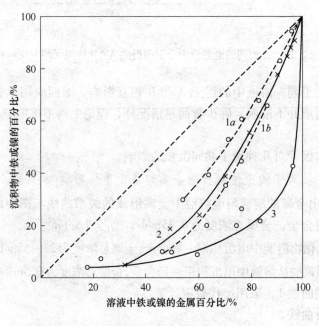

图 2.23　异常共沉积

图 2.23 是异常共沉积合金的组成与溶液中金属组成的关系。图中曲线 $1a$ 和 $1b$ 是从硫酸盐电解液中沉积铁 - 锌合金，总金属量为 1mol，$j_K = 16A/dm^2$。其中曲线 $1a$ 的 $T = 50℃$，pH $= 1.7 \sim 2.3$；曲线 $1b$ 的 $T = 80℃$，pH $= 1.5$。

曲线 2 是从氯化物溶液（含硼酸 15g/L）中沉积镍 - 钴合金，总金属量为 0.5mol/L，$j_K = 16A/dm^2$，$T = 20℃$，pH $= 1.5$。

曲线 3 是从硫酸盐溶液中沉积镍 - 锌合金，总金属含量为 $12 \sim 20$g/L，$j_K = 0.5 \sim 4$A/dm^2，$T = 25℃$，pH $= 1.5$。

由图 2.22 还可见，制备铜 - 铋合金，溶液中铜含量不超过 15%，若溶液中铜含量超过 20%（图中的 l_1 点），则得到纯铜。而制备铅 - 锡合金，溶液中铅含量在 20% ~ 75% 范围内，若超过 75%（图中的 l_2 点），则得到纯铅。图中的 l_1、l_2、l_3 为电解液的极限组成。

铅 - 锡合金的相对电势随着溶液中两者相对含量的变化而变化。组成大于 c 点，铅的相对电势大于锡，铅优先析出；组成小于 c 点，锡的电势大于铅，锡将优先析出。

研究电解液中金属离子的比例与沉积的合金中金属离子比例的关系除上面介绍的图解法外，还有一种分离系数法。分离系数的定义为

$$K_D = \frac{A/B}{A^{z+}/B^{z+}} = \frac{AB^{z+}}{BA^{z+}}$$

式中，B 为合金中的主体金属；A 为杂质（或合金元素），在合金中的含量以原子百分数表示；A^{z+} 和 B^{z+} 为电解液中的离子，浓度以 g/L 表示。

分离系数 $K_D = 1$，表示主体金属和杂质在阴极上的共沉积速率与主元在溶液中的浓度成正比，即 A/A^{z+} 与 B/B^{z+} 比值相等。

分离系数 $K_D > 1$，即 $A/A^{z+} > B/B^{z+}$，表示 A^{z+} 在阴极优先沉积。若 A 为杂质，则可预电解去除杂质 A。

分离系数 $K_D < 1$，即 $A/A^{z+} < B/B^{z+}$，表示 B^{z+} 在阴极优先沉积，A 会留在溶液中，有利于得到纯净的 A。

表 2.3 是一些金属的分离系数。分离系数 K_D 值与电解条件有关。

表 2.3　金属的分离系数

主体金属	杂质	K_D	主体金属	杂质	K_D
锡	铜	1.6	镍	Co,Zn,Pb,Cd	2.5
锡	铅	0.5	镍	锰	0.07
锡	锑	0.0033	钴	Cu,Zn,Pb	3.0
锡	铁	0.0012	铜	As	0.001
锡	钴	0.0005	铜	Sb	0.005
锡	锌	0.0002	铜	Ag	3.0
锌	镍	5×10^{-2}			

B　双电层结构的影响

电极反应发生在电极 - 溶液界面，即双电层处。因此，几种离子共同析出不是取决于它们在溶液本体的浓度，而是取决于它们在双电层的浓度比。如果几种离子对电极的吸附

活性差别不大，则沉积的合金中金属的比值与溶液中其离子的比值相当。若几种离子对电极的吸附活性差别大，则双电层中吸附活性大的离子含量远大于溶液本体。如果吸附活性大的离子具有相对于其他离子较正的电势，则它会快速沉积而阻碍其他离子沉积；如果吸附活性大的离子具有相对于其他离子电势较负，也会阻碍其他电势较正的离子的沉积，形成大的过电势，造成异常共沉积。

C　其他因素的影响

电流密度增大，电势较负的金属离子沉积比例增加。增加搅拌强度和提高温度有利于消除浓差极化，可以抵消增大电流密度的影响。温度升高使过电势降低，但也有利于氢的析出，对电解不利。

2.18.4　金属络离子的阴极还原

在水溶液中，简单金属离子是以水化金属离子的形式存在。当向溶液中加入络合剂后，金属离子与络合剂形成不同配位数的金属络离子，它们各自具有不同的浓度，存在着"络合 – 解离"平衡。这样，溶液中既有金属水化离子又有金属络离子。这种溶液的阴极还原反应就有多种可能。

（1）金属络离子不直接参加阴极还原反应，而是先转化为水化金属离子，然后水化金属离子在阴极上还原。对于不稳定常数大的络离子，就可能按这样的历程进行阴极还原反应。

（2）具有特征配位数的金属络离子在电极上还原。当溶液中络合剂浓度高时，金属络离子存在的主要形式是具有特征配位数的络离子。通常添加络合物的电解液，加的络合剂都是过量的。因而，有人认为进行阴极还原反应的是具有特征配位数的金属络离子。

（3）具有较低配位数的络离子在阴极还原。由于具有较低配位数的络离子还原反应所需活化能比具有特征配位数的络离子所需活化能小，所以容易在阴极还原。

（4）表面络合物进行阴极还原反应。上述讨论中阴极还原的离子实际上还是溶液本体中金属离子存在的形态，而还不是在电极和溶液界面上放电的金属离子存在形态。于是，有人提出，在电极上参加阴极还原反应的粒子应是表面络合物。例如，在锌酸盐电解液中，直接在阴极上还原的络离子是 $Zn(OH)_2$，它在溶液中并不存在，可能是存在于电极表面的表面络合物。

金属离子与络合剂形成络离子，金属离子的活度降低，化学势降低，该体系的电极电势降低，即平衡电势向负的方向移动。络离子的不稳定常数越小，平衡电势越负，还原反应越难进行，但不稳定常数的大小与过电势的大小并没有简单的比例关系。

2.19　金属的电结晶

金属的电结晶过程是指金属离子完成电子转移步骤变成金属原子进入晶格的过程。金属原子可以在原有基体金属的晶格上继续长大，也可以形成新的晶核。

2.19.1　理想晶面的生长

理想晶面指单晶面。如图 2.24 所示，单晶面存在各种各样的缺陷，即台阶、拐角、缺口、空位等。台阶叫做生长线，拐角、缺口、空位叫做生长点。若过电势不大，在晶面上不能形成新的晶种，结晶过程是在原有基体晶格上长大。这种情况下晶面生长可能有两种历程：一种是电子转移步骤和结晶步骤合而为一，即金属离子得到电子成为金属原子后直接停留在生长点或生长线上进入晶格。另一种是电子转移步骤和结晶步骤分开进行。先是水化的金属离子失去部分水化膜或金属络离子失去部分配体，然后在晶面的某个位置与电子结合形成部分失水（或配体）、带有部分电荷的吸附原子（或离子），此即电子转移步骤。随后吸附原子进行表面扩散，到达生长点或生长线后，失去剩余的水化膜（或配体）进入晶格。按这种历程，所需活化能比前一种小，因此，晶体生长应按这种历程进行。

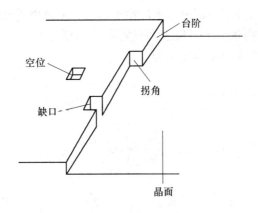

图 2.24　晶面缺陷示意图

2.19.2　晶体生长的速率控制步骤

　　金属的结晶过程按上述第二种历程进行，而其控速步骤可以是电子转移步骤或吸附原子的表面扩散步骤，或电子转移步骤与吸附原子的表面扩散步骤共同控制。假设所讨论的电结晶过程是水化金属离子在平衡电势附近，并且是在理想的晶面上进行。下面分稳态和非稳态情况讨论。

　　2.19.2.1　稳态情况下的晶面生长的控速步骤

　　电子转移反应为

$$Me^{z+} + ze \Longrightarrow Me_{ad}$$

若吸附原子的表面扩散为控速步骤，则电子转移步骤处于平衡状态。

　　当电极上没有电流通过时，吸附原子的表面浓度为 $c^0(Me_{ad})$，则有

$$\varphi_e = \varphi^{\ominus} + \frac{RT}{zF}\ln\frac{c(Me^{z+})}{c^0(Me_{ad})} \tag{2.250}$$

　　当电极上有电流通过时，由于表面扩散步骤有阻力，吸附原子会在表面积累，其浓度增加为 $c(Me_{ad})$，则电极电势偏离平衡，变为

$$\varphi = \varphi^{\ominus} + \frac{RT}{zF}\ln\frac{c(Me^{z+})}{c(Me_{ad})} \tag{2.251}$$

则结晶过电势为

$$(- \Delta \varphi)_{结晶} = \varphi_e - \varphi = \frac{RT}{zF}\ln \frac{c(\mathrm{Me_{ad}})}{c^0(\mathrm{Me_{ad}})} = \frac{RT}{zF}\ln \left[1 + \frac{\Delta c(\mathrm{Me_{ad}})}{c^0(\mathrm{Me_{ad}})}\right] \tag{2.252}$$

式中，$\Delta c(\mathrm{Me_{ad}}) = c(\mathrm{Me_{ad}}) - c^0(\mathrm{Me_{ad}})$。

若结晶过电势很小，$\Delta c(\mathrm{Me_{ad}}) \to 0$，上式成为

$$(- \Delta \varphi)_{结晶} = \frac{RT}{zF}\frac{\Delta c(\mathrm{Me_{ad}})}{c^0(\mathrm{Me_{ad}})} \tag{2.253}$$

若结晶过电势稍大，吸附原子表面扩散步骤速度的增加比电子转移步骤增加得快，晶体生长过程变为两个步骤联合控制。反应仍在平衡电势附近进行，有

$$j = j_{还原} - j_{氧化} \tag{2.254}$$

电解进行时，电极表面有一部分被吸附原子覆盖，金属离子只能在未被覆盖的自由表面上还原。以 θ_e 表示平衡状态下电极表面吸附原子的覆盖度，θ_t 表示电极表面有电流通过时吸附原子的覆盖度。还原反应速率为

$$j_{还原} = j_0 \frac{1 - \theta_t}{1 - \theta_e}\exp\left(- \frac{\alpha_{还原}F\Delta \varphi}{RT}\right) \tag{2.255}$$

氧化反应速率为

$$j_{氧化} = j_0 \frac{c(\mathrm{Me_{氧化}})}{c^0(\mathrm{Me_{ad}})}\exp\left(\frac{\alpha_{氧化}F\Delta \varphi}{RT}\right) \tag{2.256}$$

所以

$$j = j_0 \left[\frac{1 - \theta_t}{1 - \theta_e}\exp\left(- \frac{\alpha_{还原}F\Delta \varphi}{RT}\right) - \frac{c(\mathrm{Me_{ad}})}{c^0(\mathrm{Me_{ad}})}\exp\left(\frac{\alpha_{氧化}F\Delta \varphi}{RT}\right)\right] \tag{2.257}$$

式中，$1 - \theta_e$ 和 $1 - \theta_t$ 分别为平衡状态和有电流通过时电极表面的自由表面积。如果 $\Delta \varphi$ 不大，θ_e 和 θ_t 都很小，则上式可简化为

$$j = j_0 \left[\exp\left(- \frac{\alpha_{还原}F\Delta \varphi}{RT}\right) - \frac{c(\mathrm{Me_{ad}})}{c^0(\mathrm{Me_{ad}})}\exp\left(\frac{\alpha_{氧化}F\Delta \varphi}{RT}\right)\right] \tag{2.258}$$

若 $\dfrac{\alpha_{还原}F\Delta \varphi}{RT} \ll 1$、$\dfrac{\alpha_{氧化}F\Delta \varphi}{RT} \ll 1$，将上式做泰勒（Taylor）展开并略去高次项，取 $\dfrac{c(\mathrm{Me_{ad}})}{c^0(\mathrm{Me_{ad}})} \approx 1$，$\alpha_{还原} + \alpha_{氧化} = z$，则有

$$- \Delta \varphi = \frac{RT}{zF}\left[\frac{j}{j_0} + \frac{\Delta c(\mathrm{Me_{ad}})}{c^0(\mathrm{Me_{ad}})}\right] \tag{2.259}$$

式中，右边括号内第一项为电子转移步骤引起的过电势；第二项为结晶过电势。根据其相对大小可以判断电极上有电流通过时的控制步骤是什么。

2.19.2.2　非稳态恒流条件下晶面生长的控速步骤

在平衡电势，电极上无电流通过，电极表面各处吸附原子的浓度相同，都是 $c^0(\mathrm{Me_{ad}})$，吸附原子与晶格原子之间的交换速率为 v_0。

电极上有电流通过，假定生长线的密度不变，由于吸附原子生长速率快，可以认为除生长线外，电极表面各处吸附原子的浓度都相同，为 $c(\mathrm{Me_{ad}})$，且 $c(\mathrm{Me_{ad}}) > c^0(\mathrm{Me_{ad}})$，则单位电极表面上吸附原子与晶格原子间的交换速率为 $v_0 \dfrac{c(\mathrm{Me_{ad}})}{c^0(\mathrm{Me_{ad}})}$。因此，吸附原子扩散到达生长线并进入晶格的净速度 v 为

$$v = v_0 \frac{c(\mathrm{Me_{ad}})}{c^0(\mathrm{Me_{ad}})} - v_0 = v_0 \frac{\Delta c(\mathrm{Me_{ad}})}{c^0(\mathrm{Me_{ad}})} \tag{2.260}$$

对暂态过程忽略电容电流的影响，晶面上吸附原子的浓度随时间的变化率为

$$\frac{\mathrm{d}c(\mathrm{Me_{ad}})}{\mathrm{d}t} = \frac{j}{zF} - v_0 \frac{\Delta c(\mathrm{Me_{ad}})}{c^0(\mathrm{Me_{ad}})} \tag{2.261}$$

式中，j 为电流密度；$\dfrac{j}{zF}$ 为晶面上吸附原子的生成速度；$v_0 \dfrac{\Delta c(\mathrm{Me_{ad}})}{c^0(\mathrm{Me_{ad}})}$ 为吸附原子经表面扩散并进入晶格的速度。

在恒流条件下，积分上式，并利用 $t = 0$ 时，$c^0(\mathrm{Me_{ad}}) = c(\mathrm{Me_{ad}})$，得

$$\frac{\Delta c(\mathrm{Me_{ad}})}{c^0(\mathrm{Me_{ad}})} = \frac{j}{zFv_0}\Big[1 - \exp\Big(-\frac{t}{\tau}\Big)\Big] \tag{2.262}$$

式中

$$\tau = \frac{c^0(\mathrm{Me_{ad}})}{v_0}$$

当 $t \to \infty$ 时，上式成为

$$\Delta c(\mathrm{Me_{ad}}) = \frac{jc^0(\mathrm{Me_{ad}})}{zFv_0} \tag{2.263}$$

或

$$c(\mathrm{Me_{ad}}) = c^0(\mathrm{Me_{ad}})\Big(1 + \frac{j}{zFv_0}\Big) \tag{2.264}$$

由上式可见，$c(\mathrm{Me_{ad}})$ 与时间无关，此时，已由非稳态过渡到稳态。

当 $t = \tau$ 时，称 τ 为暂态过程的时间常数或上升时间。$\Delta c(\mathrm{Me_{ad}})$ 为稳态值的 63%，根据式（2.262）可得

$$\Delta c(\mathrm{Me_{ad}}) = \frac{jc^0(\mathrm{Me_{ad}})}{zFv_0}\Big(1 - \frac{1}{e}\Big) = \frac{jc^0(\mathrm{Me_{ad}})}{zFv_0} \times 0.63$$

将式（2.262）代入式（2.259），可得

$$-\Delta\varphi = \frac{RT}{zF}\Big\{\frac{j}{j_0} + \frac{j}{zFv_0}\Big[1 - \exp\Big(-\frac{t}{\tau}\Big)\Big]\Big\} \tag{2.265}$$

若双电层充电时间 $\tau_c \ll t \ll \tau$，将 $\exp\Big(-\dfrac{t}{\tau}\Big)$ 作泰勒展开，只取前两项，并将 $\tau = \dfrac{c_0(\mathrm{Me_{ad}})}{v_0}$ 代入，可得

$$-\Delta\varphi = \frac{RT}{zF}\Big[\frac{j}{j_0} + \frac{jt}{zFc^0(\mathrm{Me_{ad}})}\Big] \tag{2.266}$$

此即非稳态条件下，电子转移步骤不可逆时，结晶过电势与时间的关系。

当 $t \to 0$ 时，则

$$-\Delta\varphi \to \frac{RT}{zF}\frac{j}{j_0} \tag{2.267}$$

电子转移步骤为控速步骤。

当 $t \to \infty$ 时，则由式（2.266），得

$$(-\Delta\varphi)_\infty = \frac{RT}{zF}\Big(\frac{j}{j_0} + \frac{j}{zFv_0}\Big) \tag{2.268}$$

由非稳态过渡到稳态，是电子转移步骤和吸附原子的表面扩散步骤混合控制。

2.19.3　晶面的生长过程

如图 2.25 所示，实际晶体表面存在着大量的螺旋位错，晶体可以连续生长下去，而不用再形成新的晶核。晶体表面常有隆起的台阶，原子层大小的台阶就能引起螺旋位错，在晶面上的吸附原子经表面扩散到台阶的拐角处，进入晶格。如此连续生长下去，位错也不断推移，形成螺旋形。

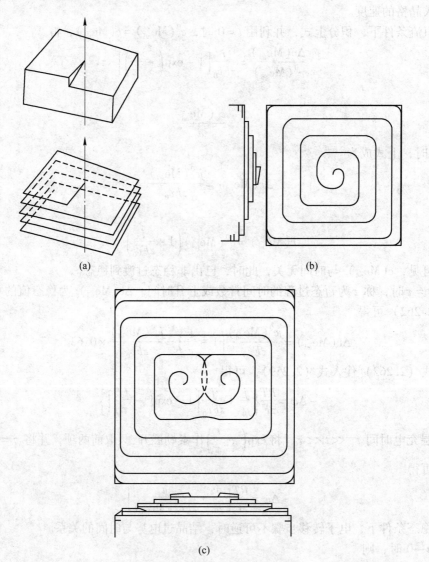

图 2.25　螺旋位错和螺旋生长

（a）原子层螺旋错位形成的块状和层状晶体；（b）螺旋生长平面和上升示意图（箭头表示一个原子层厚度）；

（c）两个左右旋转的螺旋平面和上升示意图

晶面上存在多个台阶，在这些台阶上晶体可以同时生长，晶体生长过程中还会产生新的台阶。因此，生长点和生长线永远不会消失，晶体不停地生长下去。

当电解液中金属离子的扩散过程成为控速步骤时，结晶呈树枝状，即所谓枝晶。

2.19.4 汞齐阴极

汞可以和许多金属形成合金。氢在汞阴极上还原有很高的过电势，因而，以汞为阴极可以从很稀的溶液中回收有价金属，并有较高的电流效率。以汞为阴极可以在中性或碱性溶液中析出碱金属、碱土金属和许多稀有金属，还可以利用离子在汞阴极上析出的过电势差异来分离同一溶液中的金属。

2.20 阳 极 过 程

在电解、电沉积、电镀等电化学过程中，都会涉及阳极反应，研究阳极反应具有重要意义。在水溶液中发生的阳极反应有氢的氧化、氧的析出、金属溶解、金属氧化物的生成、离子价的升高等。

2.20.1 氢的氧化

在铂、镍等某些电极上会发生氢的氧化反应。氢的氧化反应分为如下几个步骤：

（1）氢分子溶解和向电极表面扩散。

（2）溶解的分子氢在电极上化学解离吸附

$$H_2 + 2M \Longrightarrow 2M—H$$

或电化学解离吸附

$$H_2 + M \Longrightarrow M—H + H^+ + e$$

（3）吸附氢的电化学氧化

$$M—H \Longrightarrow H^- + M + e$$

或

$$M—H + OH^- \Longrightarrow H_2O + M + e$$

2.20.2 氧在阳极上的析出

在不溶性阳极上会发生氧的析出反应。在酸性溶液中，氧的析出反应为

$$4H_2O \Longrightarrow 4H^+ + O_2 + 4e$$

在酸性溶液中，氧的析出电位很正。当 $a_{H^+} = 1$ 时，其平衡电势为 $+1.23V$。因而，只能以铂系金属和金做阳极。

由实验推测，在不太浓的酸性溶液中，氧在铂电极上析出的控速步骤为第一个电子转移步骤。其反应机理为

$$M + H_2O \Longrightarrow MOH + H^+ + e$$
$$4MOH \Longrightarrow 4M + 2H_2O + O_2$$

在碱性溶液中，氧的析出反应为

$$4OH^- \Longrightarrow 2H_2O + O_2 + 4e$$

其析出电势不太正，当 $a_{H^+} = 1$ 时，平衡电势为 $+0.401V$。因而，可以用已经钝化的铁、钴、镍等金属做阳极。实际上，氧是在金属氧化层表面上生成。

在钝化的镍电极上，氧的析出反应机理为

$$\frac{1}{2}Ni_2O_3 + OH^- \Longrightarrow \frac{1}{2}Ni_2O_4 + \frac{1}{2}H_2O + e$$

$$Ni_2O_4 \Longrightarrow Ni_2O_3 + \frac{1}{2}O_2$$

实验表明，在低电流密度区，控速步骤是第二步，即表面转化步骤；在高电流密度区，控速步骤是第一步，即电子转移步骤。氧析出反应的机理与电极材料、溶液组成、温度和电流密度都有关。

2.20.3　金属的阳极溶解

金属电极的电势比其平衡电势更正，阳极金属转变成金属离子溶解到电解质溶液中，此即金属的阳极溶解。电极电势越正，阳极溶解得越快。表 2.4 是一些金属电极的传递系数。实验表明，在平衡电势附近，阳极的极化曲线近似为一条直线。图 2.26 是实验测得的恒电势阳极极化曲线。

表 2.4　金属电极的传递系数

电极	$\overrightarrow{\alpha}$	$\overleftarrow{\alpha}$
$Hg\,|\,Hg^{2+}$	0.6	1.4
$Cu\,|\,Cu^{2+}$	0.49	1.47
$Cd\,|\,Cd^{2+}$	0.9	1.1
$Zn\,|\,Zn^{2+}$	0.47	1.47
$Cd(Hg)\,|\,Cd^{2+}$	0.4~0.6	1.4~1.6
$Zn(Hg)\,|\,Zn^{2+}$	0.52	1.4
$In(Hg)\,|\,In^{3+}$	0.9	2.2
$Bi(Hg)\,|\,Bi^{3+}$	1.18	1.76

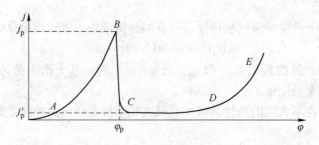

图 2.26　恒电位阳极极化曲线

根据直线的斜率可以求出阳极反应的传递系数。阳极反应传递系数大于阴极反应的传递系数，两者之和近似等于电子转移数。多电子的阳极过程是由若干个单电子步骤构成，并以失去最后一个电子的步骤为控制步骤。金属阳极的溶解首先是晶格破坏，变成吸附态的金属原子，然后是吸附态的金属原子失去电子变成金属离子，并形成水化离子。

影响金属阳极溶解的因素有温度、溶液的组成和浓度、pH 值等。升高温度有利于阳极溶解，而组成、浓度、pH 值的影响则视不同的金属电极而不同。

2.20.4 金属阳极的钝化

若将金属阳极的电势向正方向连续提高，当达到一定值后，阳极的溶解速率会急剧下降，甚至完全停止，此即阳极钝化。

2.20.4.1 金属阳极极化曲线的特点

可以用图 2.26 所示的阳极极化曲线研究金属的钝化现象。整个曲线可以分成四个电势区间。AB 段是金属阳极的正常溶解，在此区间，随着电势增大，阳极溶解加快，叫阳极活性溶解区。电势达到 B 点，随着电势增加，电流密度急剧减小，即 BC 段，叫做活化－钝化过渡区。B 点的电势叫做临界钝化电势，以 φ_p 表示；对应的电流叫做临界钝化电流密度（也叫致钝电流密度），以 j_p 表示。在曲线 CD 段，阳极电流密度很小，且随着电势增大，几乎不变，叫做维钝电流密度，以 j_p' 表示。在曲线 DE 段，随着电势增大，阳极电流密度增大。造成阳极电流密度增大的原因有两种：（1）有些金属处于钝化状态后，随着电势增大，金属以高价离子形式进入溶液，使电流密度增大。这种现象叫做过钝化。（2）有些金属处于钝化状态后，随着电势增大，金属并不溶解，而是析出氧气，同样使电流密度增大。因此，该区叫析氧区。

恒电势阳极极化曲线的各段也可以用其斜率来描述其特点：曲线 AB 段，$\mathrm{d}|j|/\mathrm{d}\varphi > 0$；曲线 BC 段，$\mathrm{d}|j|/\mathrm{d}\varphi < 0$；曲线 CD 段，$\mathrm{d}|j|/\mathrm{d}\varphi = 0$；曲线 DE 段，$\mathrm{d}|j|/\mathrm{d}\varphi > 0$。

2.20.4.2 金属阳极钝化机理

造成阳极溶解速度急剧减小，甚至完全停止的原因是阳极表面状态发生变化，形成吸附层或成相层。所谓吸附层，就是当电极电势足够正时，金属电极表面形成 O^{2-} 或 OH^- 吸附层。这层吸附层使金属氧化成金属离子的活化能升高，交换电流密度降低，使阳极钝化。所谓成相层是指阳极表面形成氧化物膜，将金属与电解质溶液隔离，使金属的溶解速率降低。除氧化物膜外，也有难溶盐在阳极表面析出、沉积，例如，磷酸盐、硅酸盐、铬酸盐等。

2.20.5 不溶性阳极

所谓不溶性阳极就是在电解过程中，阳极不溶解进入溶液。可作为不溶性阳极的电极材料有石墨、铂，硫酸盐体系中的铅、碱性溶液中的镍和铁，以及某些合金和氧化物。不溶性阳极液并非绝对不溶，只能在某些介质或条件下使用。例如，石墨可以用于熔盐电解，但是在水溶液电解中，则易受到电解液和析出的气体侵蚀而破坏。

在不溶性阳极上可以发生氧化反应，这包括金属的氧化反应和金属离子价态升高的反应，以及前面讲的氧析出反应。

例如，铅在酸性硫酸盐体系中发生氧化反应

$$Pb + SO_4^{2-} = PbSO_4 + 2e$$

$$PbSO_4 + 2H_2O = PbO_2 + H_2SO_4 + 2H^+ + 2e$$

或

$$Pb + 2H_2O = PbO_2 + 4H^+ + 4e$$

这个过程为：当电流通过铅阳极时，铅溶解于电解液，生成硫酸盐。由于硫酸铅的溶解度小，很快达到饱和而在铅阳极表面结晶析出，形成硫酸铅膜，直到整个电极表面为硫酸铅膜所覆盖。结果造成阳极电流密度增大，阳极电势急剧升高。到达一定程度后，二价铅离子和铅被水氧化生成 PbO_2，PbO_2 逐渐取代 $PbSO_4$ 而形成多孔膜。

2.20.6　半导体电极

2.20.6.1　半导体电极的电化学行为

半导体电极的电化学行为与电解质溶液相似。半导体中的价电子受到激发从价带进入导带，留下一个带正电的空穴。反应为

$$本征半导体晶格 \Longleftrightarrow e + h^*$$

该反应与水的电离相似

$$H_2O \Longleftrightarrow OH^- + H^+$$

水的电离用质量作用定律表示，有

$$K_w = c_{H^+} c_{OH^-}$$

式中，K_w 是水的离子积常数。

半导体中载流子（n^-）和（h^*）的乘积在一定温度也是一个常数

$$K_{本征} = n^- h^*$$

式中，$K_{本征}$ 是本征半导体（即没渗入杂质）的常数。

表 2.5 是半导体性质与电解质溶液行为对照。其中 ε_F 为费米能级，ε_F^0 为平衡条件下的费米能级，$(n)_{M^{2+}}$ 和 $(n)_{M^+}$ 分别为 M^{2+} 和 M^+ 的电子浓度，能斯特公式是根据反应

$$M^{2+} + e \Longleftrightarrow M^+$$

得出。

表 2.5　半导体性质与电解质溶液行为的对照

现　　象	水　溶　液	半　导　体
电离现象	$H_2O = H^+ + OH^-$	半导体晶体 = 电子 + 正孔
质量作用定律	$c_{H^+} \cdot c_{OH^-} = K_w$	$np = K_{本征}$
酸的行为	$HCl = H^+ + Cl^-$（质子施主）	$As = e + As^+$（电子施主）
碱的行为	$NH_3 + H^+ = NH_4^+$（质子受主）	$Ga + e = Ga^-$（电子受主）
共同离子效应	（1）加酸（质子施主）于水，增大质子浓度； （2）加碱（质子受主）于水，降低质子浓度，增大 OH^- 浓度	（1）加电子施主于本征半导体，增大电子浓度； （2）加电子受主于本征半导体，降低电子浓度，增加正孔浓度
平衡电势	能斯特方程 $\varphi = \varphi_0 + \dfrac{RT}{nF} \ln \dfrac{a_M^{2+}}{a_M^+}$	费米电势 $\varepsilon_F = \varepsilon_F^0 + kT \ln \dfrac{(n)_M^{2+}}{(n)_M^+}$
双电层	离子双电层	电子双电层

2.20.6.2　氧化锌的阳极溶解

氧化锌具有较宽的禁带（3.2eV）。在没有光照的情况下，氧化锌晶体阳极溶解速度很慢。在有光照的情况下，发生反应为

$$2ZnO + 4h\nu = 2Zn^{2+}(aq) + O_2 + 4e(ZnO)$$

式中，$4e(ZnO)$ 表示 4 个电子留在氧化锌晶体中。在足够高的极化条件下，光电流随光强度线性增加。电极反应步骤为

$$O_s^{2-} + h^* \xrightarrow{\text{慢}} O_s^-$$

$$O_s^- + O_s^{2-} + h^* \xrightarrow{\text{慢}} (O-O)^{2-}$$

$$(O-O)^{2-} + 2h^* \xrightarrow{\text{快}} O_2$$

$$2Zn_s^{2+} + aq \xrightarrow{\text{快}} 2Zn^{2+}(aq)$$

总反应

$$2ZnO + 4h\nu \longrightarrow 2Zn^{2+}(aq) + O_2 + 4e$$

式中，下角标 s 表示晶体表面，aq 表示水溶液；$h\nu$ 为一个光子的能量；h 为普朗克常数；ν 为光的频率。

2.20.6.3　硫化物的阳极行为

硫化物阳极电解具有实际意义。硫化物阳极电解时会发生如下电化学反应：

（1）　$MeS = Me^{2+} + S + 2e$

（2）　$MeS + 4H_2O = Me^{2+} + SO_4^{2-} + 8H^+ + 8e$

反应生成的金属离子进入溶液，元素硫一部分进入阳极泥，一部分留在阳极上。反应（2）生成的 SO_4^{2-} 在溶液中积累，使溶液的酸度增加。在硫化物阳极上还会发生氧和氯的析出反应。在硫化物电极上，金属转化为离子状态和硫氧化成原子状态的过程是共轭进行的。因此，金属硫化物和金属离子溶液的界面不能建立起平衡电势。金属硫化物在金属离子溶液中的电势虽然不可逆，但仍可实验测定，称其为安定电势，即无电流通过不随时间改变的电势；也可以测出硫化物的阳极极化曲线，如图 2.27 所示。

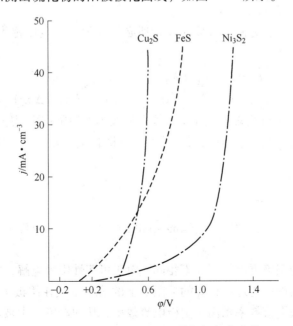

图 2.27　Cu_2S、FeS、Ni_3S_2 的阳极极化曲线

2.21 电　解

2.21.1 电解过程

当两个电极接上电源以后，电路中有电流通过。电源的负极向与其相连的阴极输送电子，使其电极电势向负方向移动；电源的正极从与其相连的阳极取走电子，使其电极电势向正方向移动。

电极电势对平衡值的偏离引起电极过程的进行。在阴极上发生还原反应，在阳极上发生氧化反应。与此同时，在电源形成的外电压产生的两电极之间的电场中，发生阳离子和阴离子迁移。

在电解过程中，两个电极的电势不是平衡电势，但其大小不随时间变化。一般情况下，电势由平衡值向阴极电势和阳极电势的移动值都不相等，其大小与极化曲线的斜率有关。电势的位移总是保持阳极电流强度和阴极电流强度相等。图 2.28 是电解装置示意图。

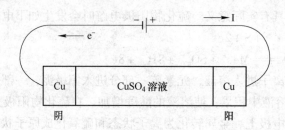

图 2.28　电解槽示意图

2.21.2 槽电压

对一个电解槽来说，为使电解反应进行所必须外加的总电压称为槽电压。槽电压 E_T 可写做

$$E_T = E_f + E_\Omega + E_R \tag{2.269}$$

$$E_f = E_{ef} + E_\eta = (\varphi_{e,A} - \varphi_{e,K}) + (\Delta\varphi_A - \Delta\varphi_K) \tag{2.270}$$

式中，E_{ef} 为保证电解进行所必须施加于电极上的最小外加压；E_η 为极化电动势；E_Ω 是由电解液的内阻所引起的欧姆电压降；E_R 是由电解槽各接触点、导电体和阳极源等外阻所引起的电压降。

2.21.3 电流效率

所谓电流效率，就是在阴极上金属的实际沉积量与在相同条件下按法拉第定律计算得到的理论量的比值。

阴极电流效率与阳极电流效率并不相同。对于可溶性阳极电解，阳极电流效率是指金属从阳极上实际的溶解量与理论计算的从阳极上的溶解量或在阴极上理论沉积量的比值。在此种情况下，阳极电流效率稍高于阴极电流效率，从而电解液中被电解的金属离子浓度逐渐增加。

在湿法冶金中，阴极沉积物是生产产品，所以，将阴极电流效率作为电流效率。因此，金属的电流效率计算公式为

$$\eta = \frac{b}{qIt} \times 100 \tag{2.271}$$

式中，η 为以百分数表示的电流效率；b 为阴极沉积物的质量，g；I 为电流强度，A；t 为通电时间，h；q 为电化当量，单位为 g/(A·h)。

$$W = qIt$$

即法拉第定律。

2.21.4　电能效率

生产单位质量的金属理论所需电能 W' 与实际消耗电能 W 的比值叫做电能效率，即

$$W = \frac{W'}{W} \times 100 = \frac{I'E_{ef}}{IE_T} \times 100 \tag{2.272}$$

式中，I' 和 I 分别为理论所需电流强度和实际电流强度。所以

$$\eta = \frac{I'}{I} \tag{2.273}$$

即电流效率。

电流效率是电量利用情况，电能效率是电能的利用情况，两者含义是不同的。上面给出的电能效率计算公式中没有考虑极化作用，更准确的公式应当以消耗于所有电化学过程的电能 W'' 代替 W'，即

$$W'' = \frac{W''}{W} \times 100 = \eta \frac{E_f}{E_T} \times 100 \tag{2.274}$$

习　题

2-1　一个电化学体系有哪些相间电势？如何测量电池的电动势？

2-2　如何得到标准电极电势？

2-3　说明电势-pH图的原理，举例说明其应用。

2-4　设计一个电池，并计算电池反应的平衡常数。

2-5　为什么不能用伏特计测量电池的电动势？

2-6　什么是双电层结构？举例说明双电层结构模型，并说明其优缺点。

2-7　什么叫理想极化电极和非理想极化电极，分别有何用处？

2-8　在浓度为 3mol/L 的 $NiSO_4$ 溶液中，Ni^{2+} 离子的扩散系数为 0.69×10^{-5} cm²/s，扩散层厚度为 0.003cm，计算极限电流密度。

2-9　说明巴特勒–伏尔默方程的定义和应用。

2-10　说明塔菲尔公式成立的条件。

2-11　何谓交换电流密度？说明其应用。

2-12　溶液中硫酸铜的活度为1，通过的电流密度为 1mA/cm²，塔菲尔常数 $b = 0.05V$，$j_0 = 10^{-4}A/cm^2$，$\varphi_{Cu^{2+}/Cu} = 0.34V$，求铜的析出电势。

2-13　在 25℃，以 Sn 为电极，电解含 Sn^{2+} 离子的电解液。阴极反应为 $Sn^{2+} + 2e = Sn$。在平衡电势附近

测得过电势与电流密度的关系如下表所示。

过电势/V	0.01	0.008	0.006	0.004	0.002	− 0.002	− 0.004	− 0.006	− 0.008
$j/A \cdot cm^{-2}$	102	82	60	41	19	20	37	57	79

计算该反应的交换电流密度。

2-14 电极结晶过程有哪些步骤？影响电极结晶生长的因素有哪些？

2-15 电解溶液中 Zn^{2+} 离子浓度为 $10^{-4}m$，H_2 在锌电极上的析出过电势为 $-0.72V$，溶液的 pH 值控制在多大可以避免 H_2 析出？

2-16 电解 pH = 5 的 $CdCl_2$ 溶液，H_2 在镉电极的析出过电势为 0.48V，Cd^{2+} 离子浓度为多少 H_2 开始析出？

2-17 在酸性溶液中，铜电极上 H_2 的过电势的塔菲尔常数 $a = 0.87$、$b = 0.12$，计算 $j = 0.1A/cm^2$，氢的过电势。

2-18 在 Ni^{2+} 离子电解液中含有 Cu^{2+} 离子，应控制 Cu^{2+} 浓度为多大 Cu 才不能析出？

3 熔　　盐

3.1　熔盐的组成和结构

3.1.1　熔盐的组成

熔盐是熔化状态的液体盐，通常是指无机盐的熔体。形成熔盐的无机盐其固态大部分为离子晶体，常见的熔盐是由碱金属、碱土金属的卤化物、硅酸盐、碳酸盐、硝酸盐、硫酸盐和磷酸盐等熔化而成。在熔盐中，碱金属、碱土金属为阳离子，卤素、硅酸根、碳酸根、硫酸根、硝酸根和磷酸根等为阴离子。表 3.1 为构成熔盐的阳离子和阴离子。

表 3.1　熔盐的组成

离子类型	元素所在族	离子及其电负性					
阳离子	ⅠA族	Li^+ (1.0)	Na^+ (0.9)	K^+ (0.8)	Rb^+ (0.7)	Cs^+ (0.7)	Fr^+ (0.7)
	ⅡA族	Be^{2+} (1.5)	Mg^{2+} (1.2)	Ca^{2+} (1.0)	Sr^{2+} (1.0)	Ba^{2+} (0.9)	Ra^{2+} (0.9)
	ⅢA族	B^{3+} (2.0)	Al^{3+} (1.5)	Sc^{3+} (1.3)	Y^{3+} (1.3)		
	ⅣA族	Si^{4+} (1.8)	Ti^{4+} (1.6)	Zr^{4+} (1.5)	Hf^{4+} (1.4)		
	ⅤA族	V^{3+} (1.4)	V^{5+} (1.9)	Nb^{5+} (1.7)	Ta^{5+} (1.7)		
	ⅥA族	Cr^{2+} (1.4)	Cr^{3+} (1.6)	Cr^{4+} (2.2)			
	ⅦA族	Mn^{2+} (1.4)	Mn^{3+} (1.5)				
	ⅧA族	Fe^{2+} (1.7)	Fe^{3+} (1.8)	Co^{2+}	Co^{3+} (1.7)	Ni^{2+}	Ni^{3+} (1.8) / Pd^{3+} (2.0)
	ⅠB	Cu^+	Cu^{2+}	Ag^+	An^+		
	ⅡB	Zn^{2+} (1.2)	Zn^{4+} (1.5)	Cd^+ (1.1)	Cd^{2+} (1.5)	Hg^+ (1.8)	Hg^{2+} (1.9)
	ⅢB	Cu^{3+} (1.6)	In^{3+} (1.5)	Tl^+ (1.5)	Tl^{3+} (1.9)		
	ⅣB	Ge^{4+} (1.8)	Sn^{2+} (1.7)	Sn^{4+} (1.8)	Pb^{2+} (1.6)	Pb^{4+} (1.8)	

离子类型	元素所在族	离子及其电负性				
阳离子	V B	As^{3+} (2.0)	Sb^{3+} (1.8)	Bi^{3+} (1.8)		
阴离子	Ⅵ B	F^- (4.0)	Cl^- (3.0)	Br^- (2.8)	I^- (2.4)	At^- (2.4)
	Ⅶ B	O^{2-} (3.0)	S^{2-} (2.5)	Se^{2-} (2.4)	Te^{2-} (2.1)	Po^{2-} (2.0)
		$[NO_2]^-$, $[NO_3]^-$, $[SO_4]^{2-}$, $[CO_3]^{2-}$, $[ClO_3]^-$, $[ON]^-$, $[SiO_4]^{4-}$ $[SiO_3]^{2-}$, $[Si_2O_6]^{2-}$, $[Si_xO_y]^{-2y+4x}$, $[BO_3]^{3-}$, $[B_xO_y]^{-2y+3x}$ $[PO_4]^{3-}$, $[P_xO_y]^{-2y+3x}$, $[CrO_4]^{2-}$, $[Cr_2O_7]^{2-}$, $[MoO_4]^{2-}$ $[Mo_2O_7]^{2-}$, $[WO_4]^{2-}$, $[W_2O_7]^{2-}$, $[SCN]^-$, $[CN]^-$					

3.1.2　熔盐的种类

熔盐体系可分为纯熔盐和混合熔盐。纯熔盐是由一种盐熔化而形成的熔盐，混合熔盐是由两种或两种以上的盐熔化而形成的多元熔盐。

混合熔盐也称为熔盐混合物，根据其组成可以分为两类。

3.1.2.1　共同离子混合物

该种混合物是由具有共同的阳离子或共同的阴离子的熔盐组成。例如，二元系可表示为：(1) $A_mX_n + B_iX_j$，即阳离子 A、B 不同，阴离子 X 相同，例如，NaCl + KCl、NaCl + CaCl$_2$ 等。(2) $A_mX_n + A_iY_j$，即阳离子相同，阴离子不同，例如，NaCl + NaBr。三元系可以表示为：(1) $A_mX_n + B_iX_j + C_lX_h$，例如，LiCl + NaCl + KCl、NaCl + KCl + CaCl$_2$ 等；(2) $A_mX_n + A_iX_j + A_kZ_l$，例如，NaF + NaCl + NaBr 等。

这种具有共同离子的熔盐混合物称为相加系。

3.1.2.2　没有共同离子的混合物

该种熔盐混合物是由没有共同的阳离子，也没有共同的阴离子的熔盐组成。二元系可以表示为 $A_mX_n + B_iY_j$，例如，NaCl + KBr、NaF + CaCl$_2$ 等；三元系可以表示为 $A_mX_n + B_iY_j + C_lZ_h$，例如，LiF + NaCl + KBr、LiCl + NaBr + CaF$_2$ 等。

该类熔盐混合物称为交互系。

如果熔盐中阳离子电荷相等，阴离子电荷也相等，则称为电荷对称体系；如果阳离子电荷不相等或者阴离子电荷不相等，则称为电荷不对称体系。

3.1.3　熔盐的结构

熔盐是离子液体，由阳离子和阴离子构成。阳离子被阴离子包围，阴离子被阳离子包围。每个离子最近邻的异号电荷离子配位数和次近邻的同号电荷的离子配位数都比固体盐的配位数少。

熔盐异号电荷离子间距离比其固态小，同号电荷离子间距离比其固态大。例如，氯化钠晶体最近邻的配位数为 6，次近邻配位数为 12；而氯化钠熔盐最近邻配位数为 4~5，次近邻配位数为 7~12。氯化钠熔盐最近邻异号电荷离子间的距离比氯化钠晶体减少约 0.02nm，次近邻同号电荷离子间距离比氯化钠晶体增加约 0.02nm。这些都为 X 射线衍射、中子衍射和拉曼光谱测试所证实。晶体盐熔化后，体积增加 10%~30%，表明除熔盐离子间距离比其固态大之外，熔盐中还有空穴、空位或自由体积。

图 3.1 和图 3.2 分别是 LiCl 熔盐的 X 射线衍射和中子衍射的径向分布曲线。

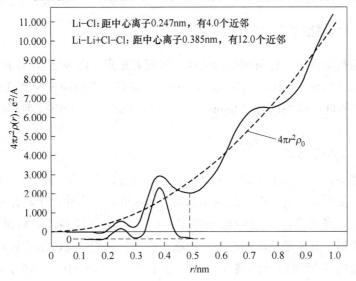

图 3.1 在 620℃，熔融 LiCl 的 X 射线衍射的径向分布曲线

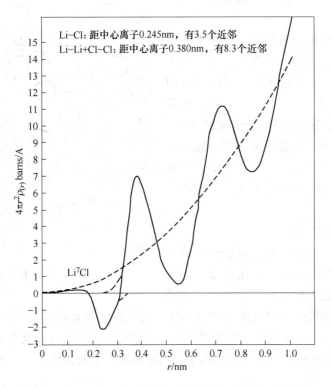

图 3.2 在 620℃，熔融 LiCl 的中子衍射的径向分布曲线

碱金属和碱土金属卤化物的熔盐以简单的碱金属和碱土金属阳离子和卤素阴离子形式存在，其他的二价、三价和高价阳离子及复杂的阴离子的熔盐容易形成复杂的络合离子。例如，NaF、KF、NaCl、KCl、$CaCl_2$ 熔盐中 Na^+、K^+、Ca^{2+} 和 Cl^-、F^- 都是简单的离子，而硅酸根、硫酸根、硝酸根、磷酸根、铝酸根、钨酸根、钼酸根等则易形成复杂的络合离子。

3.1.4　熔盐的结构模型

为了解释熔盐的性质，理解熔盐的结构，研究者建立了许多熔盐结构模型。例如，似晶格模型（quasi lattice model）、空穴模型（hole model）、有效结构模型（significant structure model）、液体自由体积模型（liquid free volume model）、元胞模型（cell model）等，下面分别介绍。

3.1.4.1　似晶格模型

在离子晶体中，每个离子占据一个晶格节点的位置，即其平衡位置。在此平衡位置上离子做振动。温度升高，离子振动的频率加快，能量升高。有些离子离开平衡位置，留下空位。温度越高，离开平衡位置的离子越多，产生的空位越多。最后离子晶体变成熔盐——其结构类似于有大量缺陷的晶格。似晶格模型就是把熔盐的结构看成类似于晶体结构的模型。熔盐的 X 射线衍射图谱和激光拉曼光谱表明熔盐中每个离子附近局部有序，离子的配位数比其晶体减少，内层异号离子间距变小；密度测量表明熔盐比其晶体密度减小，体积增大。图 3.3 是熔盐结构的似晶格模型示意图。

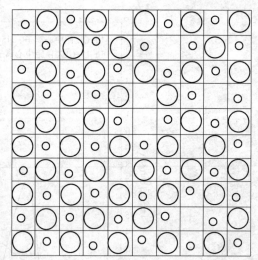

根据似晶格模型，一些离子离开平衡位置，形成空位，造成离子周围异号离子数减少，即配位数变小；空位造成离子附近空间变得宽裕，配位离子可以和中心离子更靠近，使得离子与其周围异号离子间距变小。

熔盐中离开平衡位置的离子多，运动范围大，造成熔盐中空位多，甚至多个空位联结组成孔洞，因而熔盐的体积比其晶体的体积增大。

图 3.3　熔盐结构的似晶格模型图

3.1.4.2　空穴模型

空穴模型的主要内容是：熔盐中的离子不是在晶格位置上振动而是自由运动。随机运动的离子在微观上排布是不均匀的，有局部的密度起伏，即单位体积内离子数目不等，随着离子的运动还会发生变化。由于热运动，某个局部移走了一个离子，那里就形成一个空穴，该局部的其他离子间距不变，该局部的密度变小。空穴模型不涉及具体离子，而是用宏观量来表征。图 3.4 是熔盐结构的空穴模型示意图。

3.1.4.3 自由体积模型

液体的总体积为 V，其中有 N 个微粒，则定义 V/N 为胞腔体积 V_c，即

$$V_c = \frac{V}{N} \tag{3.1}$$

如果每个胞腔内只有一个微粒，每个微粒体积为 V_0，则胞腔内没有被占据的空间为 $V_c - V_0$。如果每个微粒的运动范围限制在自己的胞腔里，则每个胞腔的自由体积为

$$V_f = V_c - V_0 \tag{3.2}$$

对于熔盐而言，微粒就是离子。此即胞腔自由体积模型。图 3.5 是胞腔自由体积模型。

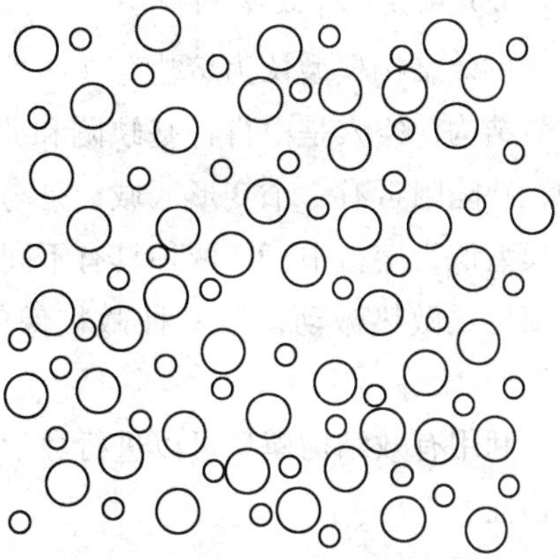

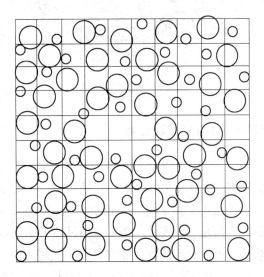

图 3.4　熔盐结构的空穴模型

按照胞腔自由体积模型，体积增加则胞腔的自由体积增大。盐熔化后体积增加，胞腔自由体积增大，离子间距增大。这与实验事实不符。为了解决这个问题，科恩（Cohen）和特恩布尔（Turnbull）发展了自由体积模型，用液体的自由体积代替胞腔的自由体积，即自由体积属于整个液体。液体中微粒的自由体积并不相等，而是有一个分布：N_1 个微粒的自由体积是 V_1，N_2 个微粒的自由体积是 V_2，…，并有

$$N = \sum_i N_i \tag{3.3}$$

液体内微粒的移动使胞腔体积膨胀，而被接近的微粒的胞腔则因为受到压迫体积减小。胞腔内微粒的势能和距离 r 呈线性关系，由胞腔膨胀所增加的势能恰好被由胞腔压缩所减少的势能抵消。微粒运动产生胞腔自由体积的起伏，最终达到无规则分布。可见，液体中自由体积的分布由热运动引起，并不使液体的能量发生变化。

盐熔化后体积增加是由于总液体的自由体积增加，并不影响微粒之间的距离。图 3.6 是熔盐结构的自由体积模型。

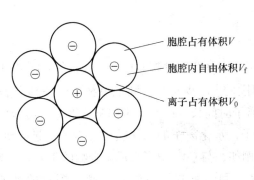

图 3.5　胞腔自由体积模型

图 3.6　熔盐结构的自由体积模型

3.1.4.4　有效结构模型

有效结构模型认为熔盐存在两种缺陷:一种是空穴;一种是位错。空穴和位错是两种有效结构,空穴是由肖特基缺陷和弗朗克缺陷构成。此外,熔盐中还存在"变形中心",即在缺陷附近有一个变形区域,是与位错相关的离子通道。离子可以在该通道随意移动。该模型认为熔盐中存在两种具有不同自由度的微粒。一种微粒像固态晶体中的微粒那样在平衡位置做热振动,另一种微粒像气体分子那样做随机移动。图3.7给出了有效结构模型。

利用有效结构模型可以进行数学处理,得到有效结构的分布,计算熔盐的热力学函数和物性。

3.1.4.5　晶格模型

盐的肖特基缺陷扩散至位错线附近,两者重叠,体系能量降低。在熔点附近,两者重叠量急剧增加,形成片状空位。盐熔化过程沿着这些片状空位的晶格开始破裂,并形成具有不规则界面的微小晶粒。图3.8是晶格模型的示意图。

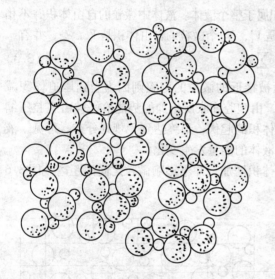

图3.7　有效结构模型

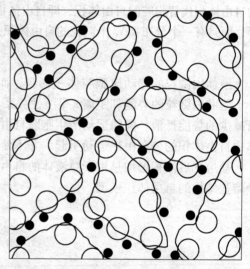

图3.8　熔盐的晶格模型

3.1.5　熔盐中的配合物

熔盐中存在配合物。例如,在 $CdCl_2$-KCl 熔盐中存在配合物 $CdCl_3^-$。虽然在 Cd^{2+} 离子周围有多于3个 Cl^- 离子,并且在 Cd^{2+} 离子周围的 Cl^- 离子在不断地更替,但是 Cd^{2+} 离子周围的3个 Cl^- 离子存在的时间比其他 Cl^- 离子时间长,即有一定的配合寿命。熔盐中的配合物是一个实体,类似水溶液中的水化离子,水化离子的水伴随中心离子一起运动。熔盐中的配合离子也伴随中心离子一起运动。例如,与 Cd^{2+} 离子形成配合物的3个 Cl^- 离子伴随 Cd^{2+} 离子一起运动。虽然这3个 Cl^- 离子可以变换,但比 Cd^{2+} 离子附近的其他 Cl^- 离子伴随时间长。

3.2 熔盐的性质

熔盐具有很多特殊的性质，在冶金、化工、核工业等领域被广泛应用。下面介绍熔盐的主要性质。

3.2.1 熔点和沸点

在 101.325kPa 下，盐由固态变为液态的温度叫做盐的熔点，盐由液体变为气态的温度叫盐的沸点。

表 3.2 是一些氯化物盐的熔点和沸点，熔点表明盐由固态变为液态的难易程度，沸点表明盐由液态变为气态的难易程度。实验表明，熔盐变为气态是以分子而不是离子形态存在。因而，熔盐温度升高其内部结构由离子向分子转变。

表 3.2 一些氯化物的熔点和沸点

LiCl		BeCl$_2$			BCl$_3$		CCl$_4$		
614		405			-107.3		-23		
[1360]		520			12.5		76.8		
NaCl		MgCl$_2$			AlCl$_3$		SiCl$_4$		
801		708			190（25）		-70		
1413		1412			182.7(52)		57.57		
KCl	CuCl	CaCl$_2$	ZnCl$_2$	ScCl$_3$	GaCl$_3$	TiCl$_4$	GeCl$_4$		
776	430	772	283	939	77.9	-25	-49.5		
[1500]	1490	>1600	732	[850]	201.3	136.4	84		
RbCl	AgCl	SrCl$_2$	CdCl$_2$	YCl$_3$	InCl$_3$	ZrCl$_4$	SnCl$_4$	NbCl$_5$	MoCl$_5$
715	455	873	568	721	586	437	-33	204.7	194
1390	1550	1250	960	1507	[600]	[331]	114.1	254	268
CsCl	AuCl	BaCl$_2$	HgCl$_2$	LaCl$_3$	TlCl$_3$	HfCl$_4$	PbCl$_4$	TaCl$_5$	WCl$_6$
646	170 分解	963	276	860	25		-15	216	275
1290	[289.5]	1560	302	>1000	分解	[319]	[105]	242	346.7

注：表中每格第一行数字为熔点，第二行为沸点。方括弧 [ ] 为估计值或升华值；小括弧（ ）为该气压下的测定值。

在纯盐中加入第二种盐会使其熔点下降，即凝固点降低，这就是混合熔盐的冰点下降。下降的温度可表示为

$$\Delta T_f = \nu K_f m \qquad (3.4)$$

式中，ΔT_f 为纯盐的熔点下降值；ν 为溶入纯盐中的物质的种类数，例如，向 NaCl 中溶入

KCl，新离子为 K^+，种类数为 $\nu=1$，若溶入 KF，则种类数 $\nu=2$，若溶入一种金属原子，例如 Al，则 $\nu=1$；m 为质量摩尔浓度；K_f 为盐的冰点下降常数，有

$$K_f = \frac{RT_f^2 M_f}{1000\Delta H_f} \qquad\qquad (3.5)$$

其中，T_f 为盐的熔点；M_f 为盐的摩尔质量；ΔH_f 为盐的熔化热。

利用冰点下降公式，可以确定溶入熔盐的物质的电离度，推断溶入熔盐中的物质为何种离子或原子。

混合盐的熔化温度-组成关系图叫做熔度图，利用熔度图可以根据熔盐的组成确定其熔化温度。图 3.9 是 $NaCl$-KCl-$CaCl_2$ 三元盐的熔度图。

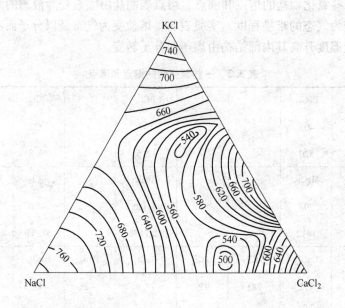

图 3.9 $NaCl$-KCl-$CaCl_2$ 三元盐的熔度图

3.2.2 密度

熔盐的密度比水大，也大于一些轻金属，如锂、钠、钾、镁、钙等。由于熔化时盐的体积增加，所以熔盐的密度比固体盐小。

熔盐的密度随温度升高而变小，大多数纯熔盐的密度和温度呈线性关系，符合下式

$$\rho = \rho_0 - \alpha(t - t_0) \qquad\qquad (3.6)$$

式中，ρ 为温度 t 时的密度；ρ_0 为温度 t_0 时的密度；α 为比例常数。

有部分熔盐的密度与温度的关系不是线性关系，而是二次方关系，例如 K_2WO_4、K_2MoO_4 等。

熔盐的密度在实际应用中有重要意义。例如，熔盐电解过程金属与熔体的分层分离，火法精炼过程熔盐与其他熔体的分离，都需要考虑熔盐的密度。

混合熔盐的密度与组成有关。在浓度三角形上，画出等密度曲线，是常用的密度-组成图。图 3.10 是 KCl-$NaCl$-$MgCl_2$ 系熔体在 700℃ 的等密度线。

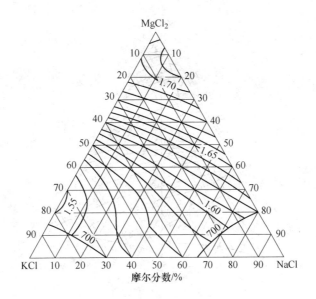

图 3.10　KCl-NaCl-MgCl$_2$ 系熔体在 700℃的等密度（g/cm^3）线

3.2.3　黏度

熔盐的黏度较大，和熔渣相近，表 3.3 列出了几类物质的黏度范围。

表 3.3　几类物质的黏度范围

物　质	水	有机物	熔　盐	液态金属	熔渣	纯铁（1600℃）
黏度/10^{-3}Pa·s	1.0050	0.3~30	0.01~10^4	0.5~5	0.05~5	4.5

熔盐的黏度由其自身的性质决定，即由其化学组成和结构决定。此外，还与温度有关。一般熔盐的黏度随着温度升高而减小，呈指数关系，即

$$\eta = A\exp(E_\eta/RT) \tag{3.7}$$

式中，A 为常数；E_η 为黏性活化能；R 为气体常数；T 为绝对温度。由式（3.7）可见，黏性活化能越大，黏度越大；温度越高，黏度越小。黏性活化能由微粒移动形成孔穴所需要的能量和微粒通过孔穴移动所附加的能量组成。

熔盐的黏度可以提供熔盐结构的信息。在冶金生产中，熔盐与金属液滴的分离与黏度有关。因此，在熔盐电解、熔炼和精炼生产中都要考虑熔盐的黏度。

熔盐的黏度与组成有关。在浓度三角形上，画出等黏度曲线，是常用的黏度-组成图。图 3.11 是 KCl-NaCl-MgCl$_2$ 系熔体在 700℃的等黏度线。

3.2.4　表面张力和界面张力

在熔盐电解、熔炼、精炼过程中，都会涉及熔盐与气体、熔盐与金属、熔盐与器壁、熔盐与电极等的表面与界面。在这些表面与界面上发生的物理和化学过程都与表面和界面的性质有关，而表面张力与界面张力是表面和界面的重要性质。表 3.4 列出了几种液体的表面张力。

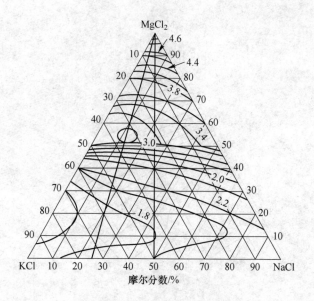

图 3.11　KCl-NaCl-MgCl$_2$ 系熔体在 700℃ 的等黏度（0.1Pa・s）线

表 3.4　几种液体的表面张力

物　　性	金　　属			熔　　盐		分子液体		
	Hg	Pb	Cu	CaCl$_2$	Li$_2$SO$_4$	水	乙醇	甘油
温度/℃	20	350	1083	800	860	0	20	20
表面张力/Pa	47.5	44.2	135.0	14.5	22.0	7.6	2.25	6.34

表 3.5 列出了几种液体的界面张力。

表 3.5　几种液体的界面张力

物　　质	金属-熔渣 铁-熔渣	金属-熔盐 铝-冰晶石	冰铜-熔渣
温度/℃	约 1500℃	约 900℃	约 1200℃
界面张力/10^{-3}Pa・s	0.90~1.32	0.52~0.60	0.03~0.15

熔盐的表面张力随温度升高而减小，两者呈线性关系，即

$$\sigma = K \frac{T_c - T}{V^{2/3}} \tag{3.8}$$

式中，V 为容积；T_c 为临界温度；K 为常数。表 3.6 列出了一些熔盐的 K 值。

表 3.6　几种熔盐的 K 值

离子	F$^-$	Cl$^-$	Br$^-$	I$^-$	NO$_3^-$	SO$_4^{2-}$
Li$^+$	0.40~0.58	0.47			0.45	0.56
Na$^+$	0.52	0.48	0.53	0.29~0.63	0.24~0.45	0.30
K$^+$	0.33~0.83	0.68	0.76	0.41~1.58	0.83	0.90
Rb$^+$	0.40~1.00	1.02	0.77	0.95	0.78	0.27~1.96
Cs$^+$	0.36~0.72	0.80~1.7	0.57~0.90	0.82	0.42~1.18	0.43~1.91

图 3.12 给出了几种熔盐的表面张力与温度的关系。

熔盐的表面张力与其盐的晶格能有关。盐的晶格能越大，相应的熔盐的表面张力就越大。例如，碱金属氯化物的晶格能比碱金属氟化物的晶格能小，碱金属氯化物熔盐的表面张力比碱金属氟化物熔盐的表面张力小。

熔盐的表面张力与其离子半径有关。例如，碱金属氯化物熔盐的表面张力从 LiCl 到 CsCl 依次减小，与从锂到铯阳离子半径依次增大的次序一致。这是由于阳离子半径越大，则熔盐表面层的阳离子数目就越少，受熔盐内层阴离子的引力就越小，表面张力就越小。

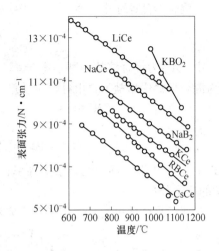

图 3.12 熔盐的表面张力与温度的关系

3.2.5 蒸气压

熔盐的蒸气压是在一定温度下熔盐蒸气与熔盐平衡的蒸气压力，称为饱和蒸气压，简称蒸气压。对于纯熔盐，其蒸气压仅与温度有关，温度越高，蒸气压越大，对于多组元熔盐，每个组元的蒸气压与组成和温度都有关。在多组元熔盐中，某个组元的含量增加，该组元的蒸气压增大。

在相同温度下，离子键为主的盐的熔盐蒸气压比共价键为主的盐的熔盐蒸气压低，这是由于前者离子间作用力更大。

对于多组元熔盐，如果各组元间在固态不形成化合物，则熔盐的总蒸气压可由各组元的蒸气压根据加和规则计算，即

$$p_{总} = \sum_{i=1}^{n} \alpha_i p_i^* \tag{3.9}$$

式中，$p_{总}$ 为熔盐的总蒸气压；α_i 为系数；p_i^* 为纯熔盐 i 的蒸气压。而若各组元之间在固态形成化合物，则它们形成的熔盐的总蒸气压比由各组元的蒸气压按加和规则计算的值低。

3.2.6 导电性

3.2.6.1 熔盐的电导率

熔盐都具有导电性，其导电性根据其组成不同而不同。为定量描写熔盐的导电性，定义在相距 1cm 的两个平行电极间放 1mol 熔盐，则此熔盐的导电率叫做摩尔电导率。如果放 1 当量的熔盐，则此熔盐的电导率叫做当量电导率。有

$$\Lambda_m = \frac{\Lambda}{c} (S \cdot cm^2) \tag{3.10}$$

$$\Lambda_n = \frac{\Lambda}{c'} (S \cdot cm^2) \tag{3.11}$$

式中，Λ_m 为摩尔电导率；Λ_n 为当量电导率；c 为熔盐体积摩尔浓度，mol/cm³；c' 为熔盐的当量浓度，当量/cm³；Λ 为电导率，S/cm。

混合熔盐摩尔电导率：

$$\Lambda_m = \frac{\Lambda}{\rho} \sum_i M_i x_i \tag{3.12}$$

式中，Λ_m 为混合熔盐的摩尔电导率；Λ 为混合熔盐的电导率；ρ 为混合熔盐的密度；M_i 为混合熔盐中熔盐 i 的相对摩尔质量；x_i 为混合熔盐中熔盐的摩尔分数。

混合熔盐的当量导电率：

$$\Lambda_n = \frac{\Lambda}{\rho} \sum_i N_i \frac{w_i}{w} \tag{3.13}$$

式中，Λ_n 为混合熔盐的当量电导率；N_i 为混合熔盐中 i 的当量；w_i/w 为混合熔盐中熔盐 i 的质量分数。

离子晶体的电流是由离子和空穴移动形成。离子晶体的电导率为

$$\Lambda = A_n \exp\left[-(E_h + E_n)/RT \right] \tag{3.14}$$

式中，Λ 为离子晶体的电导率；A_n 为常数；E_h 为形成空穴所需要的能量；E_n 为离子和空穴运动克服能垒的活化能。离子晶体熔化成熔盐，晶体结构被破坏，离子不再占据固定位置，不需要形成空穴的能量，即 $E_h = 0$，所以

$$\Lambda = A_n \exp(-E_n/RT) \tag{3.15}$$

由阳离子和阴离子组成的简单盐，电导率为

$$\Lambda = A_{n+} \exp(-E_{n+}/RT) + A_{n-} \exp(-E_{n-}/RT) \tag{3.16}$$

如果阴离子的半径比阳离子大得多，则

$$E_{n-} \gg E_{n+}$$

有

$$\Lambda \approx A_{n+} \exp(E_{n+}/RT) \tag{3.17}$$

即熔盐的电导率取决于阳离子的运动。

3.2.6.2　熔盐的电导率与温度和组成的关系

熔盐的电导率随温度升高而增加，温度升高 1℃，电导率增加约 0.2%。电导率与温度关系的经验公式为

$$\Lambda = a + bt + ct^2 \tag{3.18}$$

式中，t 为摄氏温度；a、b、c 为常数。或

$$\Lambda = \Lambda_0 \exp(-E_\Lambda/RT) \tag{3.19}$$

式中，E_Λ 为电导激活能，kJ/mol；Λ_0 为常数；T 为绝对温度。

表 3.7 给出了一些熔盐接近熔点温度的电导率。

表 3.7　一些熔盐在接近熔点温度的电导率

盐	温度/℃	电导率/S·cm^{-1}	盐	温度/℃	电导率/S·cm^{-1}
LiCl	620	5.860	CsCl	660	1.140
NaCl	805	3.540	LiF	905	20.300
KCl	800	2.420	NaF	1000	4.010
RbCl	783	1.490	KF	860	4.140

盐	温度/℃	电导率/S·cm⁻¹	盐	温度/℃	电导率/S·cm⁻¹
NaBr	800	3.060	$TeCl_4$	236	0.115
NaI	700	2.560	$MoCl_5$	216	1.8×10^{-6}
KI	700	1.390	WCl_5	255	0.67×10^{-6}
$AlCl_3$	200	0.56×10^{-6}	UCl_4	570	0.340
$AlBr_3$	195	0.09×10^{-6}	CuCl	430	3.270
AlI_3	209	2.6×10^{-6}	AgCl	500	3.910
$NaNO_3$	310	0.997	AgBr	450	2.930
KNO_3	350	0.666	AgI	600	2.520
$InCl_3$	594	0.417	$ZnCl_2$	336	0.0024
$InBr_3$	445	0.167	$CdCl_2$	580	1.878
TlCl	450	1.700	$CdBr_2$	576	1.074
TlBr	460	0.807	CdI_2	399	0.209
K_2CO_3	950	2.120	HgCl	529	1.000
Na_2SO_4	900	2.230	NaOH	350	2.380
K_2SO_4	1100	1.840	KOH	400	2.520
$RbNO_3$	341	0.490	Na_2CO_3	850	2.370
$CsNO_3$	446	0.594	$LiNO_3$	265	0.867
$SnCl_2$	253	0.780	$AgNO_3$	247	0.817
$PbCl_2$	508	1.478	$CaCl_2$	800	2.020
$ThCl_4$	814	0.640	$MgCl_2$	800	1.700
$BiCl_3$	250	0.406	Na_3AlF_6	1020	2.670

由表 3.7 可见，单一熔盐的电导率随其固态的离子键成分减少和离子电荷的增加而变小，混合熔盐则比较复杂。

混合熔盐的电导率与组成有关。在熔盐的浓度三角形上，画出等电导率线，就是熔盐电导率与组成的关系图。

3.2.6.3 熔盐的电导率与扩散系数的关系

熔盐的电导率与扩散系数有关，两者的关系符合爱因斯坦-能斯特公式。对于 1-1 型电解质，有

$$\Lambda = \frac{F^2}{RT}(D_+ + D_-) \tag{3.20}$$

对于其他类型的电解质，有

$$\Lambda = \frac{F^2}{RT}\sum_{i=1}^{n} z_i D_i \tag{3.21}$$

用上述公式计算的当量电导比实测值大 10% ~ 50%。这是由于熔盐中存在正负离子对，正负离子对结合在一起同时迁移，对扩散有贡献，但对电导没有贡献。例如，Na^+ 的

迁移为

$$J_{Na^+} = J_{Na^+,独立} + J_{Na^+Cl^-} \tag{3.22}$$

$J_{Na^+Cl^-}$ 对电导没有贡献。因此，应从电导率中减去离子对的作用。即

$$\Lambda' = \Lambda - \frac{2nF^2}{RT}D_{正负离子对} \tag{3.23}$$

3.2.6.4　熔盐电导率与黏度的关系

熔盐的电导率与黏度的关系为

$$\Lambda^m\eta = 常数 \tag{3.24}$$

表 3.8 列出了一些纯熔盐的 m 值。

表 3.8　一些纯熔盐的 m 值

熔盐	KBr	KI	NaI	CuCl$_2$	CaCl$_2$	CdCl$_2$
m 值	2.81	2.28	3.40	4.46	1.86	1.86

3.2.7　迁移数

熔盐的迁移数是某种离子传输的电流分数。迁移数也是某种离子的绝对移动速度与所有各种离子的绝对移动速度之和的比值。对于阳、阴离子均为一价的单一熔盐，阳离子和阴离子的迁移数分别为

$$t_+ = \frac{v_+}{v_+ + v_-} \tag{3.25}$$

$$t_- = \frac{v_-}{v_+ + v_-} \tag{3.26}$$

式中，t_+、t_- 分别为阳离子和阴离子的迁移数；v_+、v_- 分别为阳离子和阴离子的迁移速度。

无限稀的阳离子和阴离子的迁移数为

$$t_0^+ = \frac{\Lambda_{0,m}^+}{\Lambda_{0,m}^+ + \Lambda_{0,m}^-} \tag{3.27}$$

$$t_0^- = \frac{\Lambda_{0,m}^-}{\Lambda_{0,m}^+ + \Lambda_{0,m}^-} \tag{3.28}$$

式中，t_0^+、t_0^- 分别为无限稀的阳离子和阴离子的迁移数；$\Lambda_{0,m}^+$、$\Lambda_{0,m}^-$ 为无限稀的阳离子和阴离子的摩尔导电率。

多组元熔盐中某种离子的迁移数为

$$t_i = \frac{z_i c_i u_i}{\sum_i z_i c_i u_i} \tag{3.29}$$

式中，c_i 为离子 i 的体积摩尔浓度；z_i 为离子 i 的电荷数；u_i 为离子 i 的淌度，即在单位强度（V/m）电场中离子 i 的运动速度。有

$$u_i = \frac{v_i}{E} \tag{3.30}$$

3.2.8　欧姆定律

在外电场作用下，熔盐中的离子从随机运动变为定向移动，在电场力较小时，在电场

作用下，离子的流量与电场强度成正比。有

$$J_{i,e} = BE = B\frac{U}{l} \tag{3.31}$$

式中，$J_{i,e}$ 为电迁移流量，即单位时间通过单位面积的离子的物质的量；B 为常数；E 为电场强度；U 为离子在其间迁移的两液面的电势差；l 为两液面间的距离。

如果离子的电荷数为 z_i，则 1mol 离子带的电量为 z_iF，则 $z_iFJ_{i,e}$ 即为单位时间通过垂直于迁移方向的单位面积的电量，也就是通过单位面积的电流，叫做电流密度，以 J 表示，单位为 $g/(s^2 \cdot t)$，有

$$i = z_iFJ_{i,e} = \frac{I}{S} \tag{3.32}$$

式中，I 为电流强度；S 为电流通过的液面面积。

将式（3.32）代入式（3.31），得

$$I = z_iFB\frac{SU}{l} = \Lambda\frac{SU}{l} \tag{3.33}$$

式中

$$\Lambda = z_iFB$$

Λ 为电导率。

令

$$R = \frac{l}{\Lambda S} \tag{3.34}$$

则

$$I = \frac{U}{R} \tag{3.35}$$

式中，R 为电阻。式（3.35）即为欧姆定律。

3.2.9 熔盐中离子的扩散

在宏观上，熔盐中的离子从一个地方迁移到另一个地方，即离子沿着某一方向移动的距离比其他方向大，产生了净位移，叫做离子的扩散。

3.2.9.1 稳态扩散

在扩散过程中，熔盐中的离子在各点的浓度不随时间变化，即为稳态扩散。对于一维情况，有

$$J_i = -D_i\frac{dc_i}{dx} \tag{3.36}$$

式中，J_i 为组元 i 的扩散通量，即单位时间通过与扩散方向垂直的单位面积的离子 i 的量，单位为 $mol/(m^2 \cdot s)$；c_i 为离子 i 的体积摩尔浓度，单位为 mol/L；D_i 为组元 i 的扩散系数。扩散过程中，离子传递方向为 $\frac{dc_i}{dx}$ 减小的方向，所以等式右边取负号，这样可使 J_i 为正值。式（3.36）即为熔盐中离子扩散的菲克定律。

如果熔盐中离子的浓度在 x、y、z 三个方向都发生变化，则有

$$J_i = -D_i \left(\frac{\partial c_i}{\partial x} + \frac{\partial c_i}{\partial y} + \frac{\partial c_i}{\partial z} \right) \qquad (3.37)$$

3.2.9.2　非稳态扩散

如果熔盐中各点的离子 i 的浓度既是时间的函数，也是位置的函数，即扩散通量随时间变化，则为非稳态扩散。

在一维情况，有

$$\frac{\partial c_i}{\partial t} = D_i \frac{\partial^2 c_i}{\partial x^2} \qquad (3.38)$$

在三维情况，有

$$\frac{\partial c_i}{\partial t} = D_i \nabla^2 c_i = D_i \left(\frac{\partial^2 c_i}{\partial x^2} + \frac{\partial^2 c_i}{\partial y^2} + \frac{\partial^2 c_i}{\partial z^2} \right) \qquad (3.39)$$

此即菲克第二定律。

扩散的推动力实质是化学势的变化，即

$$J_i = -B_i \frac{\mathrm{d}\mu_i}{\mathrm{d}x} \qquad (3.40)$$

$$J_i = B_i \left(\frac{\partial^2 \mu_i}{\partial x} + \frac{\partial^2 \mu_i}{\partial y} + \frac{\partial^2 \mu_i}{\partial z} \right) \qquad (3.41)$$

$$\frac{\partial \mu_i}{\partial t} = B_i \frac{\partial^2 \mu_i}{\partial x^2} \qquad (3.42)$$

$$\frac{\partial \mu_i}{\partial t} = B_i \left(\frac{\partial^2 \mu_i}{\partial x^2} + \frac{\partial^2 \mu_i}{\partial y^2} + \frac{\partial^2 \mu_i}{\partial z^2} \right) \qquad (3.43)$$

式中，μ_i 为离子的化学势。

3.3　熔盐的热力学

3.3.1　熔盐的活度

熔盐电离反应可以写作

$$\mathrm{M}_{\nu_+} \mathrm{X}_{\nu_-} = \nu_+ \mathrm{M}^{z^+} + \nu_- \mathrm{M}^{z^-}$$

因为熔盐保持电中性，所以

$$\nu_+ z^+ + \nu_- z^- = 0$$

离子的化学势为

$$\mu_{\mathrm{M}^{z+}} = \mu_{\mathrm{M}^{z+}}^{\ominus} + RT \ln a_{\mathrm{M}^{z+}} \qquad (3.44)$$

$$\mu_{\mathrm{X}^{z-}} = \mu_{\mathrm{X}^{z-}}^{\ominus} + RT \ln a_{\mathrm{X}^{z-}} \qquad (3.45)$$

电解质 $\mathrm{M}_{\nu_+} \mathrm{M}_{\nu_-}$ 的化学势为

$$\mu_{\mathrm{M}_{\nu_+} \mathrm{X}_{\nu_-}} = \mu_{\mathrm{M}_{\nu_+} \mathrm{X}_{\nu_-}}^{\ominus} + RT \ln a_{\mathrm{M}_{\nu_+} \mathrm{X}_{\nu_-}} \qquad (3.46)$$

和

$$\mu_{\mathrm{M}_{\nu_+} \mathrm{X}_{\nu_-}} = \nu_+ \mu_{\mathrm{M}^{z+}} + \nu_- \mu_{\mathrm{M}^{z-}} \qquad (3.47)$$

将式（3.44）和式（3.45）代入式（3.47），得

$$\mu_{M_{\nu_+}X_{\nu_-}} = \nu_+\mu_{M^{z+}} + \nu_-\mu_{X^{z-}} = \nu_+(\mu_{M^{z+}}^{\ominus} + RT\ln a_{M^{z+}}) + \nu_-(\mu_{X^{z-}}^{\ominus} + RT\ln a_{X^{z-}})$$

$$= (\nu_+\mu_{M^{z+}}^{\ominus} + \nu_-\mu_{X^{z-}}^{\ominus}) + (RT\ln a_{M^{z+}}^{\nu_+} + RT\ln a_{X^{z-}}^{\nu_-}) \tag{3.48}$$

与式（3.46）比较，得

$$\mu_{M_{\nu_+}X_{\nu_-}}^{\ominus} = \nu_+\mu_{M^{z+}}^{\ominus} + \nu_-\mu_{X^{z-}}^{\ominus}$$

$$a_{M_{\nu_+}X_{\nu_-}} = a_{M^{z+}}^{\nu_+} a_{X^{z-}}^{\nu_-} \tag{3.49}$$

定义熔盐的平均活度为

$$a_{M_{\nu_+}X_{\nu_-}\pm} = a_{M_{\nu_+}X_{\nu_-}}^{\frac{1}{\nu}} = a_{M_{\nu_+}^+ X_{\nu_-}^-}^{\frac{1}{\nu_+ + \nu_-}} \tag{3.50}$$

式中，

$$\nu = \nu_+ + \nu_- \tag{3.51}$$

所以

$$a_{M_{\nu_+}X_{\nu_-}} = a_{M_{\nu_+}X_{\nu_-}\pm}^{\nu} = \nu_{M_{\nu_+}X_{\nu_-}\pm} X_{M_{\nu_+}X_{\nu_-}\pm} \tag{3.52}$$

$$X_{M_{\nu_+}X_{\nu_-}\pm} = (\nu_+^{\nu_+}\nu_-^{\nu_-})^{\frac{1}{\nu}} \tag{3.53}$$

简写为

$$a = a_{\pm}^{\nu} = \nu_{\pm}X_{\pm} \tag{3.54}$$

$$X_{\pm} = (\nu_+^{\nu_+}\nu_-^{\nu_-})^{\frac{1}{\nu}}X \tag{3.55}$$

3.3.2　焦姆金模型

焦姆金（ТеМкИН）模型要点为：

（1）熔盐由阳离子和阴离子组成，阳离子被阴离子包围，阴离子被阳离子包围。

（2）阳离子和阳离子，阴离子和阴离子分别为理想溶液混合，即同号离子的混合熵为无序混合熵，混合热为零。

以 AX + BY 两种熔盐的混合为例讨论。设阴阳离子的数目分别为 N_A、N_B、N_X、N_Y。由于阴阳离子各自混合，混合熵为阴离子混合熵和阳离子混合熵之和，即

$$\Delta S_m = \Delta S_m^+ + \Delta S_m^- \tag{3.56}$$

$$\Delta S_m^+ = k_B\ln\frac{(N_A + N_B)!}{N_A!\ N_B!} = -R\left(n_A\ln\frac{n_A}{n_A + n_B} + n_B\ln\frac{n_B}{n_A + n_B}\right) \tag{3.57}$$

$$\Delta S_m^- = k_B\ln\frac{(N_X + N_Y)!}{N_X!\ N_Y!} = -R\left(n_X\ln\frac{n_X}{n_X + n_Y} + n_Y\ln\frac{n_Y}{n_X + n_Y}\right) \tag{3.58}$$

式中，n 为离子的物质的量。定义离子的摩尔分数为

$$x_A = \frac{n_A}{n_A + n_B}, \ x_B = \frac{n_B}{n_A + n_B} \tag{3.59}$$

$$x_X = \frac{n_X}{n_X + n_Y}, \ x_Y = \frac{n_Y}{n_X + n_Y} \tag{3.60}$$

由于混合焓 $\Delta H_m = 0$，所以两种盐的混合摩尔吉布斯自由能为

$$\Delta G_m = \Delta H_m - T\Delta S_m = RT(n_A\ln x_A + n_B\ln x_B + n_X\ln x_X + n_Y\ln x_Y) \tag{3.61}$$

由

$$n_{AX} = n_A = n_X \tag{3.62}$$

得

$$\Delta \overline{G}_{m,AX} = \left(\frac{\partial \Delta G_m}{\partial n_{AX}} \right)_{n_B, n_Y} = RT(\ln x_A + \ln x_X) = RT\ln x_A x_X \tag{3.63}$$

两种熔盐 AX 和 BY 混合，熔盐 AX 的偏摩尔吉布斯自由能变化为

$$\Delta \overline{G}_{m,AX} = RT\ln a_{AX} \tag{3.64}$$

将式（3.63）与式（3.64）比较，得

$$a_{AX} = x_A x_X \tag{3.65}$$

同理有

$$a_{BY} = x_B x_Y \tag{3.66}$$

对于非对称熔盐，例如 AX_{ν_-}，因为

$$n_{AX_{\nu_-}} = n_A = \frac{1}{\nu_-} n_X \tag{3.67}$$

则

$$a_{AX_{\nu_-}} = x_A x_X^{\nu_-} \tag{3.68}$$

例如，$A_{\nu_+} X_{\nu_-}$，因为

$$n_{A_{\nu_+} X_{\nu_-}} = \frac{1}{\nu_+} n_A = \frac{1}{\nu_-} n_X \tag{3.69}$$

则

$$a_{A_{\nu_+} X_{\nu_-}} = x_A^{\nu_+} x_X^{\nu_-} \tag{3.70}$$

3.3.3 弗鲁德模型

焦姆金模型只考虑离子的数目，而忽略了同号离子之间电荷数目不同的影响。弗鲁德（Flood）注意到这个问题，认为一个 n 价正离子应相当于 n 个一价的正离子。据此，弗鲁德对焦姆金模型进行修正。弗鲁德模型的要点为：

（1）熔盐由离子构成。

（2）阳离子与阳离子，阴离子与阴离子混合分别是理想溶液混合。不同电价的离子占据结点位置数目不同，一价阳离子占据一个阳离子结点位置，n 价阳离子则占据 n 个阳离子结点位置。如果 n 价阳离子只占据一个阳离子结点位置，则在 n 价阳离子附近就产生 $n-1$ 个空穴 V^+。这样才能保持局部的电中性。

以 $AX - BY_2$ 熔盐混合为例，A^+ 占据一个阳离子位置，B^{2+} 占据一个阳离子位置，同时产生一个阳离子空位 V^+。若将阳离子空位当作一种阳离子，则阳离子数目为

$$N_A + N_B + N_V$$
$$(N_V = N_B) \tag{3.71}$$

三种阳离子按理想溶液混合，混合熵为

$$\begin{aligned}
\Delta S^+ &= \frac{k_B \ln(N_A + 2N_B)!}{N_A! \ N_B! \ N_V!} - k_B \ln \frac{N_A!}{N_B!} - k_B \ln \frac{(2N_B)!}{N_A! \ N_B!} \\
&= -k_B \left(N_A \ln \frac{N_A}{N_A + 2N_B} + 2N_B \ln \frac{2N_B}{N_A + 2N_B} \right) \\
&= -R \left(n_A \ln \frac{n_A}{n_A + 2n_B} + 2n_B \ln \frac{2n_B}{n_A + 2n_B} \right)
\end{aligned} \tag{3.72}$$

两种阴离子按溶液混合，混合熵为

$$\Delta S_{\mathrm{m}}^{-} = k_{\mathrm{B}}\ln \frac{(N_{\mathrm{X}}+N_{\mathrm{Y}})!}{N_{\mathrm{X}}!\ N_{\mathrm{Y}}!} = -R\left(n_{\mathrm{X}}\ln\frac{n_{\mathrm{X}}}{n_{\mathrm{X}}+n_{\mathrm{Y}}} + n_{\mathrm{Y}}\ln\frac{n_{\mathrm{Y}}}{n_{\mathrm{X}}+n_{\mathrm{Y}}}\right) \tag{3.73}$$

阳离子的摩尔分数为

$$x_{\mathrm{A}} = \frac{n_{\mathrm{A}}}{n_{\mathrm{A}}+2n_{\mathrm{B}}} \tag{3.74}$$

$$x_{\mathrm{B}} = \frac{2n_{\mathrm{B}}}{n_{\mathrm{A}}+2n_{\mathrm{B}}} \tag{3.75}$$

阴离子的摩尔分数为

$$x_{\mathrm{X}} = \frac{n_{\mathrm{X}}}{n_{\mathrm{X}}+n_{\mathrm{Y}}} \tag{3.76}$$

$$x_{\mathrm{Y}} = \frac{n_{\mathrm{Y}}}{n_{\mathrm{X}}+n_{\mathrm{Y}}} \tag{3.77}$$

式中，n_{A}、n_{B} 为阳离子的摩尔分数；n_{X}、n_{Y} 为阴离子的摩尔分数。

$$\begin{aligned}\Delta G_{\mathrm{m}} &= \Delta H_{\mathrm{m}} - T\Delta S_{\mathrm{m}} \\ &= RT\left(n_{\mathrm{A}}\ln\frac{n_{\mathrm{A}}}{n_{\mathrm{A}}+2n_{\mathrm{B}}} + 2n_{\mathrm{B}}\ln\frac{2n_{\mathrm{B}}}{n_{\mathrm{A}}+2n_{\mathrm{B}}} + n_{\mathrm{X}}\ln\frac{n_{\mathrm{X}}}{n_{\mathrm{X}}+n_{\mathrm{Y}}} + n_{\mathrm{Y}}\ln\frac{n_{\mathrm{Y}}}{n_{\mathrm{X}}+n_{\mathrm{Y}}}\right) \\ &= RT\left(n_{\mathrm{A}}\ln x_{\mathrm{A}} + 2n_{\mathrm{B}}\ln x_{\mathrm{B}} + n_{\mathrm{X}}\ln x_{\mathrm{X}} + n_{\mathrm{Y}}\ln x_{\mathrm{Y}}\right)\end{aligned} \tag{3.78}$$

$$n_{\mathrm{AX}} = n_{\mathrm{A}} = n_{\mathrm{X}} \tag{3.79}$$

$$n_{\mathrm{BY}_2} = n_{\mathrm{B}} = \frac{1}{2}n_{\mathrm{Y}} \tag{3.80}$$

得

$$\Delta\overline{G}_{\mathrm{m,AX}} = \left(\frac{\partial\Delta G_{\mathrm{m}}}{\partial n_{\mathrm{AX}}}\right)_{n_{\mathrm{B}},n_{\mathrm{Y}}} = RT(\ln x_{\mathrm{A}} + \ln x_{\mathrm{X}}) = RT\ln x_{\mathrm{A}}x_{\mathrm{X}} \tag{3.81}$$

$$\Delta\overline{G}_{\mathrm{m,AX}} = RT\ln a_{\mathrm{AX}} \tag{3.82}$$

所以

$$a_{\mathrm{AX}} = x_{\mathrm{A}}x_{\mathrm{X}} \tag{3.83}$$

$$\begin{aligned}\Delta\overline{G}_{\mathrm{m,BY}_2} &= \left(\frac{\partial\Delta G_{\mathrm{m}}}{\partial n_{\mathrm{BY}_2}}\right)_{n_{\mathrm{A}},n_{\mathrm{X}}} \\ &= RT(2\ln x_{\mathrm{B}} + 2\ln x_{\mathrm{Y}}) \\ &= 2RT(\ln x_{\mathrm{B}} + \ln x_{\mathrm{Y}}) \\ &= 2RT\ln(x_{\mathrm{B}}x_{\mathrm{Y}})\end{aligned} \tag{3.84}$$

$$\Delta\overline{G}_{\mathrm{m,BY}_2} = RT\ln a_{\mathrm{BY}_2} \tag{3.85}$$

所以

$$a_{\mathrm{BY}_2} = (x_{\mathrm{B}}x_{\mathrm{Y}})^2 \tag{3.86}$$

3.3.4　正规溶液理论

熔盐的理想离子理论忽略了不同离子混合时离子对之间作用能的变化，把混合热当作零，这必然产生偏差。熔盐的正规溶液理论认为不同的熔盐混合，同号离子作无序混合。由于离子对的形成和数目的变化，以及不同离子的作用能不同，所以熔盐混合有混合热。由于熔盐的正负离子相互吸引，将熔盐的拟晶格看作由正离子亚晶格和负离子亚晶格组成，正负离子各自在自己的结点上作无序混合。

3.3.4.1 具有共同负离子的混合熔盐

具有共同负离子的二元混合熔盐 AX-BX，最近邻的正负离子间的作用与单一熔盐基本相同。但是，次近邻和相距更远的正负离子间的相互作用发生了变化。在单一的熔盐 AX 中最近邻的离子对是 A^+—X^-，在单一的熔盐 BX 中最近邻的离子对是 B^+—X^-。两种熔盐混合后，最近邻的离子对仍是 A^+—X^- 和 B^+—X^-。因此，只从最近邻的离子对来看，由于离子对的形式没有变化，所以混合前后能量没有变化。但是，次近邻的离子对则不然。单一熔盐 AX 和 BX 的次近邻离子对分别是 A^+—X^-—A^+ 和 B^+—X^-—B^+。而两者的混合熔盐除了有离子对 A^+—X^-—A^+ 和 B^+—X^-—B^+ 外，还有 A^+—X^-—B^+。混合前后次近邻离子对的变化产生混合热。

设混合熔盐中有 n_A 摩尔 A^+、n_B 摩尔 B^+ 和 $n_X = n_A + n_B$ 摩尔 X^-。混合前后次近邻配位数均为 z，A^+—X^-—A^+、B^+—X^-—B^+ 和 A^+—X^-—B^+ 次近邻离子对的作用能分别为 ε_{AA}、ε_{BB} 和 ε_{AB}，则在单一熔盐 AX 中 A^+—X^-—A^+ 和单一熔盐 BX 中 B^+—X^-—B^+ 离子对的数目分别为 $\frac{1}{2}zN_{n_A}$ 和 $\frac{1}{2}zN_{n_B}$。设 x_A 和 x_B 分别为 A^+ 和 B^+ 的离子分数，则正规离子溶液的过剩混合吉布斯自由能为

$$\Delta H_m = \Delta G_m^E = \frac{2N}{2}(n_A + n_B)x_A x_B(2\varepsilon_{AB} - \varepsilon_{AA} - \varepsilon_{BB}) \tag{3.87}$$

$$\Delta \overline{G}_{AX}^E = \left(\frac{\partial \Delta G_m^E}{\partial n_A} \right)_{n_B} = \frac{zN}{2}(2\varepsilon_{AB} - \varepsilon_{AA} - \varepsilon_{BB})x_B^2 \tag{3.88}$$

令

$$\lambda_{AB} = \frac{2N}{2}(2\varepsilon_{AB} - \varepsilon_{AA} - \varepsilon_{BB}) \tag{3.89}$$

又由

$$\Delta \overline{G}_{AX}^E = RT\ln\gamma_{AX} \tag{3.90}$$

所以

$$RT\ln\gamma_{AX} = \lambda_{AB}x_B^2 \tag{3.91}$$

$$RT\ln\gamma_{BX} = \lambda_{AB}x_A^2 \tag{3.92}$$

所以对正规溶液有

$$\Delta G_m^E = \Delta H_m = \lambda_{AB}x_A x_B \tag{3.93}$$

式中，λ_{AB} 为正离子 A 和 B 的作用能参数。

推广到多元正规熔盐体系，有

$$\Delta G_m^E = \Delta H_m = \sum_{i=1}^{n-1}\sum_{j=i+1}^{n}\lambda_{ij}x_i x_j \tag{3.94}$$

式中，n 为正离子种类数；i、j 为正离子种类；λ_{ij} 为正离子 i 和 j 的作用能参数。

$$RT\ln\gamma_i = \sum_{j=1}^{n}\lambda_{ij}x_j^2 + \sum_{j=1}^{n-1}\sum_{k=i+1}^{n}(\lambda_{ij} + \lambda_{ik} - \lambda_{jk})x_j x_k \tag{3.95}$$

3.3.4.2 正负离子都不同的混合熔盐

两种熔盐的正负离子都不同，离子电价的绝对值相同，例如混合熔盐 AX + BY。混合前后最近邻离子对和次近邻离子对都发生变化。因为最近邻离子对的作用能比次近邻的离

子对的作用大得多，为简化计，只考虑最近邻离子对的变化。

设最近邻配位数为 z，则 AX + BY 的混合热为

$$\Delta H_m = \Delta G_m^E = zN_A(n_A + n_B)(x_A x_X \varepsilon_{AX} + x_B x_X \varepsilon_{BX} + x_A x_Y \varepsilon_{AY} + x_B x_Y \varepsilon_{BY} - x_A \varepsilon_{AX} - x_B \varepsilon_{BY})$$

$$(3.96)$$

$$\Delta \overline{G}_{AX}^E = \left(\frac{\partial \Delta G_m^E}{\partial n_{AX}}\right)_{n_{BY}} = x_B x_Y zN_A(\varepsilon_{BX} + \varepsilon_{AY} - \varepsilon_{AX} - \varepsilon_{BY}) \qquad (3.97)$$

令

$$\lambda = zN_A(\varepsilon_{BX} + \varepsilon_{AY} - \varepsilon_{AX} - \varepsilon_{BY}) \qquad (3.98)$$

则

$$RT\ln\gamma_{AX} = \lambda x_B x_Y = \lambda x_B^2 \qquad (3.99)$$

$$RT\ln\gamma_{BY} = \lambda x_A x_X = \lambda x_A^2 \qquad (3.100)$$

式（3.98）中的 $zN_A \varepsilon_{AX}$ 是 1mol 纯熔盐 AX 中最近邻离子对的作用能，其他的 $zN_A \varepsilon_{AY}$、$zN_A \varepsilon_{BX}$、$zN_A \varepsilon_{BY}$ 含量相同。因此，λ 值是交互反应

$$AX + BY \Longrightarrow AY + BX \qquad (3.101)$$

的内能变化。

由于 AX、BY、AY 和 BX 的构型和体积都相等，所以交互反应的内能变化就是反应热或反应的吉布斯自由能变化，所以

$$RT\ln\gamma_{AX} = x_B x_Y \Delta G_m \qquad (3.102)$$

$$RT\ln\gamma_{BY} = x_A x_X \Delta G_m \qquad (3.103)$$

3.3.4.3 具有不同电价的混合熔盐

以混合熔盐 AX + BY$_2$ 为例，当 B^{2+} 取代 A$^+$ 时，为了保持电中性，在正离子结点上必然同时出现一个正离子空位 V$^+$。将空位 V$^+$ 看作第三种正离子，这样正离子结点上就有三种正离子呈无序分布，并有关系

$$n_B = n_V \qquad (3.104)$$

$$n_X + n_Y = n_A + n_B + n_V = n \qquad (3.105)$$

及

$$x_A = \frac{n_A}{n}, \quad x_B = \frac{n_B}{n}, \quad x_V = \frac{n_V}{n} \qquad (3.106)$$

如果只考虑最近邻离子对能量的变化，混合热为

$$\Delta H_m = \Delta G_m^E = N_A zn(x_A x_X \varepsilon_{AX} + x_B x_X \varepsilon_{BX} + x_V x_X \varepsilon_{VX} + x_A x_Y \varepsilon_{AY} + x_B x_Y \varepsilon_{BY} +$$
$$x_V x_Y \varepsilon_{VY} - x_A \varepsilon_{AX} - x_B \varepsilon_{BY} - x_V \varepsilon_{VY}) \qquad (3.107)$$

$$\Delta \overline{G}_{AX}^E = \left(\frac{\partial \Delta G_m^E}{\partial n_{AX}}\right)_{n_B, n_V, n_Y} = x_B x_Y N_A z(\varepsilon_{BX} + \varepsilon_{AY} - \varepsilon_{AX} - \varepsilon_{BY}) + x_V x_Y N_A z(\varepsilon_{VX} + \varepsilon_{AY} - \varepsilon_{AX} - \varepsilon_{VY})$$
$$= x_Y(x_B \Delta G_{m,1} + x_V \Delta G_{m,2})$$
$$= x_Y x_B(\Delta G_{m,1} + \Delta G_{m,2}) \qquad (3.108)$$

式中，ΔG_1 和 ΔG_2 是下面两个交互反应的摩尔吉布斯自由能变化

$$AX + BY \Longrightarrow AY + BX \quad \Delta G_{m,1} \qquad (3.109)$$

$$AX + VY \Longrightarrow AY + VX \quad \Delta G_{m,2} \qquad (3.110)$$

上面两式相加得

$$2AX + BY_2 \Longrightarrow 2AY + BX_2 \tag{3.111}$$

$$\Delta G_m = \Delta G_{m,1} + \Delta G_{m,2} \tag{3.112}$$

由式（3.108）得

$$\Delta \overline{G}_{AX}^E = RT\ln\gamma_{AX} = x_Y x_B \Delta G_m \tag{3.113}$$

同理，有

$$\Delta \overline{G}_{BY_2}^E = RT\ln\gamma_{BY_2} = x_X x_A \Delta G_m \tag{3.114}$$

3.3.5　熔盐的似正规和亚正规溶液理论

3.3.5.1　熔盐的似正规溶液理论

熔盐的正规溶液理论的相互作用能参数与温度、组成无关。为了得到更好的近似，将 λ 看作与温度有关，有

$$\lambda = \lambda_0 + \lambda_1 T \tag{3.115}$$

则

$$\Delta G_m^E = x_A x_B (\lambda_0 + \lambda_1 T) \tag{3.116}$$

式（3.115）和式（3.116）即为熔盐的似正规溶液理论公式。

3.3.5.2　熔盐的亚正规溶液理论

将相互作用能参数看成与组成有关，写成级数形式有

$$\lambda = \lambda_0 + \lambda_1 x_B \tag{3.117}$$

$$\lambda = \lambda_1 x_A + \lambda_2 x_B \tag{3.118}$$

$$\lambda = \lambda_1 x_A^2 + \lambda_2 x_A x_B + \lambda_3 x_B^2 \tag{3.119}$$

也可以采用勒让德（Legendre）多项式，有

$$\lambda = \lambda_0 + \lambda_1 (x_A - x_B) + \lambda_2 (x_B^2 - 4x_A x_B + x_B^2) + \cdots \tag{3.120}$$

上列公式为熔盐的亚正规溶液理论公式。

3.3.6　共形离子溶液理论

熔盐的正规溶液理论以似晶格模型为基础，只考虑离子对的近程相互作用，并且认为离子对的相互作用能与温度、组成无关，这不适用离子半径相差较大、离子间相互作用较强的熔盐。对这类熔盐还需要考虑离子间的远程相互作用。共形离子溶液模型把实际溶液看成理想溶液的微扰体系。应用统计力学理论，利用微扰方法近似计算实际熔盐体系的热力学函数。

熔盐的构型积分为

$$z = \int \cdots \int e^{U/k_B T} (d\tau)^{2N} \tag{3.121}$$

式中，U 是由 N 个正离子组成的 $2N$ 个离子的势能；$(d\tau)^{2N}$ 是 $2N$ 个离子的体积元。赫姆霍兹自由能为

$$F_1 = -k_B T \ln z_1 = -k_B T \ln z(g_1) \tag{3.122}$$

式中，

$$g_1 = \lambda / \lambda_1$$

为熔盐 1 的比值。λ 定义为

$$\mu(r) = \infty \quad r \leq \lambda \tag{3.123}$$

$$\mu(r) = -g^2/kr \quad r > \lambda \tag{3.124}$$

式中，$\mu(r)$ 为离子对势能；r 为离子间距离；g 为离子电荷；k 为有效非电常数。将式 (3.122) 作泰勒展开，得

$$F_1 = -k_B T \left[\ln z + (g_1 - 1) \left(\frac{\partial \ln z}{\partial g_1} \right)_{g_1=1} + \frac{1}{2}(g_1 - 1)^2 \left(\frac{\partial^2 \ln z}{\partial g_1^2} \right)_{g_1=1} + \cdots \right] \tag{3.125}$$

式中

$$\left(\frac{\partial \ln z}{\partial g_1} \right)_{g_1=1} = [z(1)]^{-1} \left(\frac{\partial z}{\partial g_1} \right)_{g_1=1}$$

$$\left(\frac{\partial^2 \ln z}{\partial g_1^2} \right)_{g_1=1} = \frac{1}{z(1)} \left(\frac{\partial^2 z}{\partial g_1^2} \right)_{g_1=1} - \frac{1}{[z(1)]^2} \left(\frac{\partial z}{\partial g_1} \right)_{g_1=1}^2$$

因此，参比熔盐

$$U = \sum_{A=1}^{n} \sum_{C=1}^{n} u_{AC} + \sum_{A=1}^{n} \sum_{A'>A}^{n} u_{AA'} + \sum_{C=1}^{n} \sum_{C'>C}^{n} u_{CC'} \tag{3.126}$$

式中，u_{AC} 为正离子和负离子对的势能；$u_{AA'}$ 为两个正离子对的势能，$u_{CC'}$ 为两个阴离子对的势能。

例如，对 1mol 的 AX、BX 和 CX 的三元系，过剩摩尔吉布斯自由能为

$$\Delta G_m^E = \Delta G_m - \sum_{i=1}^{3} y_i \Delta G_{m,i} = \Delta G_m - y_A \Delta G_{m,A} - y_B \Delta G_{m,B} - y_C \Delta G_{m,C} -$$
$$RT(y_A \ln y_A + y_B \ln y_B + y_C \ln y_C) \tag{3.127}$$

式中，y_i 为组元 i 的当量分数，当熔盐都由一价离子组成时，y_i 等于摩尔分数 x_i。

构型积分的对数取二阶项，有

$$\Delta G_m^E = \sum_{i=1}^{n} \sum_{j>i}^{n} a_{ij}(2) y_i y_j \tag{3.128}$$

取三阶项，有

$$\Delta G_m^E = \sum_{i=1}^{n} \sum_{j>i}^{n} a_{ij} y_i y_j + \sum_{i=1}^{n} \sum_{j>1}^{n} b_{ij}(3) y_i^2 y_j + A(3) y_1 y_2 y_3 \tag{3.129}$$

式中

$$a_{ij} = a_{ij}(2) + a_{ij}(3)$$
$$b_{ij}(3) = -b_{ij}(3)$$
$$A(3) = [b_{12}^{1/3}(3) + b_{31}^{1/3}(3)][b_{21}^{1/3}(3) + b_{23}^{1/3}(3)][b_{13}^{1/3}(3) + b_{23}^{1/3}(3)]$$

取四阶项，有

$$\Delta G_m^E = \sum_{i=1}^{n} \sum_{\substack{j=i \\ (j>i)}}^{n} a_{ij} y_i y_j + \sum_{i=1}^{n} \sum_{\substack{j=i \\ (j>i)}}^{n} b_{ij} y_i^2 y_j + \sum_{i=1}^{n} \sum_{\substack{j=1 \\ (j>i)}}^{n} c_{ij} y_i^2 y_j^2 + A y_1 y_2 y_3 + \sum_{i=1}^{n} \sum_{\substack{j=1 \\ (k>j>i)}}^{n} \sum_{k=1}^{n} B_i y_i y_j y_k \tag{3.130}$$

式中

$$a_{ij} = a_{ij}(2) + a_{ij}(3) + a_{ij}(4)$$
$$b_{ij} = b_{ij}(3) + b_{ij}(4)$$
$$b_{ij} = -b_{ji}$$
$$c_{ij} = c_{ij}(4)$$
$$A = A(3) + A(4) \approx A(3)$$

$$B_i = B_i(4) = 2c_{ij}^{\frac{1}{2}}c_{jk}^{\frac{1}{2}}$$

对于二元系

$$\Delta G_m^E = y_1 y_2 (a_{12} + b_{12}y_1 + b_{21}y_2 + c_{12}y_1 y_2) \tag{3.131}$$

3.3.7　对应状态原理

将熔盐离子看作硬球，硬球间的短程排斥能决定熔盐的结构，吸引能决定熔盐的体积。离子间的势能决定熔盐的性质。令 u_2 为两个离子间的势能，r 为两个离子间的距离，b 为正离子和负离子的半径之和，硬球之间没有色散力，并且不互相极化。具体条件

$$u_2^{++}(r) = u_2^{--}(r) = \frac{(ze)^2}{r} \quad r > 0 \tag{3.132}$$

$$u_2^{+-}(r) = \infty \qquad\qquad r \le b \tag{3.133}$$

$$u_2^{+-}(r) = \frac{z + z - e^2}{r} \qquad r > b \tag{3.134}$$

令 r^* 为对比距离，即

$$r^* = \frac{r}{b} \tag{3.135}$$

将式（3.135）代入式（3.132）~式（3.134），得

$$u_2^{++}(r^*) = u_2^{--}(r^*) = \frac{(ze)^2}{r^* b} = \frac{(ze)^2}{b} u_2^*(r^*) \quad r^* > 0 \tag{3.136}$$

$$u^{+-}(r^*) = \infty \qquad\qquad r^* \le 1 \tag{3.137}$$

$$u_2^{+-}(r^*) = -\frac{(ze)^2}{b} u_2^*(r^*) \qquad\qquad r^* > 1 \tag{3.138}$$

熔盐中具有 $2N$ 个离子，并有

$$N_+ = N_- = N \tag{3.139}$$

U_{2N} 为熔盐中全部离子对的相互作用势能，有

$$U_{2N} = \sum_{i=1}^{2N}\sum_{\substack{j=1\\(j>i)}}^{2N} u_{ij}^{++} + \sum_{i=1}^{2N}\sum_{\substack{j=1\\(j>i)}}^{2N} u_{ij}^{--} + \sum_{i=1}^{2N}\sum_{\substack{j=1\\(j>i)}}^{2N} u_{ij}^{+-} = \frac{(ze)^2}{b} u_{2N}^*(r_1^*, r_2^*, \cdots, r_{2N}^*) \tag{3.140}$$

m_+、m_- 分别为正、负离子的质量，熔盐的正则配分函数为

$$Q_{2N} = \frac{1}{N!}\left(\frac{2\pi m_+ k_B T}{h^2}\right)^{3N/2} \frac{1}{N!}\left(\frac{2\pi m_- k_B T}{h^2}\right)^{3N/2} \int_V e^{-U_{2N}/k_B T} dr_1 dr_2 \cdots dr_{2N} \tag{3.141}$$

式中，dr 为熔盐的微分体积，积分号前两项分别为正、负离子动能的积分。令

$$\Lambda_+ = \frac{h^2}{2\pi m_+ k_B T} \tag{3.142}$$

$$\Lambda_- = \frac{h^2}{2\pi m_- k_B T} \tag{3.143}$$

采用对比距离

$$r_1 = br_1^*, \ r_2 = br_2^*, \cdots, r_{2N} = br_{2N}^* \tag{3.144}$$

并有

$$dr_i = dx_i dy_i dz_i \tag{3.145}$$

这里用 dr_i 表示第 i 个体积的微分。

$$Q_{2N} = \frac{b^{6N}}{(N!\Lambda_+^{3N/2})(N!\Lambda_-^{3N/2})} \int_{V/b_3} e^{-U_{2N}/k_B T} \mathrm{d}r_1^* \mathrm{d}r_2^* \cdots \mathrm{d}r_{2N}^*$$

$$= \frac{b^{6N}}{(N!\Lambda_+^{3N/2})(N!\Lambda_-^{3N/2})} J(T^*, V^*, N) \tag{3.146}$$

式中，积分下限 V/b^3 表示 $\mathrm{d}r_i^*$ 是第 i 个对比体积的微分。J 表示积分项，只是对比体积 V^*、对比温度 T^* 和离子数目的函数。

并有

$$V^* = \frac{V}{b^3} \tag{3.147}$$

$$T^* = \frac{bk_B T}{(ze)^2} \tag{3.148}$$

赫姆霍兹自由能为

$$F_{2N} = -k_B T \ln Q_{2N} \tag{3.149}$$

熔盐的压力为

$$P = k_B T \frac{\partial \ln Q_{2N}}{\partial V} = k_B T \frac{\partial \ln J}{\partial V} \tag{3.150}$$

利用式（3.147）和式（3.148），得

$$P = \frac{(ze)^2 T^*}{b^4} \frac{\partial \ln J}{\partial V^*} \tag{3.151}$$

熔盐的对比压力定义为

$$P^*(T^*, V^*, N) = T^* \frac{\partial \ln J}{\partial V^*} \tag{3.152}$$

代入上式，得

$$P = \frac{(ze)^2}{b^4} p^* \tag{3.153}$$

所以

$$P^* = \frac{b^4}{(ze)^2} p \tag{3.154}$$

3.4 熔盐的相图

熔盐相图是研究熔盐热力学和熔盐结构的重要基础知识。熔盐相图在生产和科学研究中也具有重要的指导作用和参考价值。例如，熔盐电解、电镀用的电解质体系的选择，熔盐反应堆中的热传导介质的选择，航空温度执勤传感器的熔盐介质的选择，燃料电池的电解质的选择等。

3.4.1 熔盐的二元系相图

3.4.1.1 NaCl-KCl 二元系相图

图 3.13 是 NaCl-KCl 的二元系相图。KCl 和 NaCl 有一最低点的连续固溶体，有一固相分层区。

3.4.1.2 NaCl-CaCl₂ 二元系相图

图 3.14 是 NaCl-CaCl₂ 的二元系相图。NaCl 和 CaCl₂ 有一最低共熔点，有一异分熔点的化合物 Na_4CaCl_6。

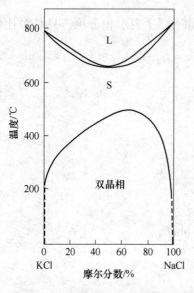

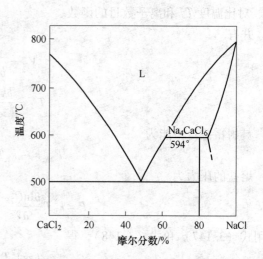

图 3.13   NaCl-KCl 二元系相图   图 3.14   NaCl-CaCl₂ 二元系相图

3.4.1.3 KCl-CaCl₂ 二元系相图

图 3.15 是 KCl-CaCl₂ 的二元系相图。由图可见，KCl 和 CaCl₂ 形成一个化合物 $KCaCl_3$。图中有两个最低共熔点。

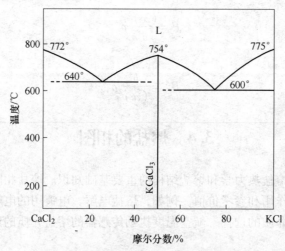

图 3.15   KCl-CaCl₂ 二元系相图

3.4.1.4 NaF-AlF₃ 二元系相图

图 3.16 是 NaF-AlF₃ 的二元系相图。由图可见，有一同分熔点化合物，有一异分熔点化合物，有两个最低共熔点，有一固溶体。

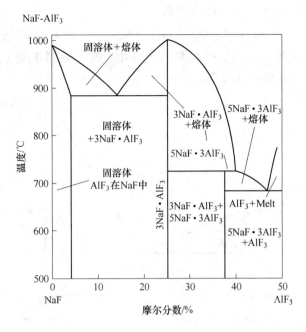

图 3.16　NaF-AlF$_3$ 二元系相图

3.4.2　熔盐的三元系相图

3.4.2.1　NaCl-KCl-CaCl$_2$ 三元系相图

图 3.17 是 NaCl-KCl-CaCl$_2$ 的三元系相图。图中有三个二元最低共熔点，一个三元最低共熔点，有一558℃的温度最高点。

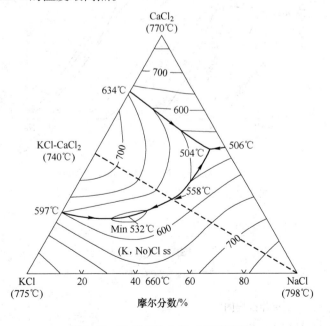

图 3.17　NaCl-KCl-CaCl$_2$ 三元系相图

3.4.2.2　NaF-AlF$_3$-Al$_2$O$_3$ 三元系相图

图 3.18 和图 3.19 是 NaF-AlF$_3$-Al$_2$O$_3$ 的部分相图。在图 3.18 的伪二元系部分有一最低共熔点。在图 3.19 的 Na$_3$AlF$_6$ 和 NaF 二元系中，有一最低共熔点。在 Na$_3$AlF$_6$-NaF-Al$_2$O$_3$ 三元系中有一三元最低共熔点。

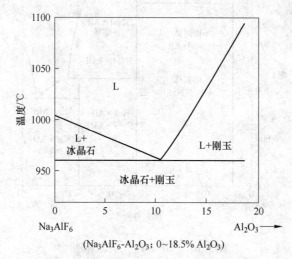

(Na$_3$AlF$_6$-Al$_2$O$_3$；0~18.5% Al$_2$O$_3$)

图 3.18　部分 NaF-AlF$_3$-Al$_2$O$_3$ 三元系相图

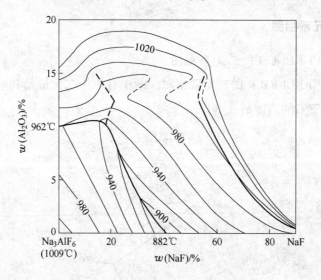

Na$_3$AlF$_6$（冰晶石）-NaF-Al$_2$O$_3$ 的液相线温度

图 3.19　部分 NaF-AlF$_3$-Al$_2$O$_3$ 三元系相图

3-1　熔盐和水溶液在性质上有什么异同？

3-2　简述熔盐各种结构模型的要点。

3-3　比较熔盐各种结构模型的优缺点。

3-4　熔盐有哪些物理化学性质，有何意义？

3-5　举例说明熔盐的熔度-组成图的规律和用途。

3-6　黏度对熔盐电解有何影响？

3-7　界面张力对熔盐电解有何影响？

3-8　哪些因素决定熔盐的电导率？如何提高熔盐的电导率？

3-9　KCl 和 K_2TaF_7 形成熔点为 758℃ 的化合物 $KCl \cdot K_2TaF_7$。该化合物分别与 KCl 和 K_2TaF_7 形成低共熔体，两个低共熔体的共熔点都是 700℃。KCl 的熔点为 770℃，K_2TaF_7 的熔点为 726℃。

（1）画出 KCl-K_2TaF_7 体系的相图。

（2）电解制 Ta 如何选择温度和组成。

3-10　如何计算混合熔盐的离子迁移数？有何应用？

3-11　说明水溶液电解质中和熔盐中离子迁移数的异同。

3-12　何谓熔盐的熔度图？举例说明其应用。

3-13　简述焦姆金模型和弗鲁德模型的要点。

3-14　概述熔盐的正规溶液理论。

3 15　概述熔盐共形溶液理论。

3-16　说明对应状态原理的要点。

熔盐电化学

4.1 熔盐电池及其热力学

4.1.1 熔盐电池

从热力学观点，可逆熔盐电池可分成两类。第一类电池的电动势数值可以直接与吉布斯自由能建立联系。这类电池有两种类型：

（1）生成型电池，或叫化学电池。例如

$$Ag\,|\,AgCl\,|\,Cl_2 \tag{4. a}$$

（2）汞齐型电池。例如

$$Cd(a_1)-Pb\,|\,CdCl\,|\,Cd(a_2)-Pb \tag{4. b}$$

第二类电池包括丹尼尔电池和浓差电池。

（3）丹尼尔电池也叫置换型电池。例如

$$Pb\,|\,PbCl_2\,|\,|\,AgCl\,|\,Ag \tag{4. c}$$

（4）浓差电池。例如

$$Ag\,|\,AgCl(a_1)+KCl(m_1)\,|\,|\,AgCl(a_2)+KCl(m_2)\,|\,Ag \tag{4. d}$$

（3）、（4）两种电池由于有液体界面，存在液-液相接界电势或扩散电势，而其数值又不固定，难以确定。所以用这类电池测定的数据不能和吉布斯自由能建立严格的关系。

4.1.2 熔盐电池的热力学

4.1.2.1 单组分生成型熔盐电池

以银和氯气为电极，以氯化银熔体为电解质，就构成一个单组分生成型熔盐电池，可写做

$$(-)Ag\,|\,AgCl\,|\,Cl_2(+)$$

电极和电池反应为

负极

$$Ag \longrightarrow Ag^+ + e$$

正极

$$\frac{1}{2}Cl_2(0.1MPa) + e \longrightarrow Cl^-$$

电池反应

$$Ag + \frac{1}{2}Cl_2(0.1MPa) \longrightarrow AgCl$$

与水溶液电解质可逆电池一样，可逆熔盐电池的电动势和吉布斯自由能存在以下关系

$$\Delta G = -zFE \tag{4.1}$$

Ag、Cl_2、AgCl 都以纯物质为标准状态，有

$$\Delta G_m^\ominus = \mu_{AgCl}^* - \mu_{Ag}^* - \frac{1}{2}\mu_{Cl_2}^\ominus = \Delta_f G_{m,AgCl}^\ominus$$

$$= -zFE^{\ominus}$$

$$E^{\ominus} = \frac{-\Delta_f G_{m,AgCl}^{\ominus}}{zF} \qquad (4.2)$$

式中，$\Delta_f G_{m,AgCl}^{\ominus}$ 为 AgCl 的摩尔生成吉布斯自由能。

4.1.2.2 多组元生成型熔盐电池

将单组元熔盐电解质换成多组元熔盐电解质，就构成多组元熔盐电池。例如，以 AgCl 和 KCl 二元混合物代替 AgCl，则构成一个多组元生成型熔盐电池

$$(-)Ag\,|\,AgCl(n_1) + KCl(n_2)\,|\,Cl_2(0.1MPa)\,(+) \qquad (4.e)$$

负极
$$Ag + [n_1 Ag^+ + n_2 K^+ + (n_1 + n_2)Cl^-]$$
$$\longrightarrow [(n_1+1)Ag^+ + n_2 K^+ + (n_1+n_2)Cl^-] + e$$

正极
$$\frac{1}{2}Cl_2(0.1MPa) + [n_1 Ag^+ + n_2 K^+ + (n_1+n_2)Cl^-] + e$$
$$\longrightarrow [n_1 Ag^+ + n_2 K^+ + (n_1+n_2+1)Cl^-]$$

电池反应
$$Ag + \frac{1}{2}Cl_2(0.1MPa) + [n_1(Ag^+Cl^-) + n_2(K^+Cl^-)]$$
$$\longrightarrow (n_1+1)(Ag^+Cl^-) + n_2(K^+Cl^-)$$

即

$$Ag + \frac{1}{2}Cl_2(0.1MPa) \longrightarrow (AgCl)$$

$$\Delta G_m = \mu_{AgCl} - \mu_{Ag} - \frac{1}{2}\mu_{Cl_2} \qquad (4.3)$$

式中，

$$\Delta G_m = \Delta G_m^{\ominus} + RT\ln a_{AgCl} \qquad (4.4)$$
$$\mu_{Ag} = \mu_{Ag}^* \qquad (4.5)$$
$$\mu_{Cl_2} = \mu_{Cl_2}^* \qquad (4.6)$$

将式 (4.4)~式(4.6) 代入式 (4.3)，得

$$\Delta G_m = \Delta G_m^{\ominus} + RT\ln a_{AgCl} \qquad (4.7)$$

式中，

$$\Delta G_m^{\ominus} = \mu_{AgCl}^* - \mu_{Ag}^* - \frac{1}{2}\mu_{Cl_2}^*$$
$$= \Delta_f G_{m,AgCl}^{\ominus}$$

将式 (4.7) 代入式 (4.1)，得

$$E = -\frac{\Delta G_m}{zF}$$
$$= -\frac{\Delta G_m^{\ominus}}{zF} - \frac{RT}{zF}\ln a_{AgCl}$$
$$= E^{\ominus} - \frac{RT}{zF}\ln a_{AgCl} \qquad (4.8)$$

式中，

$$E^{\ominus} = -\frac{\Delta G_m^{\ominus}}{zF} = -\frac{\Delta_f G_{m,AgCl}^{\ominus}}{zF}$$

式（4.7）和式（4.8）都是对具体电池而言的，对于一般情况，则有

$$\Delta G_m = \Delta G_m^{\ominus} + RT\ln\frac{\text{还原态}}{\text{氧化态}} = -zFE \tag{4.9}$$

$$E = E^{\ominus} - \frac{RT}{zF}\ln\frac{\text{还原态}}{\text{氧化态}} \tag{4.10}$$

4.2　熔盐电池的参比电极

　　熔盐电池的参比电极不像水溶盐电池的参比电极那样具有通用性，因此熔盐电池没有通用的标准电极，只能在各自的体系中确定各自的标准。熔盐电池常用的参比电极有气体电极、金属电极、玻璃电极等，下面分别予以介绍。

4.2.1　气体电极

4.2.1.1　卤素电极

　　卤素除氟外，氯、溴、碘都可做参比电极，其电极反应为

$$\frac{1}{2}X_2(p) + e \longrightarrow X^-(a_{X^-})$$

式中，X_2 和 X^- 分别表示氯、溴和碘的分子和离子。其电极电势为

$$\varphi_{X^-/X_2} = \varphi_{X^-/X_2}^{\ominus} + \frac{RT}{F}\ln\frac{p_{X_2}^{1/2}}{a_{X^-}} \tag{4.11}$$

图4.1是氯电极与金属电极组成的电池。

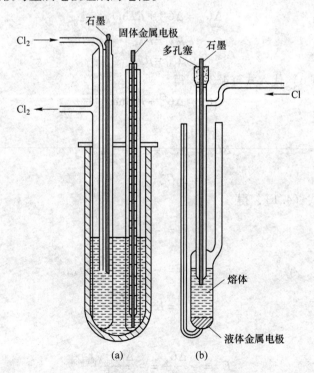

图4.1　氯电极与金属电极组成的电池

4.2.1.2 氧电极

在熔盐中，氧气电极是可逆的，类似于氯气电极。电极反应为

$$\frac{1}{2}O_2(p_{O_2}) + 2e \longrightarrow O^{2-}(a_{O^{2-}})$$

电极电势为

$$\varphi_{O^{2-}/O_2} = \varphi_{O^{2-}/O_2}^{\ominus} + \frac{RT}{F}\ln\frac{p_{O_2}^{1/2}}{a_{O^{2-}}} \tag{4.12}$$

在硼酸盐、碳酸盐、硅酸盐，以及氧化物熔渣中都会有氧离子。例如

$$B_4O_7^{2-} = 2B_2O_3 + O^{2-}$$
$$4BO_2 = B_4O_7^{2-} + O^{2-}$$
$$CO_3^{2-} = CO_2 + O^{2-}（在密闭容器中）$$
$$SiO_3^{2-} = SiO_2 + O^{2-}$$
$$CaO = Ca^{2+} + O^{2-}$$
$$Na_2O = 2Na^+ + O^{2-}$$

对以这些物质做电解质的电池都可以用氧气电极做参比电极。

4.2.2 金属电极

银是最好的金属参比电极，因其只有一种稳定的价态，且银在其本身的熔盐中溶解度极小，可以忽略不计。银电极在绝大多数体系中都是可逆的，而且建立平衡非常迅速。银电极反应写做

$$Ag^+ + e = Ag$$

电极电势为

$$\varphi_{Ag/Ag^+} = \varphi_{Ag/Ag^+}^{\ominus} + \frac{RT}{F}\ln a_{Ag^+} \tag{4.13}$$

银的活度取1。

在氯化物熔盐中，常用的参比电极有

$$Ag\,|\,AgCl(1\%),LiCl\text{-}KCl(共晶组成)\,|\,石棉(或玻璃隔膜)$$
$$Ag\,|\,AgCl(1\%),KCl\text{-}NaCl(共晶组成)\,|\,石棉(或玻璃隔膜)$$

在硝酸盐熔体中，常用的参比极为

$$Ag\,|\,AgNO_3(0.1mol/kg),NaNO_3\text{-}KNO_3(共晶组成)\,|\,石棉$$

上述电极的接界电位很小，可以忽略不计。

除银电极外，铂和含 Pt^{2+} 离子的熔体也是很好的参比电极。Pt 和 $PtCl_2$ 构成的电极工作温度不超过 500℃，否则 $PtCl_2$ 会发生分解。另外，铅、镉、锌等金属也可用作参比电极。

4.2.3 玻璃电极

由碱金属、碱土金属氧化物和铝、硅氧化物制作成的玻璃薄膜具有高的熔点，可以做成玻璃电极，用作熔盐体系的参比电极。这种玻璃薄膜几乎只允许阳离子通过，起到阳离子交换膜的作用。调整玻璃的组分，可以得到对不同碱金属离子为可逆的玻璃电极。例

如，钠玻璃电极，其构成为

$$M\text{-}Na\ |\ Na\text{-玻璃}\ |\ Na^+\text{（熔体）}$$

式中，M-Na 为汞或锡的钠合金，也可以用纯钠。

电极反应为

$$Na^+ + e = [Na]_M$$

电极电势为

$$\varphi_{Na^+/[Na]_M} = \varphi^{\ominus}_{Na^+/[Na]_M} + \frac{RT}{F}\ln\frac{a_{Na^+}}{a_{[Na]_M}} \tag{4.14}$$

表 4.1 列出了碱金属离子可逆的玻璃电极的组成。

表 4.1　碱金属离子可逆的玻璃电极

名　称	组成（摩尔分数）/%					
Na-玻璃	$73SiO_2$	$11Al_2O_3$	$16Na_2O$			
Li-玻璃	$70SiO_2$	$10Al_2O_3$	$20Li_2O$			
K-玻璃	$69SiO_2$	$5Al_2O_3$	$26Li_2O$			
Na-玻璃	$70SiO_2$	$12.7Al_2O_3$	$12.3Na_2O$	$2TiO_2$	$2ZrO_2$	Ce_2O_3
K-玻璃	$64.7SiO_2$	$12.7Al_2O_3$	$15K_2O$	$2TiO_2$	$2ZrO_2$	Ce_2O_3
Rb-玻璃	$75SiO_2$	$5Al_2O_3$	$20Rb_2O$			
Cs-玻璃	$77SiO_2$	$3Al_2O_3$	$20Cs_2O$			

4.3　熔盐中电极的电势序

熔盐种类很多，不具有共同的溶剂，难以选定一个统一的标准电极，所以确定熔盐体系的电极电势顺序很困难。

曾经有人提出按盐的分解压或生成热大小排列熔盐体系中的电极电势次序。这两种方法虽然都有一定的道理，但是由于没有统一的标准状态而难以实行。

还有人利用热力学数据计算标准电极电势，将几十个氯化物体系的计算结果排列成序。但是，这种排列仍不是电极电势次序。这种排列意味着以氯电极为标准电极。而不同盐的离解度不同，氯离子在不同熔盐中的活度也不同，因而氯电极电势也就不一样，不能用来作为所有氯化物熔体共同的电势标准。

从热力学角度看，要比较体系在平衡状态下的性质，必须规定统一的标准状态。下面讨论氯化物熔盐的电势次序，设计以下形式的电池：

$$(-)Me\ \left|\ \begin{array}{l}MeCl_z, KCl\text{-}NaCl\text{（等物质的量比）}\\ \text{或（KCl-LiCl（共晶组成））}\end{array}\ \right|\ \begin{array}{l}AgCl, KCl\text{-}NaCl\text{（等物质的量比）}\\ \text{或（KCl-LiCl（共晶组成））}\end{array}\ \left|\ Ag(+)\right.$$

其中，$MeCl_z$ 为金属 Me 的氯化物；右半电池为银参比电极。

正极　　　　　　　　　$Me + zCl^- - ze = MeCl_z$

负极　　　　　　　　　$zAgCl + ze = zAg + zCl^-$

电池反应　　　　　　　$Me + zAgCl = MeCl_z + zAg$

电池电动势为

$$E = (\varphi_{\text{AgCl/Ag}}^{\ominus} - \varphi_{\text{MeCl}_z/\text{Me}}^{\ominus}) + \frac{RT}{zF}\ln\frac{a_{\text{AgCl}}^z}{a_{\text{MeCl}_z}}$$

$$= E^{\ominus} + \frac{RT}{zF}\ln\frac{x_{\text{AgCl}}^z\gamma_{\text{AgCl}}^z}{x_{\text{MeCl}_z}\gamma_{\text{MeCl}_z}} \tag{4.15}$$

式中，$\varphi_{\text{AgCl/Ag}}^{\ominus}$ 和 $\varphi_{\text{MeCl}_z/\text{Me}}^{\ominus}$ 分别为由热力学数据计算的 Ag 在纯 AgCl 和 Me 在纯 MeCl_z 熔体中的电极电势。

实验证明，当熔体中某组分的摩尔分数低于 10^{-2} 时，服从亨利定律，其活度系数 $\gamma_{\text{MeCl}_z} = \gamma_{\text{MeCl}_z}^0$，是一个与成分无关的常数。已知 AgCl 在等摩尔混合熔体（或 KCl-LiCl）中的活度系数为 1，因此，式（4.14）可写成

$$E = (E^{\ominus} - \frac{RT}{zF}\ln\gamma_{\text{MeCl}_z}^0) + \frac{RT}{zF}\ln\frac{x_{\text{AgCl}}^z}{x_{\text{MeCl}_z}} \tag{4.16}$$

式中，括号中的量是常数。

根据式（4.16），以 E 对 $\ln\dfrac{x_{\text{AgCl}}^z}{x_{\text{MeCl}_z}}$ 作图外推至对数项为零处，可求出括号内的常数。这个常用 $E_{\text{表}}^{\ominus}$ 表示，即

$$E_{\text{表}}^{\ominus} = E^{\ominus} - \frac{RT}{zF}\ln\gamma_{\text{MeCl}_z}^0 \tag{4.17}$$

式中，$E_{\text{表}}^{\ominus}$ 为电池的"表观电动势"。

如果把参比极电动势规定为零，可用上述方法得到一系列金属电极的"表观标准电势"，表 4.2 列出了 450℃ 一些金属电极在 KCl-LiCl（共晶组成）熔盐中的表观电极电势。

表 4.2　在 450℃，KCl-LiCl 共晶熔盐的表观电势　　　　　　（V）

电极	参比电极			电极	参比电极		
	Pt^{2+}/Pt	Ag^+/Ag	Cl^-/Cl_2		Pt^{2+}/Pt	Ag^+/Ag	Cl^-/Cl_2
Li^+/Li	−3.410	−2.773	−3.626	Cu^+/Cu	−0.851	−0.214	−1.067
Mg^{2+}/Mg	−2.580	−1.943	−2.796	In^{3+}/In	−0.835	−0.198	−1.051
Al^{3+}/Al	−1.797	−1.160	−2.013	Ni^{2+}/Ni	−0.995	−0.158	−1.011
Zn^{2+}/Zn	−1.566	−0.929	−1.782	Sb^{3+}/Sb	−0.670	−0.033	−0.886
V^{2+}/V	−1.533	−0.896	−1.749	Ag^+/Ag	−0.637	0	−0.853
Cr^{2+}/Cr	−1.425	−0.788	−1.641	$\text{Cr}^{3+}/\text{Cr}^{2+}$	−0.631	+0.006	−0.847
Cd^{2+}/Cd	−1.316	−0.679	−1.532	Bi^{3+}/Bi	−0.588	+0.049	−0.804
Fe^{2+}/Fe	−1.171	−0.534	−1.387	$\text{Fe}^{3+}/\text{Fe}^{2+}$	−0.214	+0.423	−0.430
Pb^{2+}/Pb	−1.101	−0.464	−1.317	Pt^{2+}/Pt	0	+0.637	−0.216
Sn^{2+}/Sn	−1.082	−0.445	−1.298	$\text{Cu}^{2+}/\text{Cu}^+$	+0.045	+0.682	−0.171
Co^{2+}/Co	−0.991	−0.354	−1.207	Cl^-/Cl_2	0.216	+0.853	0
$\text{V}^{3+}/\text{V}^{2+}$	−0.854	−0.217	−1.070	Au^+/Au	+0.311	+0.948	+0.095

4.4　熔盐电极过程

4.4.1　分解电压

与水溶液一样，外加电压达到某一最低限度值，熔盐的电解过程才能持续进行，此最小电压就叫做分解电压。实测分解电压与可逆平衡电动势之差叫做电解极化、过电压或超电压。

电解池是相应原电池的逆过程，可以用相应的原电池来确定分解电压数值。例如，冰晶石-氧化铝熔体是电解制备铝的熔盐体系。为确定该熔盐中氧化铝的分解电压，设计下列电池

$$Al \mid Na_3AlF_6 + Al_2O_3 \mid C(CO_2)$$
$$Al \mid Na_3AlF_6 + Al_2O_3 \mid C(CO)$$

在1000℃，实验测得的分解电压为1.45~1.82V。将碳电极换为铂电极，实验测得分解电压为1.10~1.11V。电解铝的总反应分别相应于

$$Al_2O_3 + 1.5C = 2Al + 1.5CO_2$$

和

$$Al_2O_3 + 3C = 2Al + 3CO$$

热力学计算得到上面两个反应的理论分解电压分别为1.16V和1.03V，平均分解电压为1.1V。两者吻合得很好。

4.4.2　熔盐电解的极化现象

熔盐电解的极化类型和水溶液一样，有电化学极化和浓差极化。由于熔盐温度高，电化学反应速度快，通常显示的是浓差极化的特征。熔盐与金属极相互作用，形成低价化合物，多种价态离子共存。

电解析出的金属不与电极作用生成合金，电极电势为

$$\varphi = 常数 + \frac{RT}{zF}\ln(j_d - j) \tag{4.18}$$

式中，j_d为极限电流；j为某一电势时的电流。此即科里特拿夫-林根公式，是由水溶液体系铂微电极导出的，对熔盐体系同样适用。

如果电解析出的金属与电极作用生成合金，则电极电势为

$$\varphi = 常数 + \frac{RT}{zF}\ln\frac{j}{j_d - j} \tag{4.19}$$

此即海洛夫斯基-尤可维希方程，符号意义同前。

如果电极反应符合式（4.18）或式（4.19），则以φ对$\lg(j_d-j)$作图，或以φ对$\lg\frac{j}{j_d-j}$作图，应得一直线，直线斜率分别为

$$2.303\frac{RT}{nF} = \frac{\Delta\varphi}{\Delta\lg(j_d-j)} \tag{4.20}$$

和

$$2.303\frac{RT}{nF} = \frac{\Delta\varphi}{\Delta\lg\frac{j}{j_d - j}} \tag{4.21}$$

由图求得斜率后就可计算出电极反应的电子数。

如果按式（4.18）和式（4.19）作图所得不是直线，则电极过程不符合式（4.18）和式（4.19）。偏离直线的原因是电极反应不仅有电化学极化，还有沉积的金属在熔盐中溶解或沉积的金属与熔体中的物质发生化学反应等因素。这时可将式（4.19）改写成

$$\varphi = 常数 - \frac{RT}{\alpha zF}\ln\frac{j}{j_d - j} \tag{4.22}$$

4.4.3 去极化现象

熔盐电解过程存在去极化现象。所谓去极化是指降低过电势，电极过程向平衡方向移动。引起去极化现象的原因为：

（1）阴极析出的金属溶解在电解质中。

（2）析出的金属与阴极材料发生作用。例如，析出的金属溶于阴极材料中或与阴极材料形成合金。

（3）阳极产物溶于电解质中或与电解质相互作用。

（4）阳极产物与阳极材料相互作用生成化合物。例如炭阳极与析出的氧作用生成 CO、CO_2 等。

（5）阴极产物与阳极产物发生相互作用。例如阴阳极间没加隔板的电解槽，溶于电解质中的阴极产物和阳极产物发生反应。

由于电极存在去极化作用，则析出电势 φ 应为

$$\varphi = \varphi_{eq} + \Delta\varphi - \Delta\varphi'$$

式中，φ_{eq} 为电极的平衡电势；$\Delta\varphi$ 为超电势；$\Delta\varphi'$ 为去极化电势。

去极化作用在电解生产过程中会造成金属产物溶解损失，侵蚀并消耗电极材料等。但去极化作用也有优点。例如，用液态低熔点金属作阴极，电解产物溶解在阴极中形成合金。这可降低槽电压，节省电能。

4.4.4 阳极效应

阳极效应是一种特殊的电解过程。发生阳极效应时，电解池电压急剧上升，电流强度降低。阳极反应生成的气体产物不形成气泡离开阳极，却成为一层薄膜覆盖在阳极表面将电解质推离阳极而使阳极不润湿。气膜并不完全连续，在某些点，阳极仍与电解质接触。在这些点上仍有电流通过，有很大的电流密度。当阳极电流密度超过临界电流密度时，便会发生阳极效应。临界电流密度与熔体的性质、温度、阳极材料等有关。

4.5 熔盐电解

4.5.1 熔盐电解过程

熔盐电解体系接上电源以后，电极电势就发生变化，并且在电路中有电流通过。电源

的负极向阴极输入电子，使阴极电势向负的方向变化；电源的正极从阳极取走电子，使阳极的电势向正的方向变化。

电极电势对平衡值的偏离引起电极过程的进行：在阴极上发生结合电子的还原反应，在阳极上发生释放电子的氧化反应。同时，在外电压产生的两极间的电场使熔盐电解质的离子定向运动。阳离子向阴极运动，阴离子向阳极运动，阳离子和阴离子迁移形成熔盐中的电流。迁移到阴极表面的阳离子从阴极得到电子被还原；迁移到阳极表面的阴离子失去电子被氧化。

在稳定的电解过程中，两个电极的电势虽然不是平衡电势，但并不随时间变化。阴阳两极各自对平衡电势的偏离并不相等。这个差值的大小与阴极和阳极极化曲线的斜率有关。电势各自偏离的大小总是保持阴极电流强度和阳极电流强度相等。由于通常阴极和阳极表面积不同，所以阴极和阳极的电流密度可以不同。电流密度越大，极化越大。

熔盐电解通常在高温进行，为使电解质保持在电解温度，需要热量维持。补充热量的方法有内热法和外热法两种。内热法是利用电解质的电阻产生的欧姆热，外热法是在电解槽外部进行加热。

熔盐电解通常采用不溶阳极，所以阳极成为气体发生极。产生的气体形成气泡，连续地从电极表面逸出。

4.5.2　熔盐与金属的相互作用

电解过程在阴极生成的金属会与电解质——熔盐发生相互作用。这种作用导致阴极析出的金属溶解在熔盐中，使金属由原子状态又转变为离子状态，造成金属损失，降低电流效率。

熔盐电解时，金属在熔盐中溶解，呈现一种特殊的颜色进入熔盐，如同雾状，称为金属雾。例如铝溶于冰晶石中呈白色，铅溶于 NaCl-KCl 中呈黄褐色，钠溶于 NaCl-KCl 中呈红褐色等。金属雾的形成是由于电解析出的金属在熔盐中溶解扩散所致。

在密闭系统中，金属在熔盐中溶解直到饱和。在敞开系统中，溶解的金属会被空气或阳极气体所氧化，造成金属不断溶解在熔盐中而损失。

金属在熔盐中溶解是化学作用，可分为两种类型：

（1）金属与其自己的盐或含有该金属离子的熔体之间的相互作用。

（2）金属与不含该种金属阳离子的熔盐之间的相互作用。

第一类相互作用的结果在熔体中形成低价化合物

$$Me + MeX_2 = 2MeX$$

或

$$Me + Me^{2+} = 2Me^+$$

式中，X 为卤素阴离子。例如

$$CaCl_2 + Ca = 2CaCl$$

$$AlF_3 + 2Al = 3AlF$$

这些低价化合物仅在高温稳定，在气相中呈分子形态而在熔体中成相应的离子形态。随着温度降低，平衡向左移动，低价化合物分解为金属及正常价态的盐。

第二类相互作用是金属与熔盐发生取代反应

$$Me + Me'X \Longrightarrow MeX + Me'$$

或

$$Me + Me'^{+} \Longrightarrow Me^{+} + Me'$$

金属变成相应的离子进入熔盐中。例如

$$3Mg + 2AlF_3 \Longrightarrow 3MgF_2 + 2Al$$

熔盐电解过程金属在一定的阴极电势析出,与此电势相应的阴极电流密度对金属损失有很大的影响。图4.2是金属的损失与阴极电流密度关系曲线。图中 a 点是阴极电流密度为零、电势也为零时的金属损失。随着阴极电流密度(阴极电势)的增加,金属的损失先是增大,并在 b 点达到最大值。之后,随着电流密度增大金属损失减少。达到 c 点,金属损失相当于 a 点零电势时的数值。达到 d 点以后,电流密度继续增大,曲线为近乎平行于横坐标的直线,金属损失减少很少。这一过程可解释如下:当电流密度逐渐增加时,阴极电势也相应增大,高价离子在阴极层中的浓度愈来愈大。在相当于 b 点的电流密度时,只可能发生离子的价态随着阴极金属的溶解而降低。这就导致金属的损失最大。当电流密度继续增大时,阴极电势升高到足以使低价离子放电,金属变为离子状态的可能性变小。在适当的阴极电流密度,当阴极电势达到足以使正常价态的氧离子完全放电,金属损失大为减少,此即曲线上的 d 点。 d 点以后的金属损失是因为低价阳离子被氧化,熔盐中低价阳离子的浓度低于平衡浓度,从而引起相应数量的金属溶解,以保持电解质中金属离子的平衡浓度。

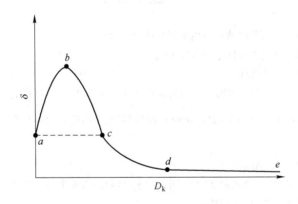

图 4.2 金属在熔盐中的损失(δ)与阴极电流密度的关系曲线

4.5.3 电流效率

法拉第定律为

$$W = qIt$$

式中, W 为电解析出的物质的量; q 为电化学当量; I 为电流强度; t 为电解时间。

实验证明,法拉第定律对熔盐电解过程仍然适用。但是,实际电解过程中,电流效率一般都低于100%,有的低达50%。电离效率低的原因主要是:

(1)电解产物的溶解损失;

(2)电流空耗;

（3）几种离子共同放电。

在这三种损失中，电解产物溶解损失占主要地位。电流空耗有两种途径：一是离子的不完全放电，形成低价离子，仍在电解质中；二是电子导电。第三种损失是当几种离子析出电位接近时，会产生这种情况。

影响电流效率的主要原因为：

（1）温度。温度过高，电流效率降低。因为温度过高增加了金属在电解质中的溶解度，加速阴、阳极产物扩散，加剧了低价化合物的挥发等。

（2）电流密度。电流密度增大，电流效率提高。但电流密度也不能过高，过高会引起多种离子共同放电，降低电流效率。

（3）极间距。金属产物的溶解速率与极间距有关。极间距增大，使阴极溶解下来的金属向阳极区扩散的路程加长，减少金属溶解损失。但是，极间距增大，电解质中电压降也增大，电解消耗增大。

（4）电解槽结构。电解槽的结构会影响电解质的对流和电流分布，因而影响电流效率。

（5）电解质组成。熔盐体系的物理化学性质，诸如黏度、表面张力、密度、电导率、金属的溶解度等都与电解质组成有关，所以影响电流效率。

习　题

4-1　熔盐电池有几种类型，哪些电池可以用来测量热力学数据？

4-2　熔盐的参比电极和水溶液的参比电极有何不同？

4-3　如何建立熔盐的电极电势次序？

4-4　生成型电池 $Pb\,|\,PbCl_2\,|\,Cl_2(0.1MPa)$，在 873K 的电动势为 1.218V，计算电池反应的平衡常数。

4-5　利用电池 $Zn(1)\,|\,KCl\text{-}NaCl\text{-}LiCl\text{-}ZnCl_2\,|\,Zn\text{-}Cd$ 测量得到在 1073K，$E = 0.08580V$，$\dfrac{dE}{dt} = 0.111V/K$，

　　计算：

　　（1）Zn-Cd 合金中 Zn 的活度。

　　（2）Zn-Cd 合金中 Zn 的偏摩尔量 $\Delta\overline{G}_m$、$\Delta\overline{H}_m$、$\Delta\overline{S}_m$ 和超额吉布斯自由能 $\Delta\overline{G}_m^E$。

4-6　设计电池测量 Pb-Cd 合金中 Cd 的活度。

4-7　熔盐电解的极化有几种类型？说明其原因。

4-8　什么叫去极化，哪些因素引起去极化？

4-9　举例说明熔盐电解的阳极效应。

4-10　何谓分解电压，何谓过电压？

4-11　在熔盐电解过程，金属在熔盐中溶解有几种类型？举例说明。

4-12　影响熔盐电解的电流效率的原因有哪些，如何减少对电解不利的影响？

5 离子液体

离子液体又称室温熔盐，是在室温或近于室温下呈液态的离子化合物。在离子液体中，只有阳离子和阴离子，没有中性分子。离子液体没有可测量的蒸气压、不可燃、热容大、热稳定性好、离子导电率高、电化学窗口宽，具有比一般溶剂宽的液体温度范围（熔点到沸点或分解温度）。通过选择适当的阴离子或微调阳离子的烷基链，可以改变离子液体的物理化学性质。因此，离子液体又被称为"绿色设计者溶剂"。许多学者认为，离子液体和超临界萃取相结合，将成为 21 世纪绿色工业的理想反应介质。

5.1 离子液体的组成和结构

离子液体是由带正电荷的阳离子和带负电荷的阴离子组成的溶液。阳离子有铵、吡唑鎓、咯啶鎓等，阴离子有 $[BF_4]^-$、$[PF_6]^-$、$[Tf_2N]^-$、$[CH_3SO_3]^-$ 等。组成离子液体的阳离子和阴离子的原子种类和个数比较多且复杂，因此，离子液体的对称性低。阳离子上的电荷和阴离子上的电荷离域分布在整个阳离子或阴离子上。

鲍恩（Bowron）研究了咪唑离子液体的结构，发现该离子液体以咪唑鎓阳离子为中心，氯离子在周围配位，氯离子和咪唑鎓上的氢之间有强的相互作用，在咪唑鎓阳离子上的相邻甲基之间也存在相互作用，在前两个或前三个配位层中离子的填充和相互作用与晶体相似。

图 5.1 给出了基于中子衍射数据的 EPSR 模型咪唑鎓阳离子中心周围氯配位的概率分布。

第特尔弗茨（Deetlefs）采用中子衍射的方法研究了离子液体 $[MMIM][PF_6]$ 和苯混合

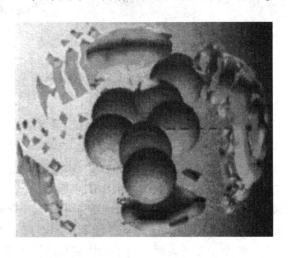

图 5.1 咪唑鎓阳离子中心周围氯的概率分布

体系的结构（苯的含量为33%～67%（摩尔分数）），得到了咪唑鎓阳离子中心周围阴离子和苯的径向分布函数，如图5.2所示。

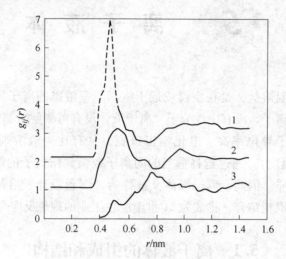

图5.2　混合体系的径向分布函数图
1—阴离子—阳离子；2—阳离子—苯；3—阳离子—阳离子

结果表明，咪唑鎓阳离子的径向分布函数和苯的径向分布函数相似。两者分别在0.5nm和0.96nm处形成球壳。

在咪唑鎓和苯2:1的溶液中，$[DMIM]^+$周围的苯、$[PF_6]^-$和$[DMIM]^+$的概率分布如图5.3所示。苯周围的$[PF_6]^-$、$[DMIM]^+$和苯的概率分布如图5.4所示。

（a）　　　　　　　　　　（b）　　　　　　　　　（c）

图5.3　$[DMIM]^+$周围概率分布
（a）$[PF_6]^-$；（b）苯；（c）$[DMIM]^+$

苯的存在改变了$[MMIM][PF_6]$离子液体的结构。

布莱德利（Bradley）用XRD测试了咪唑类离子液体，其XRD图谱都有一个宽的衍射峰。图5.5给出了$[C_{16}MIM][OTf]$的XRD图。由图可见，有一个宽的峰，说明在离子液体中存在短程有序的缔合结构。图5.6给出了$[OMIM][PF_6]$散射强度随入射角变化的关系。

直接反冲光谱法（DRS）可以用来研究离子液体的表面结构。

运用DRS法研究离子液体$[OMIM][PF_6]$、$[OMIM][BF_4]$、$[OMIM]Br$、$[OMIM]Cl$、$[C_{12}MIM][BF_4]$的表面结构。结果表明，在真空条件下，阴阳离子都向离子液体表面积聚，阳离子环与表面垂直、N原子靠近表面，离子液体烷基链长的阳离子会旋转，而导致烷基链离开表面进入液相本体，使甲基靠近表面。

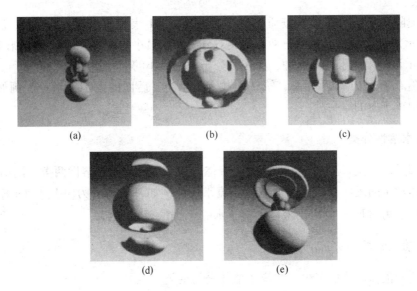

图 5.4 苯周围概率分布

(a),(b)[DMIM]$^+$;(c),(d)[PF$_6$]$^-$;(e)苯

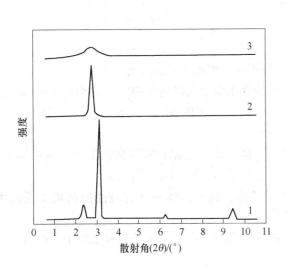

图 5.5 [C$_{16}$MIM][OTf]小角度 X 射线衍射图

1—50℃晶体;2—70℃ SmA$_2$ 相;3—90℃异构体

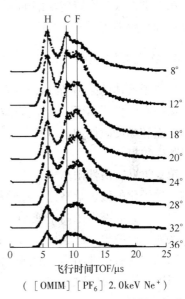

([OMIM][PF$_6$] 2.0keV Ne$^+$)

图 5.6 [OMIM][PF$_6$]散射强度随
入射角变化的关系

5.2 离子液体的种类

文献报道的离子液体有一千多种,可以按不同的方法分类。

5.2.1 按阳离子和阴离子化学结构分类

目前,共有 19 类阳离子。对于阳离子采用数字编号,首位数表示所属种类,后面的数表示该类阳离子的种，种是按质量排序。例如，201 表示第二类，即双取代咪唑阳离子，01 表示是该类阳离子中第一种，即相对分子质量最小的那种。1101 表示第 11 类阳离子，01 表示该类阳离子的第一种，即相对分子质量最小的那种。

对于阴离子，以"0"开头，第二位数字表示类，后面的数字表示种。例如，011 表示第一类阴离子中的第一种。

5.2.2　按水溶性分类

根据离子液体是否溶解于水，将离子液体分为水溶性和水不溶性两类。阴离子可以控制离子液体对水的反应活性、配位能力和疏水性。例如，阴离子为 $[BF_4]^-$ 的离子液体溶于水，阴离子为 $[PF_4]^-$ 的离子液体不溶于水。

5.2.3　按功能分类

根据离子液体功能的多少，将离子液体分为两类。

第一类是功能多的离子液体。可以作为溶剂、热载体、润滑剂、添加剂、萃取剂、表面活性剂和抗静电剂等。

第二类是仅具有特定功能的离子液体。例如，分析化学中的色谱固定相，质谱分析中的基质和传感器等。

5.2.4　按酸碱性分类

按离子液体的路易斯（Lewis）酸、碱性不同，把离子液体分为三类。

第一类中性阴离子。离子液体中的阴离子和阳离子的静电作用弱。这类离子液体具有低的熔点和黏度。例如，$[BF_4]^-$、$[PF_6]^-$、$[Tf_2N]^-$、$[CH_3SO_3]^-$、$[SCN]^-$、$[(CN)_3C]^-$、对甲苯磺酸等。

第二类具有酸性阳离子或阴离子的离子液体。离子液体具有弱酸性阳离子或阴离子。例如，质子化的铵、吡咯鎓、咪唑鎓等，含有过量的 $AlCl_3$ 的离子液体。

第三类具有碱性阳离子或阴离子的离子液体。离子液体中具有碱性的阳离子或阴离子。例如，甲酸根、乙酸根、二氰胺根等。

第四类含有两性阴离子的离子液体。两性阴离子具有接受质子和提供质子的能力。例如，$[HSO_4]^-$、$[H_2PO_4]^-$ 等。

5.3　离子液体的性质

5.3.1　离子液体的熔点

离子液体的熔点决定其使用温度的下限。离子液体的熔点由其阴阳离子的体积、对称性和电荷分布等因素决定。它是离子液体的阴阳离子结构及相互作用的表现。

5.3.1.1　咪唑类离子液体的熔点

A　离子液体的分子结构对其熔点的影响

咪唑类离子液体的熔点受阳离子中的 H—π 键作用、阳离子平面性作用、对称性作用和侧链取代基的诱导作用影响。H—π 键是氢离子和 π 键形成的氢键，使阳离子相互接触，离子液体熔点降低。咪唑为一共轭环，若引入的基团也是平面环，增大了阳离子平面性，有利于其层状密堆积，造成熔点升高。

咪唑类离子的直链、侧链增加碳原子使其变长，对称性降低，熔点降低。咪唑类离子的侧链引入吸电子基团，由于吸电子的诱导作用，使咪唑环上的正电子集中，阴阳离子间的相互作用增强，熔点升高。

上面各影响因素的相对强弱顺序为 H—π 键 > 诱导作用 > 平面性作用 > 对称性。

B 阳离子的影响

咪唑类离子液体的熔点与有机阳离子体积、电荷分散程度、结构的对称性有关。例如，甲基-1,3 双取代，乙基-1,3 双取代，丙基-1,3-双取代咪唑盐具有较高的熔点。

烷基侧链短，库仑力是咪唑离子的主要吸引力。随着烷基侧链碳原子数增加，咪唑阳离子对称性降低，阻碍了离子结晶堆积，熔点降低。而当碳链增加到一定程度（$n > 9$），范德华力成为咪唑离子堆积的主要引力，熔点升高。碳链足够长（十四烷基或更长）咪唑离子液体呈玻璃态。

C 阴离子的影响

咪唑离子液体的熔点与其阴离子有关。阴离子尺寸越大，咪唑离子液体熔点越低。其熔点顺序为：$Cl^- > [PF_6]^- > [NO_2]^- > [NO_3]^- > [AlCl_4]^- > [BF_4]^- > [CF_3SO_3]^- > [CF_3CO_2]^-$。但尺寸太大，阴离子间的范德华力增强，会使熔点升高。

咪唑离子液体的阴离子的对称性也对其熔点有影响。

5.3.1.2 其他类离子液体的熔点

离子液体的熔点主要由静电力和范德华力的大小决定。对于不同的离子液体，两种力的相对大小不同，其对熔点的决定作用不同。

季铵盐类离子液体，熔点受范德华力影响较大。此类离子液体的熔点受阳离子的影响比受阴离子的影响大。

吡啶类离子液体随烷基链长增加，熔点升高。鏻盐类离子液体的阳离子体积小，对称性高则熔点高，对称性低则熔点低。常见的鏻盐类离子液体的阳离子都是由具有三个相同的烷基和一个长的烷基构成，阴离子的影响和咪唑类离子液体相同。

5.3.2 离子液体的热分解温度

离子液体的分解温度在 250 ~ 500℃ 之间，与其结构密切相关。对一定的阳离子，离子液体的分解温度还与测量分解温度所用的样品盘组成有关。例如，采用铝样品盘，受铝的催化作用 $[EMIM][PF_6]$ 的分解温度比用 Al_2O_3 样品盘低 100 多度。

5.3.3 离子液体的密度

大部分离子液体的密度在 $1.1 \sim 1.6 g/cm^3$ 之间。只有一些吡咯类、胍类离子液体密度在 $0.9 \sim 0.97 g/cm^3$ 之间。

离子液体的密度主要由阴阳离子类型决定。阴离子越大，离子液体密度越大；阳离子体积越大，离子液体密度越小。

离子液体密度与温度有关。温度升高，离子液体体积增大，密度减小。离子液体热膨胀系数为 $5 \times 10^{-4} K^{-1}$，是水和有机溶剂的 2~3 倍。

5.3.4　离子液体的黏度

离子液体的黏度较大，比水和一般有机溶剂大 1~3 个数量级。在离子液体与酸性混合物中，由于 $AlCl_4^-$、$Al_2Cl_7^-$ 等阴离子存在，使氢键变弱，离子液体黏度变小。

离子液体的黏度与温度有关。温度升高，黏度降低。离子液体大的黏度主要由范德华力和氢键造成。

5.3.5　离子液体的表面张力

离子液体的表面张力比普通有机溶剂的表面张力大，比水的表面张力小，大约在 2~7.3Pa·cm 之间。离子液体的表面张力与结构有关。对于阴离子相同的离子液体，其表面张力随阳离子尺寸增大而变小。对于阳离子相同的离子液体，其表面张力随阴离子尺寸增大而增大。

离子液体的表面张力与温度有关，服从奥托瓦斯（Eotvos）方程

$$\sigma V_m^{2/3} = k(T_C - T) \tag{5.1}$$

式中，σ 为表面张力；V_m 为离子液体的摩尔体积；T_C 为临界温度；k 为经验常数。k 的取值范围介于非极性液体的 $k \approx 2.3 \times 10^{-7} J/K$ 和极性熔盐（NaCl）的 $k \approx 0.4 \times 10^{-7} J/K$ 两者之间。

5.3.6　离子液体的酸性和配位能力

离子液体的酸性和配位能力主要由阴离子决定。阴离子不同，离子液体的酸性不同，配位能力也不同。表 5.1 给出了一些常见的离子液体中阴离子的酸性和配位能力。

表 5.1　常见离子液体中阴离子的配位能力

酸度/配位能力		
碱性/强配位	中性/弱配位	酸性/非配位
Cl^-	$AlCl_4^-$	$Al_2Cl_7^-$
Ac^-	$CuCl_2^-$　$CF_3SO_3^-$	$Al_3Cl_{10}^-$
NO_3^-	SbF_6^-　AsF_6^-	
SO_4^{2-}	BF_4^-	$Cu_2Cl_3^-$
	PF_6^-	$Cu_3Cl_4^-$

$AlCl_3$ 的摩尔分数小于 0.5，[EMIM]Cl/AlCl$_3$ 含碱性阴离子 Cl^-，为碱性离子液体；添加 $AlCl_3$ 到摩尔分数为 0.5；成为含阴离子 $[Al_2Cl_4]^-$ 的中性离子液体，继续添加 $AlCl_3$

到摩尔分数大于 0.5，成为含酸性阴离子 $[Al_2Cl_7]^-$ 的酸性离子液体。可见 $[EMIM]Cl/AlCl_3$ 的酸碱性主要取决于 $AlCl_3$ 的含量。

将 HCl 气体通入含 $AlCl_3$ 为 0.55（摩尔分数）的 $[EMIM]Cl/AlCl_3$ 离子液体中，该混合物成为超酸体系，其酸性比纯硫酸还强。

5.3.7 离子液体的极性与极化能力

离子液体正负电荷中心不重合，具有极性。离子液体的极性主要与阳离子有关，其极性接近短链的醇，如甲醇。离子液体对反应物分子具有极化能力，可以促进反应的进行。改变阳离子种类可以改变离子液体的极化性能，而改变阴离子种类对极化能力影响不大。

5.3.8 离子液体的介电常数

离子液体具有介电作用。例如，在常温条件，甲基咪唑的介电常数 ε 值在 15.2～8.8 之间。ε 值随着烷基链长的增加而减少。阴离子对离子液体的介电常数影响大，顺序是 $[Tf]^- > [BF_4]^- > [PF_6]^-$。

5.3.9 离子液体的溶解性和溶剂化作用

离子液体与气体、液体和固体的相互作用对于离子液体的应用具有重要意义。

离子液体的溶解性与其阳离子、阴离子上的取代基和阴离子密切相关。改变离子液体中离子的种类可以改变离子液体的溶解性。例如将 Cl^- 改为 $[PF_6]^-$，离子液体从与水互溶转变为几乎完全不互溶。

5.3.9.1 金属盐的溶解性

（1）对金属卤化物的溶解性

金属卤化物可以溶解到碱性离子液体中，形成配合物，但在酸性离子液体中，有的可以生成沉淀。例如，$PdCl_2$ 溶解到酸性 $[EMIM]Cl/AlCl_3$ 型离子液体中生成 $[EMIM]_2[PdCl_4]$ 晶体。

（2）对金属配合物的溶解性

金属配合物在离子液体中的溶解度取决于离子液体的本性、溶剂或是配合物的组成。简单的金属化合物在非配位离子液体中的溶解度很小。随着亲脂性配体的加入，可以增加其溶解度。离子型配合物比中性配合物更易溶于离子液体中。

5.3.9.2 对有机化合物的溶解性

有机化合物在离子液体中的溶解性因其介电常数的不同而有较大的差异。

离子液体极性强，复杂的有机分子如环式糊精、糖脂类溶解于离子液体中，溶解度提高。

极性或偶极性的氯仿、甲醇和乙腈等可以溶解于几乎所有的离子液体。

5.3.9.3 气体的溶解度

（1）在所有的离子液体中，水蒸气的溶解度都极高。水蒸气在含有 $[BF_4]^-$ 阴离子的离子液体中溶解度更大。而咪唑环上的烷基链越长，水蒸气的溶解度越小。

（2）气体在离子液体中的溶解度与气体的极化率有关。C_2H_6、C_2H_4、CO_2、O_2、Ar、H_2 溶解于 $[BMIM][PF_6]$ 离子液体中，其中 CO_2 的溶解度最大。

5.3.10　离子液体的电导率

离子液体的电导率与有机电解液相近。玻恩哈特（Bonhôte）给出的离子液体的电导率公式为

$$\lambda = yF^2\rho/(6\pi N_A M\eta)\left[(\xi_a r_a)^{-1} + (\xi_c r_c)^{-1}\right] \tag{5.2}$$

式中，y 为电离度；F 为法拉第常数；ρ 为离子液体的密度；M 为相对分子质量；η 为离子液体的黏度；r 为水力半径；ξ 为自由离子间相互作用的校正因子；下角标 a、c 分别表示阴离子和阳离子。

由上式可见，黏度越大，离子半径越大，离子液体的导电性越差；密度越大，离子液体的导电性越好。

离子液体的电导率和黏度有关，这是因为黏度和离子迁移能力有关。离子液体的电导率和阳离子种类有关，其影响大小的顺序为：1-烷基-3-甲基咪唑阳离子 > N, N-二烷基吡啶阳离子 > 季铵阳离子。

离子液体的电导率和温度有关，两者的关系可以用瓦基尔-台曼-弗尔舒尔（VTF）公式表示

$$\lambda = AT^{-1/2}\exp\left[-B(T - T_0)\right] \tag{5.3}$$

式中，λ 为电导率；A、B 为经验常数；T_0 为理想玻璃态温度（此温度离子液体的电导率为零）。若实际温度大于 $2T_0$，可以用阿伦尼乌斯关系式。

5.3.11　离子液体的电化学窗口

离子液体中的阴离子氧化电势比较正，阳离子还原电势较负，因此，离子液体具有较宽的电化学窗口。

大多数离子液体的电化学窗口的上限变化范围不很大，而离子液体电化学窗口的下限却因阳离子的不同而有较大差别。例如，阴离子 $[BF_4]^-$、$[PF_6]^-$、$[Tf]^-$ 氧化电势的差别不到 0.5V，非氯代铝酸型离子液体的电化学窗口在 4.5 ~ 6.0V 之间。

5.3.12　离子液体的扩散系数

在离子液体中，离子的扩散系数与温度有关，温度越高，扩散系数越大。扩散系数与温度的关系符合 VIF 方程

$$D = D_0\exp\left(\frac{-B}{T - T_0}\right) \tag{5.4}$$

式中，D_0、B、T_0 为参数。

5.3.13　离子液体的离子迁移数

阳离子和阴离子的迁移数可以实验测量，也可以利用下面的公式由阳离子和阴离子的自扩散系数计算。

$$t_{R^+} = \frac{D_{R^+}}{D_{R^+} + D_{X^-}} \tag{5.5}$$

$$t_{X^-} = \frac{D_{X^-}}{D_{R^+} + D_{X^-}} \tag{5.6}$$

式中，t_{R^+}、t_{X^-} 分别为阳离子和阴离子的迁移数；D_{R^+} 和 D_{X^-} 分别为阳离子和阴离子的自扩散系数。

5.4　以离子液体为电解质电沉积金属

采用离子液体做电解质，在室温即可进行电沉积。由于离子液体不挥发、不燃烧、电导率高、热稳定性好、电化学窗口宽，在室温即可电沉积出许多在水溶液电沉积中无法得到的活泼金属。因为在电沉积过程中，没有氢气析出，所以电流效率高，产物纯度高。离子液体有希望成为电化学应用技术中的重要电解质。

5.4.1　AlCl₃ 型离子液体

金属和合金在 AlCl₃ 型离子液体中的电沉积已被广泛研究。在 AlCl₃ 的含量超过 50%（摩尔分数）的酸性离子液体中，溶解在其中的金属氯化物 MCl_n 被二聚氯化铝（$Al_2Cl_7^-$）阴离子夺去氯离子，变成阳离子 MCl_{n-m}^{m+}，化学反应方程式为

$$MCl_n + mAl_2Cl_7^- = MCl_{n-m}^{m+} + 2mAlCl_4^-$$

在阴极极化条件下，MCl_{n-m}^{m+} 能被还原成金属 M，$Al_2Cl_7^-$ 能被还原成金属 Al。

$$MCl_{n-m}^{m+} + me = M + (n-m)Cl^-$$

$$4Al_2Cl_7^- + 3e = Al + 7AlCl_4^-$$

如果 MCl_{n-m}^{m+} 的还原电位比 $Al_2Cl_7^-$ 正，阴极得到的是纯金属 M。如果 MCl_{n-m}^{m+} 的还原电位比 $Al_2Cl_7^-$ 负，则得到 Al-M 合金。

在 AlCl₃ 含量低于 50%（摩尔分数）的碱性离子液体中，溶解在其中的金属氯化物 MCl_n 能与离子液体中的负氯离子形成氯络合负离子，即

$$MCl_n + mCl^- = MCl_{n+m}^{m-}$$

在碱性条件下，在烷基咪唑和烷基吡啶的电势窗口内金属 M 可以沉积，而 Al 不沉积。

中性离子液体是由等摩尔的有机氯化物和 AlCl₃ 混合而成。加入到中性离子液体中的金属盐即可作为路易斯酸，又可作为路易斯碱，为保持离子液体的中性，需要加入过量的 LiCl、NaCl 或 HCl。

在 AlCl₃ 型离子液体中，可以电沉积纯金属或合金。

图 5.7 给出了 AlCl₃ 型离子液体中氧化还原电对的标准电极电势。

图 5.7 中的标准电极电势是相对于 Al/Al(Ⅲ) 电极电势。Al/Al(Ⅲ) 电极电势是将纯铝丝浸在 AlCl₃ 摩尔分数为 66.7% 或 60.0% 的离子液体中得到的。

表 5.2 为电沉积元素表，表 5.3 和表 5.4 为离子液体中一些氧化还原电对的标准电极电势。

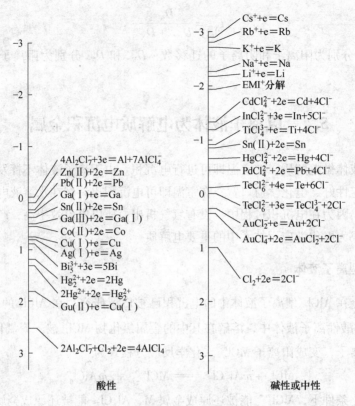

图 5.7　AlCl₃ 型离子液体中氧化还原对的标准电极电势

表 5.2　电沉积元素表

	1	2	3	4	5	6	7	8	9	10	11	12	13/Ⅲ	14/Ⅳ	15/Ⅴ	16/Ⅵ	17/Ⅶ	18/Ⅷ
1	H																	He
2	Li	Be											B	C	N	O	F	Ne
3	Na	Mg A											Al	Si	P	S	Cl	Ar
4	K	Ca A	Sc	Ti A	V	Cr A	Mn	Fe A	Co A	Ni A	Cu AB	Zn A	Ga A	Ge	As	Se	Br	Kr
5	Rb	Sr A	Y	Zr	Nb A	Mo	Tc	Ru	Rh	Pd B	Ag A	Cd B	In AB	Sn AB	Sb AB	Te B	I	Xe
6	Cs	Ba	Ln	Hf	Ta	W	Re	Os	Ir	Pt A	Au B	Hg AB	Tl B	Pb A	Bi A	Po	At	Rn
7	Fr	Ra	An	Rf	Db	Sg	Bh	Hs	Mt	Uun	Uuu	Uub						

镧系元素	La a	Ce	Pr	Nd	Pm	Sm	Eu	Cd	Tb	Dy	Ho	Er	Tm	Yb	Lu
锕系元素	Ac	Th	Pa	U	Np	Pu	Am	Cm	Bk	Cf	Es	Fm	Md	No	Lr

注：灰色代表的是可以在酸性（A）或碱性（B）AlCl₃ 型离子溶液中沉积的元素，黑色代表的是只能作为合金组分沉积的元素。

表 5.3 酸性 $AlCl_6$ 型离子液体中氧化还原对的标准电极电势（$\varphi^{\ominus}$）

序号	氧化还原对	$E^{\ominus}/V$[①]	$AlCl_3$ 含量（摩尔分数）/%	阳离子	温度/℃
1	$Ga(III) + 2e = Ga(I)$	0.655	60.0	$[EMIM]^+$	30
2	$Ga(I) + e = Ga$	0.437	60.0	$[EMIM]^+$	30
3	$Sn(II) + 2e = Sn$	0.55	66.7	$[EMIM]^+$	40
4	$Pb(II) + 2e = Pb$	0.400	66.7	$[EMIM]^+$	40
5	$SbCl_2^+ + 3e = Sb + 2Cl^-$	0.389**	—	$[BP_y]^+$	40
6	$Bi_5^{3+} + 3e = 5Bi$	0.925	66.7	$[BP_y]^+$	25
7	$Fe(III) + e = Fe(II)$	2.036*	66.7	$[BP_y]^+$	40
8	$Fe(II) + 2e = Fe$	0.773*	66.7	$[BP_y]^+$	40
9	$Co(II) + 2e = Co$	0.71 0.894*	60.0 66.7	$[EMIM]^+$ $[BP_y]^+$	— 36
10	$Ni(II) + 2e = Ni$	0.800* 1.017*	60.0 66.7	$[BP_y]^+$ $[BP_y]^+$	40 40
11	$Cu(I) + e = Cu$	0.784 0.837 0.843 0.777	66.7 60.0 66.7 66.7	$[BP_y]^+$ $[EMIM]^+$ $[EMIM]^+$ $[MP_y]^+$	40 40 40 30
12	$Cu(II) + e = Cu(I)$	1.825 1.851	66.7 66.7	$[BP_y]^+$ $[MP_y]^+$	40 30
13	$Zn(II) + 2e = Zn$	0.322	60.0	$[EMIM]^+$	40
14	$Ag(I) + e = Ag$	0.844	66.7	$[EMIM]^+$	25
15	$2Hg^{2+} + 2e = Hg_2^{2+}$	1.21	66.7	$[EMIM]^+$	40
16	$Hg_2^{2+} + 2e = 2Hg$	1.093	66.7	$[EMIM]^+$	40

① 表示相对于 $Al/Al(III)$ 的电极电位（带 * 或 ** 的除外）。

表 5.4 碱性 $AlCl_3$ 型离子液体中氧化还原对的标准电极电势（$\varphi^{\ominus}$）

序号	氧化还原对	$E^{\ominus}/V$[①]	$AlCl_3$ 含量（摩尔分数）/%	阳离子	温度/℃
1	$InCl_5^{2-} + 3e = In + 5Cl^-$	−1.009 −1.096	49.0 44.0	$[EMIM]^+$ $[EMIM]^+$	27 27
2	$TiCl_6^{2-} + 3e = TiCl_4^{3-} + 2Cl^-$	−0.025 −0.005	40.0 44.4	$[EMIM]^+$ $[EMIM]^+$	30 30
3	$TiCl_4^{3-} + e = Ti + 4Cl^-$	−0.965 −0.900	40.0 44.4	$[EMIM]^+$ $[EMIM]^+$	30 30
4	$Sn(II) + e = Sn$	−0.85	44.4	$[EMIM]^+$	40
5	$SbCl_4^- + 3e = Sb + 4Cl^-$	−0.523*	—	$[BP_y]^+$	40

序号	氧化还原对	$E^{\ominus}/V^{①}$	AlCl$_3$ 含量 （摩尔分数）/%	阳离子	温度/℃
6	$TeCl_6^{2-}+4e=Te+6Cl^-$	-0.013 0.077	44.4 49.0	$[EMIM]^+$ $[EMIM]^+$	30 30
7	$Te+2e=Te^{2-}$	-1.030 -1.036	44.4 49.0	$[EMIM]^+$ $[EMIM]^+$	30 30
8	$Cu(Ⅰ)+e=Cu$	-0.647	42.9	$[BP_y]^+$	40
9	$Cu(Ⅱ)+e=Cu(Ⅰ)$	0.046	42.9	$[BP_y]^+$	40
10	$PdCl_4^{2-}+2e=Pd+4Cl^-$	-0.230 -0.110	44.4 49.0	$[EMIM]^+$ $[EMIM]^+$	40 40
11	$AuCl_2^-+e=Au+2Cl^-$	0.310	44.4	$[EMIM]^+$	40
12	$AuCl_4^-+2e=AuCl_2^-+2Cl^-$	0.374	44.4	$[EMIM]^+$	40
13	$HgCl_4^{2-}+2e=Hg+4Cl^-$	-0.370	44.4	$[EMIM]^+$	40

① 表示相对于 Al/Al(Ⅲ)的电极电位,带*(相对于 Sb(Ⅲ)/Sb)的除外。

5.4.1.1   主族元素的电沉积

A   在酸性离子液体中电沉积金属

在酸性[EMIM]Cl/AlCl$_3$型离子液体中可以电沉积得到 Al-Mg 合金，其中 Mg 的质量分数为 2.2%。

$$Mg(Ⅱ)+2e=(Mg)_{Al}$$

GaCl$_3$溶解在酸性[EMIM]Cl/AlCl$_3$离子液体中，电沉积得到金属镓。

$$Ga(Ⅲ)+2e=(Ga)(Ⅰ)$$
$$Ga(Ⅰ)+e=Ga$$

B   在碱性离子液体中，电沉积金属

InCl$_3$可溶解在碱性[DMPI]Cl/AlCl$_3$型离子液体中，形成络合阴离子[InCl$_5$]$^{2-}$，再还原成金属铟。

$$InCl_3+2Cl^-=[InCl_5]^{2-}$$
$$[InCl_5]^{2-}+3e=In+5Cl^-$$

TeCl$_4$可溶解于碱性[EMIM]Cl/AlCl$_3$型离子液体中，形成络合阴离子[TeCl$_5$]$^{2-}$，再还原成金属碲。

$$TeCl_4+2Cl^-=[TeCl_6]^{2-}$$
$$[TeCl_6]^{2-}+4e=Te+6Cl^-$$

5.4.1.2   过渡金属的电沉积

A   在酸性离子液体中电沉积金属

TiCl$_2$可溶解于含摩尔分数为 60.0% 和 66.7% AlCl$_3$ 的酸性[EMIM]Cl/AlCl$_3$型离子液体中，溶解度为 60mol/L 和 170mol/L，可以和 Al 共沉积得到含钛 19% 的 Al-Ti 合金。

$$Ti^{2+}+2e=[Ti]_{Al}$$

$CrCl_2$ 可溶解于酸性 $[BPy]Cl/AlCl_3$ 型离子液体中，溶解度为 $0.31mol/L$。电沉积得到含 Cr 质量分数为 94% 的 Al-Cr 合金。

$$Cr^{2+} + 2e =\!\!=\!\!= [Cr]_{Al}$$

$CoCl_2$ 可溶解于酸性 $[EMIM]Cl/AlCl_3$ 和 $[BP]Cl/AlCl_3$ 型离子液体中，电沉积得到含 Co 质量分数为 33% ~50% 的 Al-Co 合金。

$$Co^{2+} + 2e =\!\!=\!\!= [Co]_{Al}$$

$NiCl_2$ 可溶解于酸性 $[EMIM]Cl/AlCl_3$ 型离子液体中，电沉积得到金属镍。

$$Ni^{2+} + 2e =\!\!=\!\!= Ni$$

B 在碱性离子液体中，电沉积金属

$CrCl_2$ 可溶解于碱性 $[EMIM]Cl/AlCl_3$ 或 $[DMPI]Cl/AlCl_3$ 型离子液体中，形成络合阴离子 $[CrCl_4]^{2-}$，$[CrCl_4]^{2-}$ 被还原为金属铬。

$$CrCl_2 + 2Cl^- =\!\!=\!\!= [CrCl_4]^{2-}$$

$$[CrCl_4]^{2-} + 2e =\!\!=\!\!= Cr + Cl_4^-$$

$CoCl_2$ 可溶解于碱性 $[BP]Cl/AlCl_3$ 型离子液体中，形成络合阴离子 $[CoCl_4]^{2-}$，$[CoCl_4]^{2-}$ 被还原为金属钴。

$$CoCl_2 + 2Cl^- =\!\!=\!\!= [CoCl_4]^{2-}$$

$$[CoCl_4]^{2-} + 2e =\!\!=\!\!= Co + 4Cl^-$$

$CuCl_2$ 可溶解于碱性 $[EMIM]Cl/AlCl_3$ 型离子液体中，形成二价络合阴离子 $[CuCl_4]^{2-}$，$[CuCl_4]^{2-}$ 电沉积得到金属铜。

$$CuCl_2 + 2Cl^- =\!\!=\!\!= [CuCl_4]^{2-}$$

$$[CuCl_4]^{2-} + 2e =\!\!=\!\!= Cu + 4Cl^-$$

5.4.2 非 $AlCl_3$ 型离子液体

除 $AlCl_3$ 型离子液体外，还有 BF_4 型和 PF_6 型离子液体也可以用于电沉积金属。这类离子液体中不会发生金属共沉积。

5.4.2.1 主族金属的电沉积

$GeCl_4$、$GeBr_4$ 和 GeI_4 可以溶解于 $[BMIM][PF_6]$ 离子液体中，电沉积得到金属锗。

$$Ge^{4+} + 2e =\!\!=\!\!= Ge^{2+}$$

$$Ge^{2+} + 2e =\!\!=\!\!= Ge$$

$SbCl_3$ 溶解于碱性 $[EMIM]Cl/[EMIM_4][BF_4]$ 离子液体中，形成络合离子 $[SbCl_4]^-$，电沉积得到金属锑。

$$[SbCl_4]^{2-} + 2e =\!\!=\!\!= Sb + 4Cl^-$$

5.4.2.2 过渡金属的电沉积

$AgCl$ 溶解于 $[BMIM][PF_6]$ 离子液体中，电沉积得到金属银。

$$Ag^+ + e =\!\!=\!\!= Ag$$

溶解于碱性 $[EMIM]Cl/[EMIM][BF_4]$ 的络合离子 $[CuCl_2]^-$ 电沉积得到金属铜。

$$[CuCl_2]^- + e =\!\!=\!\!= Cu + 2Cl^-$$

5.4.3　其他离子液体

　　将 AlCl$_3$ 溶解于 1-丁基-1-甲基吡咯烷三氟甲基磺酸([BMp] – Tf$_2$N)盐离子液体中,电沉积得到金属铝。

$$Al(Ⅲ) + 3e \Longrightarrow Al$$

　　该离子液体对水和空气稳定。电沉积时不产生氢气,不发生有机物降解的副反应。也可以用于电沉积其他金属、合金和半导体。

习　题

5-1　简述离子液体的组成和结构。

5-2　离子液体如何分类?

5-3　说明决定离子液体熔点和密度的因素。

5-4　影响离子液体电导率的因素是什么?分析其原因。

5-5　什么叫离子液体的电化学窗口?

5-6　举例说明可以用于金属电沉积的离子液体类型。

6 固体电化学

6.1 晶体缺陷和缺陷类型

实际晶体中存在缺陷，按照缺陷的大小，可以分为四类：（1）点缺陷。缺陷的尺寸远小于晶体或晶粒的线度，这种缺陷叫做点缺陷。（2）线缺陷。在某一方向上，缺陷的尺寸可以与晶体或晶粒的线度相比拟，而在其他方向上缺陷的尺寸远小于晶体或晶粒的尺度，这种缺陷叫做线缺陷。（3）面缺陷。在共面的各方向上缺陷的尺寸可以与晶体或晶粒的线度相比拟，而在穿过该面的任何方向上缺陷的尺寸都远小于晶体或晶粒的尺度，这种缺陷叫做面缺陷。（4）体缺陷。任意方向上缺陷的尺寸都可以与晶体或晶粒的线度相比拟，这种缺陷叫做体缺陷。点缺陷、线缺陷、面缺陷、体缺陷可以分别看做零维、一维、二维、三维缺陷。

不论哪种缺陷，其浓度都是很小的，但对晶体的性质影响却非常大。缺陷影响晶体的力学性质、物理性质、化学性质等。

对于固体电解质而言，点缺陷对于其传导性质的影响最为重要，下面主要介绍点缺陷。

6.1.1 点缺陷的类型

点缺陷有两种类型，即空位和间隙原子。空位是空着的原子（或离子）位置，间隙原子是进入晶格间隙的原子。晶体中的空位和间隙原子的形成与原子的热运动或机械运动有关。

晶体中的原子都在其平衡位置做热振动。原子可能在某一瞬间获得较大的能量而脱离平衡位置。如果此原子是表面上的原子，就会离开晶体跑掉。次表面的原子就会迁移到表面的位置，这样就在晶体内部产生一个空位。如果获得较大能量的原子是晶体内部的原子，它就会离开平衡位置进入附近的晶格间隙中，这样就在晶体内部产生一个空位和一个间隙原子。

如果只形成空位而不形成等量的间隙原子，这样形成的缺陷称为肖特基（Schottky）缺陷。如果同时形成等量的空位和间隙原子，这样的缺陷成为弗兰克尔（Frenkel）缺陷。由于离子晶体局部电子中性的要求，肖特基缺陷是等量的正离子空位和负离子空位；由于负离子半径通常比正离子半径大得多，弗兰克尔缺陷是等量的正离子空位和间隙正离子。

6.1.2 点缺陷的平衡浓度

热力学研究表明，在0K以上，晶体的稳定状态是含有一定浓度的点缺陷的状态。这个浓度称为该温度的晶体中点缺陷的平衡浓度，用 $\bar{c}_v$ 表示。下面推导 $\bar{c}_v$ 和温度的关系。

在一定的温度和压力下，从 N 个原子组成的晶体中，取走 n 个离子，这就相当于引

进了 n 个空位。完整晶体的吉布斯自由能为 G_0，有 n 个空位的晶体的吉布斯自由能为 G，两者的吉布斯自由能之差，即引进空位后吉布斯自由能变化，为

$$\Delta G_0 = G - G_0 = \Delta H - T\Delta S = n(u - p\Delta V) - T(S_n + \Delta S_v) \tag{6.1}$$

式中，ΔH 和 ΔS 分别为引进了 n 个空位后晶体的焓变和振动熵变；u 为一个空位的生成能；ΔV 为引进一个空位引起的体积变化；$u - p\Delta V = \Delta h$ 为一个空位的生成焓；S_n 为混合熵；$\Delta S_v = n\Delta s_v$，Δs_v 为增加一个空位引起的振动熵变。据此，得

$$G = G_0 + n\Delta h - TS_n - nT\Delta s_v \tag{6.2}$$

$$S_n = k\ln w = k\ln C_N^n = k\ln \frac{N!}{n!\,(N-n)!} \tag{6.3}$$

式中，w 是 n 个空位和 $N-n$ 个原子这种状态的热力学概率，即 n 个空位在 N 个原子位置上的分布数，也就是从 N 个原子位置中取出 n 个的组合数 C_N^n。

采用斯特林近似，得

$$\begin{aligned}
S_n &= k[N\ln N - N - n\ln n + n - (N-n)\ln(N-n) + (N-n)] \\
&= -Nk\left[\left(\frac{n}{N}\right)\ln\left(\frac{n}{N}\right) + \left(\frac{N-n}{N}\right)\ln\left(\frac{N-n}{N}\right)\right] \\
&= -Nk[c_v\ln c_v + (1-c_v)\ln(1-c_v)]
\end{aligned} \tag{6.4}$$

式中，$c_v = \dfrac{n}{N}$ 为晶体中空位的浓度。

由式（6.4）作 S_n 对 c_v 的关系曲线，得图 6.1。由图可见，$c_v = 0.5$ 时，S_n 取最大值，曲线以直线 $c_v = 0.5$ 为对称轴。

将式（6.4）代入式（6.2），得

$$G = G_0 + Nc_v\Delta h + NkT[c_v\ln c_v +$$
$$(1-c_v)\ln(1-c_v)] - Nc_vT\Delta S_v \tag{6.5}$$

空位的平衡浓度 $\bar{c}_v$ 就是对应于最小吉布斯自由能的空位浓度。因此，将式（6.5）对 c_v 求导数，令 $\dfrac{dG}{dc_v} = 0$，即可求得 $\bar{c}_v$。由于

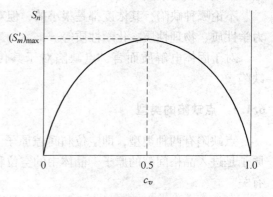

图 6.1　$S_n - c_v$ 曲线

晶体中的 $c_v \ll 1$，在求导时可以认为 ΔS_v 与 c_v 无关，得

$$\frac{dG}{dc_v} = N\Delta h + NkT[\ln\bar{c}_v + 1 - \ln(1-\bar{c}_v) - 1] - NT\Delta S_v = 0$$

有

$$\ln\left(\frac{\bar{c}_v}{1-\bar{c}_v}\right) = \frac{T\Delta S_v - \Delta h}{KT} \tag{6.6}$$

由于 $c_v \ll 1$，所以

$$\bar{c}_v \approx \exp\left(\frac{\Delta S_v}{K}\right)\exp\left(\frac{\Delta h}{KT}\right) = \exp\left(\frac{\Delta S_v}{R}\right)\exp\left(-\frac{\Delta H_v}{KT}\right) = \exp\left(-\frac{\Delta H_v - T\Delta S_v}{RT}\right) \tag{6.7}$$

或

$$\bar{c}_v = \exp\left(-\frac{\Delta G_v}{RT}\right)$$

$$\bar{c}_v = c_0 \exp\left(-\frac{\Delta H_v}{RT}\right)$$

$$c_0 = \exp\left(\frac{\Delta S_v}{R}\right)$$

式中，ΔH_v 和 ΔG_v 分别为 1mol 空位的生成焓和生成吉布斯自由能；ΔS_v 为增加 1mol 空位引起的振动熵变。

式（6.7）表明，在一定的温度，有一个平衡的空位浓度，在此状态，晶体的吉布斯自由能最小，晶体最稳定；空位的平衡浓度随温度升高呈指数增加。

空位的平衡浓度可以实验测定。测得几个不同温度的空位平衡浓度，就可以利用式（6.7）算出晶体的 ΔH_v、ΔG_v 和 ΔS_v。晶体空位的平衡浓度很小。例如，在 1000K，1mol 金的空位平衡浓度约为 10^{-4}，1mol 金的原子数目为 6.02×10^{23}，其平衡空位数为 6.02×10^{19} 个。

对于离子晶体而言，其肖特基缺陷的阳离子和阴离子空位平衡浓度分别为

$$\bar{c}_{v,\text{a}} = \exp\left(-\frac{\Delta G_{v,\text{a}}}{RT}\right) \tag{6.8}$$

和

$$\bar{c}_{v,\text{c}} = \exp\left(-\frac{\Delta G_{v,\text{c}}}{RT}\right) \tag{6.9}$$

式中，下角标 a、c 分别代表阴离子和阳离子；$\bar{c}_{v,\text{a}}$ 和 $\bar{c}_{v,\text{c}}$ 分别表示阴离子空位和阳离子空位平衡浓度；$\Delta G_{v,\text{a}}$ 和 $\Delta G_{v,\text{c}}$ 分别表示阴离子空位和阳离子空位的摩尔生成吉布斯自由能。

由式（6.8）和式（6.9），得

$$\bar{c}_{v,\text{a}}\bar{c}_{v,\text{c}} = \exp\left(-\frac{\Delta G_{v,\text{a}} + \Delta G_{v,\text{c}}}{RT}\right) = \exp\left(-\frac{\Delta G_{\text{S}}}{RT}\right) = \bar{c}_{\text{S}} \tag{6.10}$$

式中，

$$\Delta G_{\text{S}} = \Delta G_{v,\text{a}} + \Delta G_{v,\text{c}}$$

为肖特基缺陷（阴、阳离子空位对）的摩尔生成吉布斯自由能。某种空位（或间隙离子）的平衡浓度从数学上讲就代表该种空位（或间隙离子）出现的概率，所以式（6.10）的等号右边就是同时出现一个阴离子空位和一个阳离子空位的概率，即出现一个肖特基缺陷的概率。$\bar{c}_{\text{S}}$ 为肖特基缺陷的平衡浓度。

采用相似的分析，可以得到弗兰克尔缺陷的平衡浓度为

$$\bar{c}_{\text{F}} = \bar{c}_{i,\text{c}}\bar{c}_{v,\text{c}} = \exp\left(-\frac{\Delta G_{i,\text{c}} + \Delta G_{v,\text{c}}}{RT}\right) = \exp\left(-\frac{\Delta G_{\text{F}}}{RT}\right) \tag{6.11}$$

式中，$\bar{c}_{\text{F}}$ 为弗兰克尔缺陷的平衡浓度，也是同时形成一个阳离子空位和一个间隙阳离子的概率；$\bar{c}_{i,\text{a}}$ 和 $\bar{c}_{v,\text{c}}$ 分别为间隙阴离子和阳离子空位的平衡浓度；$\Delta G_{i,\text{c}}$、$\Delta G_{v,\text{c}}$ 和 ΔG_{F} 分别是间隙阳离子、阳离子空位和弗兰克尔缺陷的摩尔生成吉布斯自由能。

在点缺陷的平衡浓度，晶体的吉布斯自由能最低，也最稳定。具有平衡浓度的缺陷又称为热（平衡）缺陷。在有些条件下，晶体点缺陷的浓度可能大于平衡浓度。这样的点缺陷称为过饱和点缺陷或非平衡点缺陷。过饱和点缺陷是晶体在高温受到急冷、在高温进行压力加工或受到高能粒子辐照等情况下形成。点缺陷会对晶体的比容、比热容、电阻率等物理性质产生影响。

在晶体内部产生一个空位，需将该处的粒子移至晶体表面，从而导致晶体体积增大。在晶体中形成点缺陷需要向晶体提供附加能量，因而引起附加的热容。在晶体中形成点缺陷，破坏了晶体结构的周期性，对电子产生额外阻力，导致电阻率增大。

此外，点缺陷还会影响晶体的扩散系数、介电常数、可见光的吸收等。

6.2   离子晶体的点缺陷

离子晶体缺陷比原子晶体（金属）、分子晶体复杂。

6.2.1   离子晶体的点缺陷类型

离子晶体点缺陷的类型有 5 种：

（1）在阳离子或阴离子晶格中的空位；

（2）阳离子或阴离子分布在晶格结点间；

（3）外来的阳离子或阴离子置换了晶格结点上原来的离子，分布在晶格结点上；

（4）不受晶格离子束缚，可作为"准自由"传导电子移动的电子；

（5）"准自由"移动的电子空穴。

离子晶体的点缺陷采用两种方法表示（见表 6.1）：

（1）采用结构单元表示。点缺陷相对于空的空间定义。其中，晶格或晶格间隙位置由设想的坐标确定。用克劳格-卫因柯（Kröger-Vink）符号标记。

（2）采用构造单元表示。点缺陷相对于理想晶体定义。用肖特基符号标记。

前者被广泛采用。

表 6.1   点缺陷的标记符号

按照 F. A. Kröger 和 H. J. Vink	按照 W. Schottky	注 释
A_A	$A \mid A \mid$	在固有结点上的阴离子（相对于未被干扰的晶格是中性的）
$V_K' - K_K$	$\mid K \mid'$	一个 1 价阳离子的空位（相对于未被干扰的晶格带负电）
$V_A^\cdot - A_A$	$\mid A \mid'$	一个 1 价阴离子的空位（相对于未被干扰的晶格带正电）
$K_I^\cdot - V_I$	$K^\cdot$	1 价阳离子在晶格结点间（相对于未被干扰的晶格带正电）
$A_I' - V_I$	A'	1 价阴离子在晶格结点间（相对于未被干扰的晶格带负电）
$K_{2K_1} - K_{1K_1}$	$K_2 \mid K_1$	外来阳离子 K_2 在基阳离子 K_1 的结点上（相对于未被干扰的晶格是中性的，就带正电或负电）
e' 或 e	e'	电子（过剩电子）
$h^\cdot$ 或 h	$\mid e \mid^\cdot$	电子空穴（空穴）

6.2.2   化学计量组成的二元化合物

6.2.2.1   离子缺陷占优势的二元化合物

不考虑电子缺陷，化学计量组成的二元化合物有四种类型的点缺陷：

（1）在晶格结点间隙的阳离子；

（2）在晶格结点间隙的阴离子；

（3）在阳离子晶格结点的空位；

（4）在阴离子晶格结点的空位。

为保持电中性，两种离子缺陷总是同时存在。根据肖特基缺陷和弗兰克尔缺陷类型，离子缺陷见图6.2。图6.2（a）是弗兰克尔型缺陷。离子晶体的阴离子晶格不变，在阳离子晶格结点间隙存在阳离子，在阳离子晶格结点有阳离子空位。AgBr 离子晶体有这种缺陷。

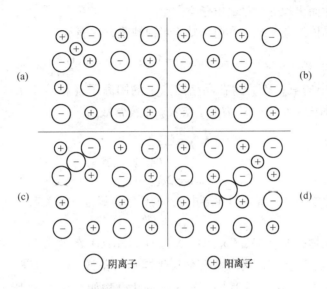

图6.2 化学计算组成的二元化合物中，离子缺陷基本类型

图6.2（b）是肖特基型缺陷。在阳离子晶格结点和阴离子晶格结点分别有阳离子空位和阴离子空位。离子晶体 NaCl 中有此种缺陷。

图6.2（c）是反弗兰克尔型缺陷。在离子晶体中，阳离子晶格不变，在阴离子晶格结点间隙存在阴离子，在阴离子晶格结点有阴离子空位。离子晶体 CaF_2 具有此类缺陷。

图6.2（d）是反肖特基型缺陷。在阳离子晶格结点间隙和阴离子晶格结点间隙分别存在阳离子和阴离子。此类点缺陷类型尚未找到实例。

6.2.2.2 电子缺陷占优势的二元化合物

在化学计量的化合物中，如果阳离子倾向于变价，则会出现电子缺陷占优势。例如，Cu^{2+} 的 1 个价电子 e 作为"准自由"的传导电子穿过离子晶格移动，留下 1 个可以看作 Cu^{3+} 的带正电的空穴 h^*，可写作

$$2Cu^{2+} \Longrightarrow Cu^+ + Cu^{3+}$$

或

$$0 \Longrightarrow e + h^*$$

式中，传导电子 e 代表 Cu^+。

还有 Cr_2O_3 的缺陷反应（氧离子晶格不变）

$$Cr_{Cr} + V_i \Longrightarrow V'''_{Cr} + Cr_i^{**} + h^*$$

或

$$Cr_{Cr} + V_i \Longrightarrow V'''_{Cr} + Cr_i^* + 2h^*$$

6.2.3 非化学计量组成的二元化合物

6.2.3.1 金属离子欠缺的二元化合物

二元化合物，由于金属离子不足而成为金属离子不足的非化学组成的二元化合物。在离子晶体中，保持阴离子晶格不变，而移走金属阳离子，形成金属阳离子空位，以及为保持离子晶体电中性而出现等数量的电子空穴。

金属氧化物晶体的金属缺失和电子缺陷可由缺陷方程表示为

$$\frac{1}{2}O_2 + Me_{Me} \rightleftharpoons V''_{Me} + 2h^* + MeO$$

式中，O_2 为气相中的氧；Me_{Me} 为在晶格结点上的阳离子（相对于未变化的晶格是中性的）；V''_{Me} 为二价阳离子空位；h^* 为电子空穴。平衡常数为

$$K = \frac{c_{V''_{Me}} c_{h^*}^2}{p_{O_2}^{\frac{1}{2}}}$$

$$c_{h^*} = 2c_{V''_{Me}}$$

这类金属氧化物为空穴导电（n-导电），电导率与氧分压的关系为

$$\lambda = k_1 p_{O_2}^{16}$$

这类金属氧化物有 $Fe_{1-x}O$、$Co_{1-x}O$、$Ni_{1-x}O$、$Cu_{1-x}O$ 等。

6.2.3.2 金属离子过剩或阴离子欠缺的二元化合物

具有金属阳离子过剩或非金属阴离子欠缺的化合物如图 6.2(c)所示，阴离子晶格不变，有额外的金属阳离子嵌入在晶格结点间隙。这样会出现自由移动的过剩电子。

金属氧化物 $Me_{1+x}O$ 的金属过剩，电子缺陷的反应方程为

$$MeO + V_i \rightleftharpoons Me_i^{**} + 2e + \frac{1}{2}O_2$$

平衡常数为

$$K = c_{Me_i^{**}} c_e^2 p_{O_2}^{\frac{1}{2}}$$

电导率与氧分压的关系为

$$\lambda = k_2 p_{O_2}^{-16}$$

负指数表征此类化合物为电子过剩导电（p-导电）。属于此类的金属氧化物有 $Zn_{1+x}O$、$Ti_{1+x}O_2$、$V_{2+x}O_5$、$W_{1+x}O_3$、$Nb_{2+x}O_5$、$Sn_{1+x}O$ 和金属硫化物 $Ag_{1+x}S$、$Ni_{1+x}S$。

氧化物 MeO_{1-x} 的阴离子欠缺，反应方程为

$$O_O \rightleftharpoons V_O^{**} + 2e' + \frac{1}{2}O_2$$

式中，O_O 为固有晶格结点上的氧离子（相对于未变化的晶格是中性的）；V_O^{**} 为两价氧离子空位。平衡常数为

$$K = c_{V_O^{**}} c_e^2 p_{O_2}^{\frac{1}{2}}$$

属于此类的金属氧化物有 NbO_{2-x}、Ta_2O_{5-x} 等。

6.2.4 金属或非金属离子过剩的二元化合物

有些金属化合物会根据环境中非金属压力不同造成金属离子过剩或非金属离子过剩，

偏离化学计量组成。这类金属化合物可以通过改变气相中非金属的压力决定其何种离子过剩。

通过与气相中的氧交换，这类金属氧化物在高氧压的情况氧过剩，在低氧压的情况氧欠缺。例如，碱金属氧化物 $Ca_{1\mp x}O$、$Mg_{1\mp x}O$、$Ba_{1\mp x}O$、$Sr_{1\mp x}O$ 和硫化物 $Pb_{1\mp x}S$ 等。

6.2.5 三元混合相（固溶体）和化合物

6.2.5.1 掺杂外来阳离子的二元化合物

具有弗兰克尔缺陷的离子化合物 AgBr 的缺陷反应方程式为

$$Ag_{Ag} + V_i \rightleftharpoons V'_{Ag} + Ag_i^*$$

式中，Ag_{Ag} 为在阳离子 Ag^+ 晶格结点上的银离子 Ag^+；V_i 为在阳离子 Ag^+ 晶格结点间隙的1价阳离子；V'_{Ag} 为1价阳离子 Ag^+ 空位，Ag_i^* 为1价阳离子 Ag^+ 在晶格结点间隙。

向 AgBr 中加入 $PbBr_2$，成为混合相。Pb^{2+} 占据了 Ag^+ 的晶格结点。一个过剩电荷进入阳离子 Ag^+ 的晶格中，消耗了相应数量的正的 Ag^+ 晶格缺陷，缺陷反应为

$$PbBr_2 + (Ag^* - V_i) \rightleftharpoons (Pb_{Ag}^* \quad Ag_{Ag}) + 2AgBr \tag{6.a}$$

每一个银离子 Ag^+ 迁移到阳离子晶格间隙，就产生一个银离子空位，可以写作

$$PbBr_2 \rightleftharpoons (Pb_{Ag}^* - Ag_{Ag}) + (V'_{Ag} - Ag_{Ag}) + 2AgBr \tag{6.b}$$

根据反应方程（6.a），该过程先导致该离子晶体的电导率降低，随后，根据反应方程（6.b），该离子晶体的电导率又升高，见图6.3。

KCl 是具有肖特基缺陷的化学计量组成的阳离子和阴离子混合导电的离子化合物，缺陷反应方程为

$$K_K + Cl_{Cl} \rightleftharpoons V'_K + V_{Cl}^*$$

加入较高价的阳离子 $SrCl_2$，缺陷反应方程式为

$$SrCl_2 + 2K_K \rightleftharpoons Sr_K^* + V'_K + 2KCl$$

从而增加了阳离子空位数量，增加了阳离子导电。

添加具有较高价或较低价阳离子的化合物，也能影响化学计量组成的阴离子导体中的缺陷。

具有反弗兰克尔型缺陷的离子晶体 CaF_2，其缺陷方程为

$$F_F + V_i \rightleftharpoons F'_i + V_F^*$$

用 YF_2 掺杂，F-空位首先被填充，反应方程为

$$YF_3 + (V_F^* - F_F) \rightleftharpoons (Y_{Ca}^* - Ca_{Ca}) + CaF_2$$

F'离子嵌入到离子晶格结点间隙，有

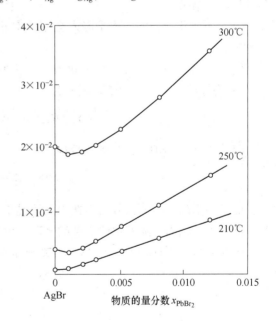

图6.3　AgBr-PbBr$_2$ 的电导率与摩尔分数的关系

$$YF_3 \Longleftrightarrow (Y_{Ca}^* - Ca_{Ca}) + (F_i' - V_i) + CaF_2$$

如果用 NaF 掺杂，晶格结点间隙的 F′ 离子被消耗，造成 F 空位。反应方程为

$$NaF + (F_i' - V_i) \Longleftrightarrow (Na_{Ca}' - Ca_{Ca}) + CaF_2$$

和

$$NaF \Longleftrightarrow (Na_{Ca}' - Ca_{Ca}) + (V_F^* - F_F) + CaF_2$$

在电子缺陷占优势的化学计量组成的化合物 Cr_2O_3 中，本征半导体借助掺杂不仅能成为 p - 导电，还能成为 n - 导电。向 Cr_2O_3 中添加 Cu_2O 引入较低价的阳离子，反应方程为

$$Cu_2O + O_2 \Longleftrightarrow 2(Cu_{Cr}^* - Cr_{Cr}) + 4h^* + Cr_2O_3$$

促成电子空穴导电。

添加 TiO_2 引入较高价的阳离子，反应方程为

$$TiO_2 \Longleftrightarrow (Ti_{Cr}^* - Cr_{Cr}) + e + \frac{1}{2}Cr_2O_3 + \frac{1}{4}O_2$$

促成电子过剩，电子导电。

在 1250℃，向化学纯的 Cr_2O_3 中掺杂微量 1 价和 2 价金属氧化物，可使空穴导电占优势；在更高温度，Cr_2O_3 基体晶格热激活增强，Cr_2O_3 中本征导电才占优势。

向非化学计量组成的二元化合物（尤其是金属氧化物）中掺杂其他化合价的阳离子，会引起两种结果：

（1）不同化合价的阳离子嵌入至基体晶格中，导致电子缺陷浓度和导电类型（p-或 n-导电）的变化。

例如，向 $Ni_{1-x}O$ 中添加较低价或较高价的阳离子，而形成缺陷。

p - 型导电的氧化镍的缺陷反应为

$$\frac{1}{2}O_2 + Ni_{Ni} \Longleftrightarrow V_{Ni}^* + 2h^* + NiO$$

向其中添加 Li_2O，发生如下反应

$$Li_2O + \frac{1}{2}O_2 + 2Ni_{Ni} \Longleftrightarrow 2Li_{Ni}' + 2h^* + 2NiO$$

形成的阳离子空位的数量由在阳离子晶格上的锂离子数量决定，一个阳离子空位与一个 3 价镍离子相当。随着空位浓度的升高，电导率增大。

图 6.4 为在 NiO-Li_2O 固溶体中，离子和电子的缺陷。

Ni^{2+}	O^{2-}	Ni^{2+}	O^{2-}	Ni^{2+}	O^{2-}
O^{2-}	Ni^{2+}	O^{2-}	Ni^{3+}	O^{2-}	Ni^{2+}
Ni^{2+}	O^{2-}	Ni^{2+}	O^{2-}	Li^+	O^{2-}
O^{2-}	Li^+	O^{2-}		O^{2-}	Ni^{3+}
Ni^{3+}	O^{2-}	Ni^{3+}	O^{2-}	Ni^{2+}	O^{2-}

图 6.4　在 NiO-Li_2O 固溶体中，离子和电子缺陷

向 Cr_2O_3 晶体中添加氧化镍，缺陷反应方程为

$$Cr_2O_3 + 2h^* + 2Ni_{Ni} \Longleftrightarrow 2Cr_{Ni}^* + \frac{1}{2}O_2 + 2NiO$$

或

$$Cr_2O_3 + 3Ni_{Ni} \Longrightarrow 2Cr_{Ni}^* + V_{Ni}'' + 3NiO$$

上述方程表征了电子空穴的耗尽或镍离子空位的形成。

（2）不同化合价的阳离子嵌入使离子缺陷占优势，即使氧离子空位或晶格结点间隙金属离子的量增加足够多，从而使电解质可以导电。

例如，图 6.5 为在 $NiO\text{-}Cr_2O_3$ 固溶体中，离子和电子的缺陷。

Ni^{2+}	O^{2-}	Ni^{2+}	O^{2-}	Ni^{2+}	O^{2-}
O^{2-}		O^{2-}	Ni^{3+}	O^{2-}	Ni^{3+}
Ni^{2+}	O^{2-}	Ni^{3+}	O^{2-}	Ni^{2+}	O^{2-}
O^{2-}	Ni^{2+}	O^{2-}	Ni^{2+}	O^{2-}	Cr^{3+}
Ni^{2+}	O^{2-}		O^{2-}	Ni^{2+}	O^{2-}
O^{2-}	Ni^{2+}	O^{2-}	Cr^{3+}	O^{2-}	Ni^{2+}

图 6.5　在 $NiO\text{-}Cr_2O_3$ 固溶体中，离子和电子缺陷

向 ZrO_2 和 ThO_2 中掺杂金属氧化物，形成氧亏损。反应方程为

$$O_O \Longrightarrow V_O^{**} + 2c + \frac{1}{2}O_2$$

掺杂低价氧化物，使 ZrO_2、ThO_2 基体氧离子空位浓度大量增加。例如，向 ZrO_2 中添加 CaO，反应方程为

$$CaO + Zr_{Zr} + O_O \Longrightarrow Ca_{Zr}'' + V_O^{**} + ZrO_2$$

向 ThO_2 中添加 Y_2O_3，反应方程为

$$Y_2O_3 + 2Th_{Th} + O_O \Longrightarrow 2Y_{Th}' + V_O^{**} + 2ThO_2$$

6.2.5.2　尖晶石型三元化合物

尖晶石型三元化合物有很多个，其导电性质从绝缘体、半导体到导体。例如，Fe_3O_4、Co_3O_4 在很低的温度已具有高的电导率，而 $MgAl_2O_4$ 在室温仍是绝缘体，升高温度则具有离子导电性。

尖晶石型三元化合物的基体结构使氧离子呈面心立方紧密排列，二价和三价金属离子按确定的分类嵌入氧离子构成的四面体或八面体空隙中。图 6.6 是 AOB_2O_3 型尖晶石结构的晶胞，由 32 个氧离子构成，含有 64 个四面体空隙和 32 个八面体空隙。其中 8 个四面体空隙被 A 阳离子占据，16 个八面体空隙被 B 阳离子占据。

与正常尖晶石结构不同，有些尖晶石 B 阳离子各有一半在四面体和八面体空隙，A 阳离子在八面体空隙。此类尖晶石为反尖晶石结构。例如四氧化三铁尖晶石 $Fe^{2+}Fe_2^{3+}O_4$，一半 Fe^{3+} 占据四面体空隙，Fe^{2+} 和另一半 Fe^{3+} 占据八面体空隙。

由于 Fe^{2+} 和 Fe^{3+} 都在八面体空隙中，它们之间不需要高的能量消耗就可以交换电子，即

$$Fe^{2+} \Longrightarrow Fe^{3+} + e$$

因此，具有高的电导率。

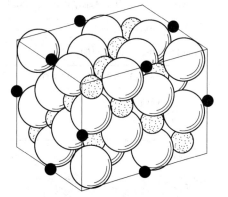

○ 氧离子
◉ 八面体阵点的金属离子
● 四面体阵点的金属离子

图 6.6　尖晶石晶格

6.3　固体电解质的导电和扩散

固体电解质是指完全或主要由离子迁移而导电的固态导体。可称为固体电解质的固体物质需满足以下条件：

（1）电导率不小于 10^{-5}S/cm；

（2）导电的离子迁移率大于 0.99；

（3）在应用的温度范围内具有热稳定性。

最早研究固体电解质的是哈伯（Haber），他在 1904 年测量了电池 Pb│PbCl$_2$(s)│Ag 和 Cu│CuCl(s)│AgCl(s)│Ag 的电动势。50 多年之后，瓦格纳（Wagner）在 1957 年发现了氧化锆固体电解质，并组装成电池，用其研究氧化物的热力学。自此，对于固体电解质的研究和应用越来越多。在冶金、电化学、热力学、动力学、燃料电池、可充电电池、制氢等领域得到广泛应用。

6.3.1　固体电解质的种类

按传导的离子可以将固体电解质分为三类，即阳离子传导、阴离子传导和阴、阳离子共同传导。表 6.2 给出了一些固体电解质和其传导离子。

表 6.2　离子导电化合物及其传导离子

固体电解质	导电离子
CaF$_2$，SrF$_3$，BaF$_2$，MgF$_2$，PbF$_2$，	F$^-$
TlCl，SrCl$_2$，BaCl$_2$，PbCl$_2$，	Cl$^-$
BaBr$_2$，PbBr$_2$，	Br$^-$
β-Al$_2$O$_3$，ZrO$_2$(+CaO)，ThO$_2$(+Y$_2$O$_3$)	O^{2-}
AgCl，AgBr，AgI，β-Ag$_2$SO$_4$，Ag$_3$SBr，Ag$_3$SI，	Ag$^+$
Ag$_2$HgI$_4$，Ag$_2$I$_4$PO$_4$，Ag$_{19}$I$_{13}$P$_2$O$_7$，RbAg$_4$I$_5$，	Ag$^+$
KAg$_4$I$_5$RbAg$_4$I$_4$NH$_4$Ag$_4$I$_5$，	Ag$^+$
CuCl，CuBr，CuI，Cu$_2$HgI$_4$	Cu$^+$
LiCl，LiBr，LiI，α-Li$_2$SO$_4$，Li$_2$WO$_4$	Li$^+$
SiO$_2$（石英玻璃）	Na$^+$ 等
MgO	Mg^{2+}
PbI$_2$	Pb^{2+} 和 I$^-$
KI	K$^+$ 和 I$^-$
NaF	Na$^+$ 和 F$^-$
NaCl，NaBr	阴、阳离子
KCl，KBr	混合传导

由表6.2可见，碱土金属卤化物、氧化锆和氧化钍以阴离子导电；银盐、一些铜和锂的卤化物以阳离子导电；钠、钾的卤化物和PbI以阴、阳离子混合导电。由阴离子或阳离子单独导电的固体电解质叫单极性固体电解质，由阴、阳离子共同导电的固体电解质叫双极性固体电解质。

6.3.2 固体电解质的导电机理

由于晶体存在空位，离子能够通过空位移动。如图6.7所示，AgCl晶体中，银离子和氯离子可以通过空位迁移。图中"▭"代表阳离子或阴离子肖特基空位，箭头表示阳离子或阴离子通过空位移动的方向。

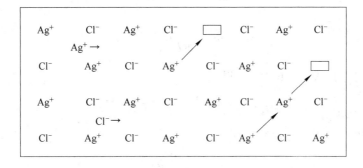

图6.7 AgCl晶体的空位迁移和均等位置迁移

在弗兰克尔缺陷的离子晶体中，除了能够通过空位迁移外，间隙离子还可以通过与其相等能量的位置迁移。这种迁移叫做均等位置迁移。图6.7给出了AgCl晶体中离子的迁移。

6.3.3 固体电解质中物质的迁移

固体电解质中的扩散可以用菲克定律描述。在一维方向扩散的菲克第一定律为

$$J_i = -D\frac{dc_i}{dx} \tag{6.12}$$

式中，i 为扩散组元，可以是离子和电子；J_i 为组元的 i 的通量；c_i 是组元 i 的浓度；D_i 为组元 i 的扩散系数。

对于三维方向的菲克第一定律为

$$\boldsymbol{J}_i = -D_i\left(\frac{dc_i}{dx} + \frac{dc_i}{dy} + \frac{dc_i}{dz}\right)$$

菲克第一定律适用于稳态扩散，即扩散过程中，固体中各点的组成不发生变化。

对于非稳态扩散，有菲克第二定律

$$\frac{dc_i}{dt} = -D_i\left(\frac{d^2c_i}{dx^2} + \frac{d^2c_i}{dy^2} + \frac{d^2c_i}{dz^2}\right) \tag{6.13}$$

在扩散过程中，固体中各点的组成随时间变化。

热力学研究表明，扩散的推动力是化学势梯度。因此，有

$$\boldsymbol{J}_i = -B_i\nabla\mu_i \tag{6.14}$$

式中，$\boldsymbol{J}_i$ 为以矢量表示的组元 i 的通量；μ_i 为组元 i 的化学势；$\nabla\mu_i$ 为组元 i 的化学势梯度；B_i 为比例常数。

写作标量形式，有

$$J_i = -B_i \frac{\mathrm{d}\mu_i}{\mathrm{d}x} \tag{6.15}$$

和

$$\frac{\partial \mu_i}{\partial t} = -B_i \left(\frac{\partial^2 \mu_i}{\partial x^2} + \frac{\partial^2 \mu_i}{\partial y^2} + \frac{\partial^2 \mu_i}{\partial z^2} \right) \tag{6.16}$$

在组元 i 含量很少的情况下，由

$$\mu_i = \mu_i^\ominus + RT\ln c_i$$

得

$$\frac{\mathrm{d}\mu_i}{\mathrm{d}x} = RT \frac{\mathrm{d}\ln c_i}{\mathrm{d}x} \tag{6.17}$$

将式（6.17）代入式（6.15），得

$$J_i = -B_i RT \frac{\mathrm{d}\ln c_i}{\mathrm{d}x} = -B_i RT \frac{\mathrm{d}c_i}{c\mathrm{d}x} \tag{6.18}$$

将式（6.18）与式（6.12）比较，得

$$D_i = -\frac{B_i}{c_i} RT \tag{6.19}$$

此即能斯特-爱因斯坦公式。

在有电场存在的情况下，离子晶体中离子和电子的电化学势为

$$\tilde{\mu}_i = \mu_i + z_i F\varphi \tag{6.20}$$

扩散方程为

$$\boldsymbol{j}_i = -c_i u_i \nabla\tilde{\mu}_i = -c_i u_i (\nabla\mu_i + z_i F \nabla\varphi) \tag{6.21}$$

式中，$\boldsymbol{j}_i$ 为离子或电子的电流密度；u_i 为组元 i 的淌度。

引用

$$\lambda_i = c_i u_i z_i F \tag{6.22}$$

得

$$\boldsymbol{j}_i = -\frac{\lambda_i}{z_i F} \nabla\tilde{\mu}_i \tag{6.23}$$

此即组元 i 的电流密度，式中 λ_i 为组元 i 的电导率。

电子的总电流密度为

$$\boldsymbol{j}_{e,t} = \boldsymbol{j}_e + \boldsymbol{j}_{h*} = \frac{\lambda_e}{F} \nabla\tilde{\mu}_e - \frac{\lambda_{h*}}{F} \nabla\tilde{\mu}_{h*} \tag{6.24}$$

式中，$\boldsymbol{j}_{e,t}$ 为电子的总电流密度；$\boldsymbol{j}_e$、$\boldsymbol{j}_{h*}$ 分别为电子和电子空穴的电流密度。

若电子 e 和电子空穴之间的热力学平衡不被通过的电流破坏，即

$$\nabla\tilde{\mu}_e = -\nabla\tilde{\mu}_{h*}$$

则

$$j_e = \frac{\lambda_e + \lambda_{h*}}{F} \nabla\tilde{\mu}_e = \frac{\lambda_{e,t}}{F} \nabla\tilde{\mu}_e = -\frac{\lambda_{e,t}}{F} \nabla\tilde{\mu}_{h*} \tag{6.25}$$

式中，$\lambda_{e,t} = \lambda_e + \lambda_{h*}$。

在离子和电子共同导电而离子占优势的晶体中，离子和电子电流密度的总和为

$$j_t = j_{ion} + j_e = -\frac{\lambda_{ion}}{zF}\nabla\tilde{\mu}_{ion} - \frac{\lambda_e}{F}\nabla\tilde{\mu}_{h*} \tag{6.26}$$

也可以写成

$$j_t = -\frac{\lambda_{ion} + \lambda_e}{F}\nabla\tilde{\mu}_{h*} - \frac{\lambda_{ion}}{F}\left(\frac{1}{z_{ion}}\nabla\tilde{\mu}_{ion} - \nabla\tilde{\mu}_{h*}\right) \tag{6.27}$$

例如，对于氧离子和电子混合导电的金属氧化物的情况，有缺陷平衡式

$$2O^{2-} + 4h^* \Longleftrightarrow O_2(g)$$

氧的化学势为

$$\mu_{O_2} \Longleftrightarrow 2\mu_{O^{2-}} + 4\mu_{h*}$$

氧的化学势梯度为

$$\nabla\mu_{O_2} = 2\nabla\mu_{O^{2-}} + 4\nabla\mu_{h*} = 2\nabla\tilde{\mu}_{O^{2-}} + 4\nabla\tilde{\mu}_{h*} \tag{6.28}$$

该混合导体的总电流密度为

$$j_t = -\frac{\lambda_{O^{2-}}}{4F}\nabla\mu_{O^{2-}} - \frac{\lambda}{F}\nabla\tilde{\mu}_{h*} \tag{6.29}$$

6.3.4　固体电解质的电导率与温度的关系

固体电解质的电导率由离子电导率和电子电导率两部分组成，有

$$\lambda = \lambda_{ion} + \lambda_e \tag{6.30}$$

电导率与温度的关系为

$$\lambda = \lambda^\circ\exp\left(-\frac{Q_\lambda}{k_BT}\right) \tag{6.31}$$

式中，Q_λ 为导电过程的活化能；k_B 为玻耳兹曼常数。

$$\lg\lambda = -\frac{Q_\lambda}{2.303k_B}\frac{1}{T} + \lg\lambda^\circ \tag{6.32}$$

将 $\lg\lambda$ 对 $\frac{1}{T}$ 作图，得图6.8。由直线斜率可得活化能 Q_λ。

6.3.5　离子电导率和电子电导率

在离子导电的固体电解质中，也存在部分电子导电。

离子迁移数为

$$t_{ion} = \frac{\sum_{ion}\lambda_{ion}}{\sum_{ion}\lambda_{ion} + \sum_e\lambda_e} = \frac{\sum_{ion}(c_{ion}z_{ion}u_{ion})}{\sum_{ion}(c_{ion}z_{ion}u_{ion}) + \sum_e(c_eu_e)} \tag{6.33}$$

式中，λ_{ion}、λ_e 分别为离子 ion 和电子 e 的电导率；c_{ion} 和 c_e 分别表示离子 ion 和电子 e 的浓度；u_{ion} 和 u_e 分别为离子 ion 和电子 e 的迁移速率。

上式表示离子的电导率在离子电导率和电子电导率总和中所占的分数。

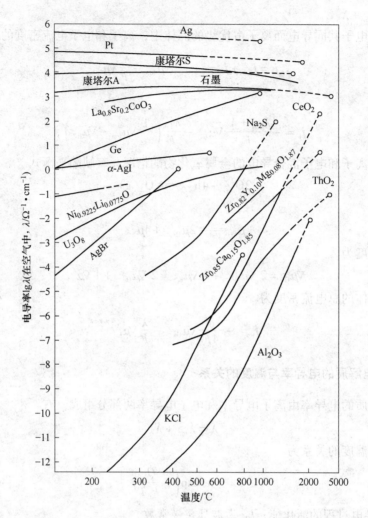

图 6.8   离子导体、半导体和金属的电导率与温度的关系

6.3.6   氧化物固体电解质的电导率和气相中氧分压的关系

在氧化锆中掺杂 CaO，按照缺陷方程，有

$$CaO + Zr_{Zr} + O_O \Longrightarrow Ca_{Zr}^* + V_O^{**} + ZrO_2$$

式中，Zr_{Zr} 为在固有晶格结点上的锆离子（相对于未被干扰的晶格是中性的）；O_O 为固有晶格结点上的阴离子（相对于未被干扰的晶格是中性的）；Ca_{Zr}^* 为在固有晶格结点间隙的钙离子；V_O^{**} 为氧离子空位。

由于 CaO 的掺入，造成 $ZrO_2(CaO)$ 晶体中可移动的氧离子空位浓度很高，以至于气相中 p_{O_2} 的变化引起 $ZrO_2(CaO)$ 晶体中氧空位浓度的变化极其微小。因此，$ZrO_2(CaO)$ 晶体中离子电导率等于总电导率，且与气相中的氧分压无关。只有在特别高或特别低的氧分压情况下，电子空位导电或过剩电子导电才对总电导率有影响。

电子空穴导电率 λ_{h^*} 和过剩电子导电率 λ_e 决定于气相中的氧分压 p_{O_2}。在某一临界氧

分压 p'_{O_2} 条件下，λ_{h^*} 和 λ_e 电导率极低，且相等，即

$$\lambda_{h^*} = \lambda_e$$

气相中的氧分压超过临界氧分压 p'_{O_2}，氧会嵌入晶体中，发生如下反应

$$\frac{1}{2}O_2 + V_O^{**} \Longrightarrow O_O + 2h^*$$

气相中的氧分压低于临界氧分压 p'_{O_2}，晶体中的氧会失去，发生如下反应

$$O_O \Longrightarrow \frac{1}{2}O_2 + V_O^{**} + 2e$$

图 6.9 是掺杂的氧化锆在 1000℃ 的电导率与氧分压的关系。

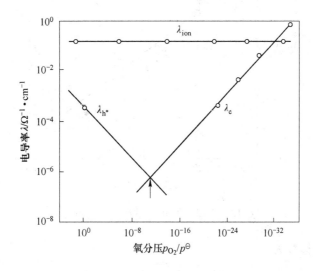

图 6.9　在 1000℃ 掺杂的氧化锆的电导率与氧分压的关系

6.3.7　离子迁移速率

离子迁移速率和电子迁移速率与电势梯度成正比，有

$$\boldsymbol{j}_{ion} = -\lambda_{ion}\nabla\varphi$$

和

$$\boldsymbol{j}_e = -\lambda_e\nabla\varphi$$

于是，得离子迁移数为

$$t_{ion} = \frac{j_{ion}}{j_{ion}+j_e} = \frac{\lambda_{ion}}{\lambda_{ion}+\lambda_e}$$

式中，$j = |\boldsymbol{j}|$。

6.3.8　离子自扩散系数

离子晶体中离子自扩散系数 D_i^* 及其与温度的关系对于了解离子晶体中阳离子和阴离子的淌度及其对导电性的贡献具有价值。利用自扩散系数与温度的关系还可以计算自扩散活化能。

图 6.10 为 NaCl 的自扩散系数与温度的关系。

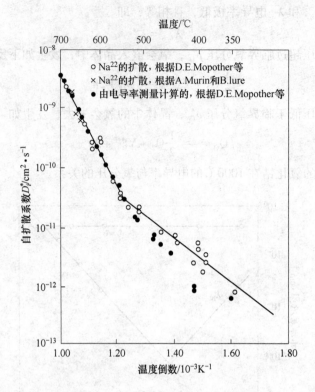

图 6.10　NaCl 的自扩散系数与温度的关系

NaCl 的离子迁移数为

$$t_{Na^+} = 1$$

NaCl 具有肖特基型缺陷，图 6.10 是实际测量的 NaCl 的自扩散系数和由测得的电导率利用能斯特-爱因斯坦公式计算的扩散系数。在 500～700℃ 间两者符合得很好。据此可以认为，电荷和物质迁移完全由 Na$^+$ 所为。在此本征缺陷范围内，活化能为 1.80eV。

添加高价阳离子，造成外来缺陷占优势，在 350～550℃ 间，自扩散激活能变小，为 0.77eV。由测量的电导率算得的扩散系数小于直接测量的扩散系数。这是由于高价阳离子与 Na$^-$ 空位一起作为中性缔合物比 Na$^+$ 扩散得快。

图 6.11 是 O^{2-} 导电和 ZrO$_2$-CaO 的自扩散系数与温度的关系。

由图可见，由测量的电导率计算的自扩散系数小于直接测量的自扩散系数。其自扩散系数与温度的关系式为

$$D_O^* = 1.0 \times 10^{-2} \exp\left(-\frac{1.22}{k_B T}\right) \quad (700 \sim 1000℃)$$

电导率与温度的关系式为

$$\lambda_{O^{2-}} = 1.50 \times 10^3 \exp\left(-\frac{1.26}{k_B T}\right) \quad (700 \sim 1725℃)$$

图 6.12 是具有 NaCl 型晶体结构的金属氧化物的自扩散系数与温度的关系。

图 6.13 是具有 α-Al$_2$O$_3$ 结构的金属氧化物的自扩散系数与温度的关系。

图 6.14 是具有尖晶石结构的铝酸盐的自扩散系数与温度的关系。

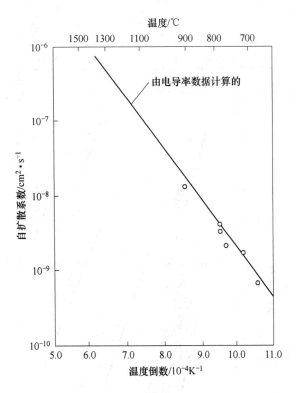

图 6.11 混合氧化物 $Zr_{0.85}Ca_{0.15}O_{1.85}$ 的自扩散系数与温度的关系

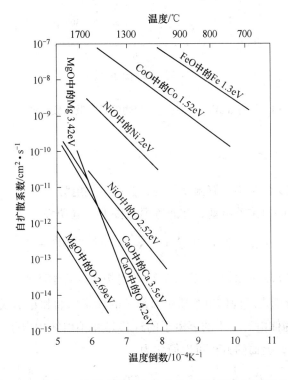

图 6.12 具有 NaCl 晶型的氧化物的自扩散系数与温度的关系

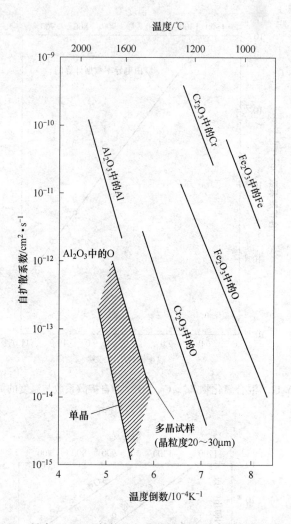

图 6.13　具有 $\alpha\text{-Al}_2\text{O}_3$ 结构的氧化物的自扩散系数与温度的关系

6.3.9　热电势

固体电解质电池受热不均，有温度梯度，会产生热电势。例如，以铂为引线，由固体电解质二氧化锆构成的氧浓差电池，在非等温条件下，电动势为

$$E = \frac{1}{4F}\left[\mu_{O_2}(T_2) - \mu_{O_2}(T_1)\right] + \frac{1}{2F}\int_{T_1}^{T_2}\left(\bar{S}_{m,O^{2-}} + \frac{Q_{O^{2-}}}{T}\right)\mathrm{d}T - \frac{1}{F}\int_{T_1}^{T_2}\left(\bar{S}_{m,e} + \frac{Q_e}{T}\right)\mathrm{d}T$$

式中，$\mu_{O_2}(T_2)$、$\mu_{O_2}(T_1)$ 分别表示温度为 T_2 的电极 2 的化学势和温度为 T_1 的电极 1 的化学势；$\bar{S}_{m,O^{2-}}$ 和 $\bar{S}_{m,e}$ 分别表示固体电解质中氧离子的偏摩尔熵和铂引线中电子的偏摩尔熵；$Q_{O^{2-}}$ 和 Q_e 分别表示固体电解质中的氧离子的迁移热和铂引线中电子的迁移热。假设偏摩尔熵和迁移热为常数，上面的方程可以简化为

$$E = \frac{1}{4F}\left[\mu_{O_2}(T_2) - \mu_{O_2}(T_1)\right] + \alpha(T_2 - T_1)$$

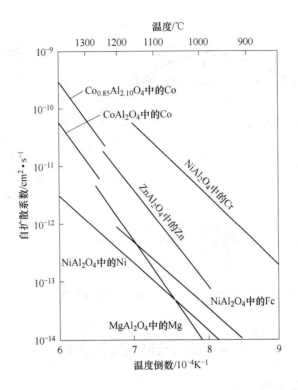

图 6.14　具有尖晶石结构的铝酸盐的自扩散系数与温度的关系

式中，α 对应于固体电解质的热电势。若使两个电极的氧化学势相等，则上式为

$$E = \alpha(T_2 - T_1) = E_\text{热}$$

即可测得热电势。

图 6.15 为氧化锆的热电势。

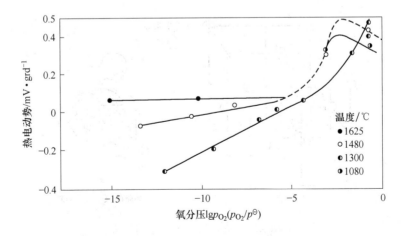

图 6.15　在不同温度，氧化锆的热电势与氧分压的关系

图 6.16 为氧化钙的热电势。

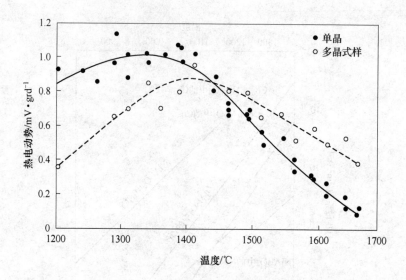

图 6.16   在空气中，多晶和单晶氧化钙的热电势与温度的关系

6.4   离子导电的化合物

6.4.1   离子导电的氧化物

6.4.1.1   氧化锆

氧化锆 ZrO_2 是立方萤石结构，阳离子构成的面心立方单位格子，阴离子位于阳离子四面体空隙。阴离子构成阴离子晶格。图 6.17 为立方萤石结构的晶胞。

萤石结构的晶格能大部分为阳离子所有，一个阴离子的逸出功仅是阳离子的 1/4，因此，阴离子容易迁移。

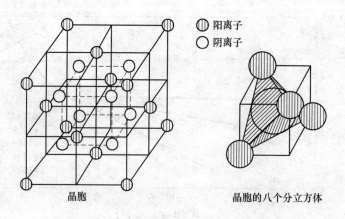

图 6.17   立方萤石结构的晶胞

纯氧化锆的离子导电是氧离子空位和晶格间隙氧离子的移动形成。

纯多晶氧化锆的电导率与温度的关系如图 6.18 和图 6.19 所示。纯多晶氧化锆的电导率与氧分压的关系如图 6.20 所示。

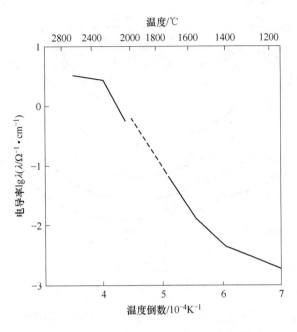

图 6.18 多晶氧化锆的电导率与温度的关系

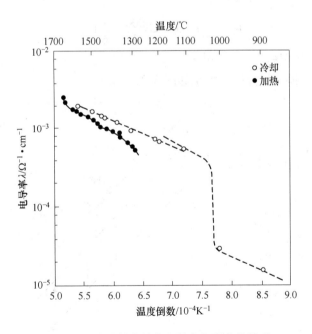

图 6.19 多晶氧化锆的电导率与温度的关系

在 $800 \sim 1000℃$，氧气压力为 $101.325\mathrm{kPa}$，ZrO_2 中氧的自扩散系数 $D_0^* = 2.34 \times 10^{-2}\exp\left(-\dfrac{188.901\mathrm{kJ}}{RT}\right)$。

ZrO_2 的熔点 $3300℃$。在高温，氧化锆有两个伴随体积变化的相变过程：

$$单斜晶系 \xrightarrow{900\sim1100℃} 四方晶系 \xrightarrow{2285℃} 立方晶系$$

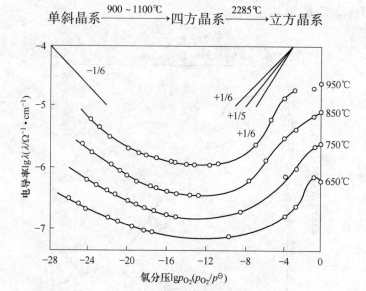

图6.20　多晶氧化锆的电导率与氧分压的关系

在单斜晶系与四方晶系的晶型转变过程中，伴有很大的体积变化，会造成晶体开裂。

在$(1\sim10^{-6})\times101.325$kPa，二氧化锆有微量的氧亏损，相应于组成$ZrO_{2-x}$。

在$1400\sim1900℃$，x值符合公式

$$\lg x = -0.890 - \frac{4000}{T} - \frac{1}{6}\lg p_{O_2}$$

在$1800℃$，$x=0.014$。

二氧化锆的氧亏损与氧分压的关系如图6.21所示。

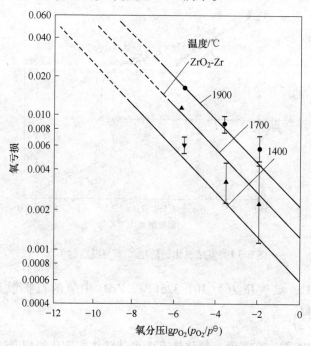

图6.21　二氧化锆的氧亏损与氧分压的关系

单斜晶体二氧化锆的氧自由扩散系数与氧分压的关系如图 6.22 所示。

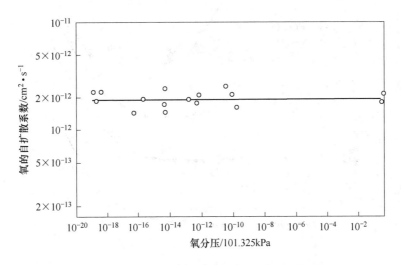

图 6.22 在 990℃，二氧化锆中氧的自扩散系数与氧分压的关系

6.4.1.2 氧化钍

氧化钍 ThO_2 与 ZrO_2 一样，也是立方氟石结构。在 900~1400℃，纯氧化钍的电导率与温度的关系如图 6.23 所示。测量是在 $Ar-O_2$ 混合气体中进行，氧分压为 101.325kPa。纯氧化钍电导率与氧分压的关系如图 6.24 所示。氧分压由 $CO-CO_2$ 混合气体调控。测量结果显示：活化能很小，在 1200℃ 以下，为 0.98eV 和 0.89eV，在 1200℃ 以上为 0.77eV 和 1.17eV。从电导率随氧分压变化的情况可见，在 1200℃ 以上有三个不同的范围。

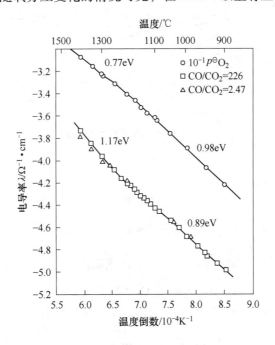

图 6.23 氧化钍的电导率与温度的关系

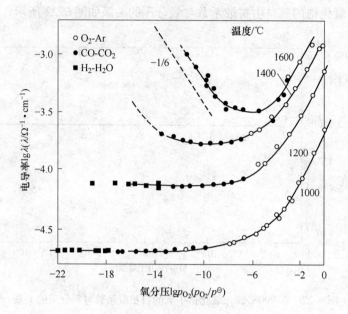

图 6.24　氧化钍的电导率与氧分压的关系

图 6.25 给出了氧化钍的缺陷与氧分压的关系。根据电中性条件

$$2O_i'' + e \rightleftharpoons 2V_O^{**} + h^*$$

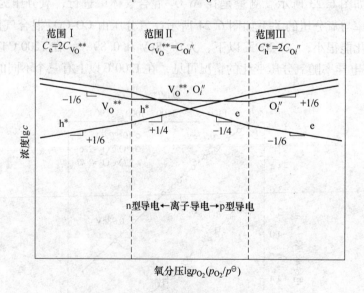

图 6.25　氧化钍的缺陷与氧分压的关系

缺陷的离子和电子的平衡浓度由下面的关系式确定

$$O_O \rightleftharpoons \frac{1}{2}O_2 + 2V_O^{**} + 2e \qquad\qquad (范围 I)$$

$$O_O \rightleftharpoons V_O^{**} + O_i'' \qquad\qquad (范围 II)$$

$$\frac{1}{2}O_2 \rightleftharpoons O_i^* + 2h^* \qquad\qquad (范围 III)$$

电导率由电荷载体的浓度和淌度决定。电子和电子空穴的淌度比缺陷离子的淌度高 $10^3 \sim 10^5$ 倍。

纯度为 99.9% 的氧化钍的迁移数 $t_{\text{ion}} = 0.75$。氧分压在 $(1 \sim 10^{-6}) \times 101.325\text{kPa}$，氧化钍呈 ThO_{2-x} 的微量亏损，氧亏损与温度和氧分压的关系为

$$\lg x = -1.870 - \frac{3400}{T} - \frac{1}{6}\lg p_{O_2}$$

如图 6.26 所示。

在氧化钍中，钍的自扩散系数为

1600 ~ 2100℃，多晶 $ThO_2(Th^{230})$

$$D_{\text{Th}}^* = 1.25\exp\left(-\frac{249.196\text{kJ}}{RT}\right)$$

1845 ~ 2045℃，单晶 $ThO_2(Th^{228})$

$$D_{\text{Th}}^* = 0.35\exp\left(-\frac{623.415\text{kJ}}{RT}\right)$$

6.4.1.3 氧化钙

除氧化铍外，碱土金属氧化物都是立方 NaCl 型结构。氧离子为立方密堆积，钙离子填充在氧离子构成的八面体空隙中。图 6.27 为氧化钙的立方晶格。

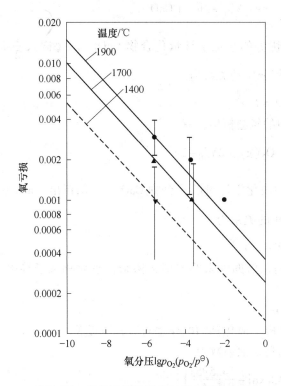

图 6.26 氧化钍的氧亏损与氧分压的关系

图 6.27 氧化钙的立方晶格

图 6.28 为 1400 ~ 1700℃氧化钙的电导率与温度的关系。

碱土金属氧化物具有两性导电性质。碱土金属氧化物根据气相氧分压的不同形成不同

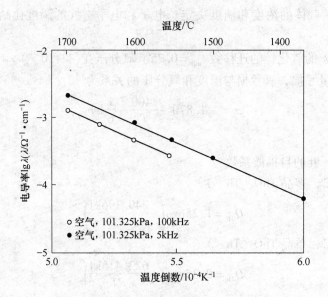

图 6.28   多晶氧化钙的电导率与温度的关系

类型的缺陷。在空气中，氧分压较高，氧嵌入到氧化钙中，有

$$\frac{1}{2}O_2(g) + Ca_{Ca} \Longrightarrow V''_{Ca} + 2h^* + CaO$$

形成 p 型导电（电子空穴导电）占优势的超化学计量化合物 CaO_{1+x}。每嵌入 $\frac{1}{2}$ mol 氧，就产生 1mol 钙离子空位。电导率与氧分压的关系为

$$\lambda = k_1 p_{O_2}^{\frac{1}{6}}$$

在气相中，若氧分压极低，氧化钙中的氧会析出，有

$$O_0 \Longrightarrow \frac{1}{2}O_2(g) + 2V''_0 + 2e$$

产生 n 型导电（电子导电）占优势的缺化学计量的化合物 CaO_{1-x}。每析出 $\frac{1}{2}$ mol 氧，就形成 1mol 氧离子空位。电导率与氧分压的关系为

$$\lambda = k_2 p_{O_2}^{-\frac{1}{6}}$$

在气相中，两个氧分压之间的范围内，借助外来的阳离子掺杂，氧化钙离子导电占优势。

图 6.29 为氧化钙电导率与氧分压的关系。

在氧分压为 $(10^{-3} \sim 10^{-7}) \times 101.325$ kPa，氧化钙的电导率与氧分压无关。

在 850 ~ 1600℃，多晶氧化钙 Ca^{2+} 的自扩散系数为

$$D_{Ca}^* = 0.40 \exp\left(-\frac{14.595J}{k_B T}\right)$$

在 1465 ~ 1760℃，单晶氧化钙 Ca^{2+} 的自扩散系数为

$$D_{Ca^{2+}}^* = 1.12 \times 10^{-4} \exp\left(-\frac{11.634J}{k_B T}\right)$$

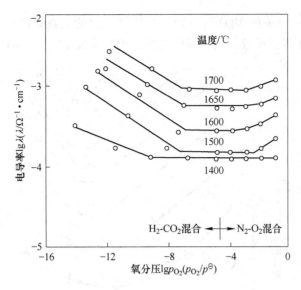

图 6.29 氧化钙的电导率与氧分压的关系

6.4.1.4 氧化镁

氧化镁和氧化钙一样，也是两性导电氧化物。在高氧分压条件下，为 p 型导电，在低氧分压条件下为 n 型导电。在两者之间，电导率与 p_{O_2} 无关，为镁离子空位导电，其电导率与温度关系如图 6.30 所示。纯度为 99.99% 的 MgO 其电导率与氧气压力的关系如图

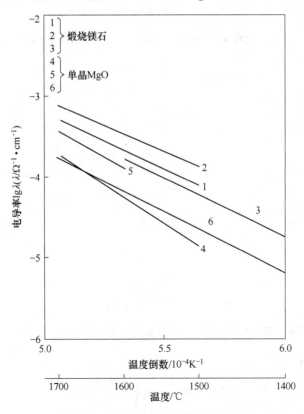

图 6.30 氧化镁的电导率与温度关系

6.31 所示。纯度为99.8%的 MgO 的电导率与氧气压力的关系如图 6.32 所示。两者大小不一样，后者是由于掺杂所致。氧化镁中镁的自扩散系数比氧大 2~3 个数量级。

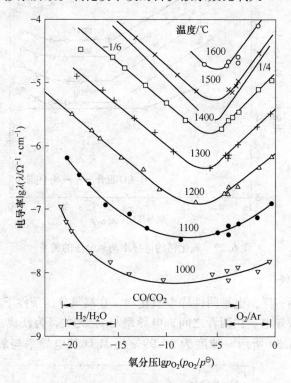

图 6.31　纯度为 99.99% 的氧化镁的电导率与氧分压的关系

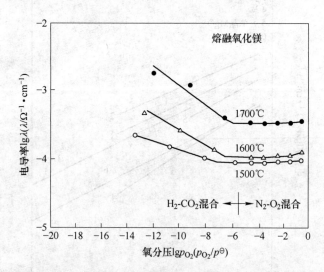

图 6.32　纯度为 99.8% 的氧化镁的电导率与氧分压的关系

在 1400 ~ 1600℃，有

$$D_{Mg^{2+}}^* = 0.249 \exp\left(-\frac{14.303J}{k_B T}\right)$$

在 1300 ~ 1750℃，有

$$D_{O^{2-}}^* = 2.5 \times 10^{-6} \exp\left(-\frac{11.30J}{k_B T}\right)$$

图 6.33 为氧化镁晶体中镁和氧的自扩散
系数与温度的关系。

6.4.1.5 氧化铝

氧化铝为菱面刚玉型结构。

在氧气分压极低的条件下，析氧反应为

$$O_0 = V_O^{\cdot\cdot} + 2e + \frac{1}{2}O_2$$

和

$$\frac{1}{2}Al_2O_3 + V_i = Al_i^{\cdot\cdot\cdot} + 3e + \frac{3}{4}O_2$$

形成氧离子空位或铝晶格间隙离子，为 n 型
导电。

在氧分压高的条件下，吸氧反应为

$$\frac{3}{4}O_2 + Al_{Al} = V_{Al}''' + 3h^\cdot + \frac{3}{2}O_0$$

形成铝离子空位，为 p 型导电。

图 6.34 给出了 Al_2O_3 的电导率与温度的
关系。

图 6.35 是 Al_2O_3 的电导率与氧分压的关
系。氧化铝电导率与氧分压等温线在氧气压
力约 $101.325 \times 10^{-5}kPa$ 有一个最低值。

图 6.36 是 Al_2O_3 的缺陷浓度与氧分压的关系。

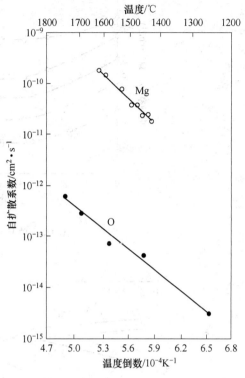

图 6.33 氧化镁晶体中镁和氧的
扩散系数与温度的关系

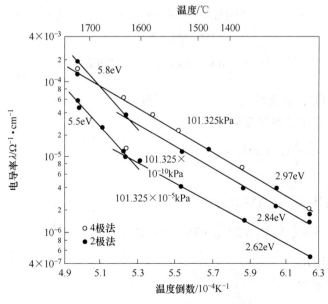

图 6.34 Al_2O_3 单晶的电导率与温度的关系

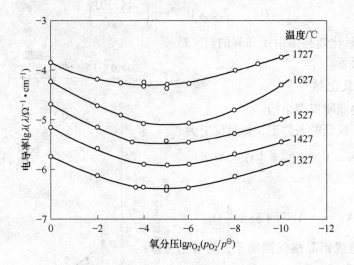

图 6.35 Al_2O_3（单晶）的电导率与氧分压的关系

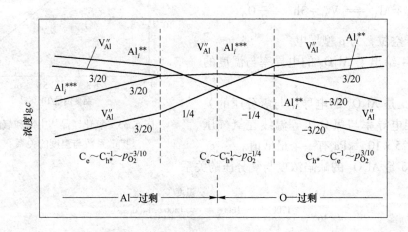

图 6.36 Al_2O_3 的缺陷浓度与氧分压的关系

在 1000 ~ 1400℃，氧化铝几乎为完全离子导电。

在高氧分压条件下，吸氧反应为

$$\frac{3}{4}O_2 + 3Al_{Al} + 2V_i == 3V_{Al}^* + 2Al_i^{***} + \frac{1}{2}Al_2O_3$$

形成超化学计量的 Al_2O_3。

在低氧分压条件下，析氧反应为

$$\frac{1}{2}Al_2O_3 + 2Al_{Al} + 3V_i == 2V_{Al}''' + 3Al^{**} + \frac{3}{4}O_2$$

形成缺化学计量 Al_2O_3。

离子导电率分别为

$$\lambda = k_1 p_{O_2}^{\frac{1}{7}}$$

和

$$\lambda = k_2 p_{O_2}^{-\frac{1}{7}}$$

图 6.37 为 Al_2O_3 的离子导电率与温度的关系。

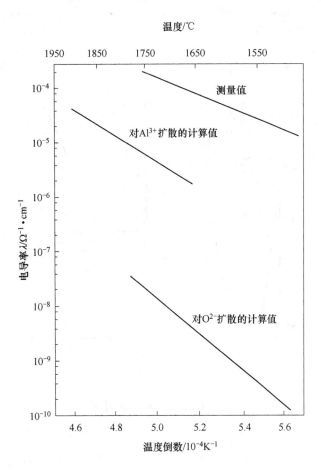

图 6.37 Al_2O_3 的离子导电率与温度的关系

6.4.1.6   氧化锆-氧化钙

氧化锆和氧化钙在高温形成立方氟石型结构的固溶体。氧化钙在氧化锆中有很大的溶解度，在 2300℃ 可达 35%（摩尔分数）。氧化钙的加入不仅可以提高热稳定性，减小热膨胀系数，防止晶体开裂，并且生成非化学计量化合物 $Ca_xZr_{1-x}O_{2-x}$，在氧离子晶格中形成空位，从而使氧离子导电占优势。

$$ZrO_2 \Longrightarrow Ca_{Zr}'' + V_O^{**} + ZrO_2$$

图 6.38 是高温 ZrO_2-CaO 相图。

通过调整氧化钙的加入比例，形成立方相和四面体相混合的 ZrO_2-CaO 陶瓷，其线膨胀系数在 $(11 \sim 12) \times 10^{-6} K^{-1}$ 和 $(7 \sim 8) \times 10^{-6} K^{-1}$ 之间。

图 6.39 是完全稳定和部分稳定的 ZrO_2-CaO 混合氧化物在 $0 \sim 1500℃$ 间的线膨胀系数

与温度的关系。

图 6.40 是组成为 $Zr_{0.80}Ca_{0.20}O_{1.80}$ 的 ZrO_2-CaO 混合物的电导率与温度的关系。

图 6.41 是不同 CaO 含量的 ZrO_2-CaO 混合物的电导率与温度的关系。

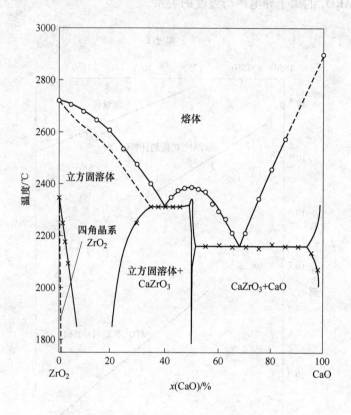

图 6.38   高温 ZrO_2-CaO 相图

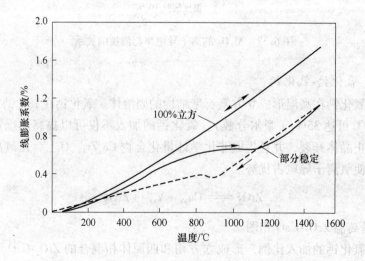

图 6.39   完全稳定和部分稳定的 ZrO_2-CaO 混合氧化物的
线膨胀系数与温度的关系

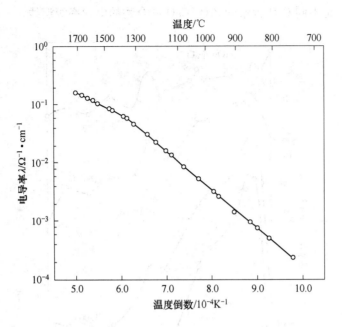

图 6.40　$Zr_{0.80}Ca_{0.20}O_{1.80}$ 的电导率与温度的关系

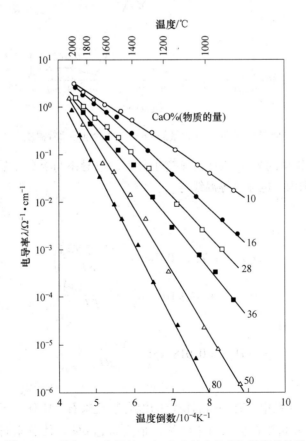

图 6.41　不同 CaO 含量的 ZrO_2-CaO 的电导率与温度的关系

图 6.42 是不同 CaO 含量的 ZrO_2-CaO 混合物的电导率等温线。

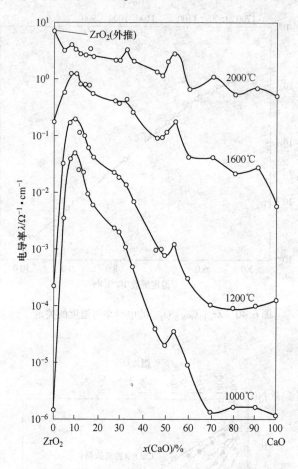

图 6.42　不同 CaO 含量的 ZrO_2-CaO 的电导率等温线

图 6.43 是萤石结构的 ZrO_2-CaO 由氧离子导电的电导率与氧分压的关系。由图可见，在很大的氧分压范围内，电导率等温线与 p_{O_2} 无关。

自扩散系数：

在 1500～1800℃，有

$$D^*_{Zr^{4+}} = 4.72 \times 10^{-3} \exp\left(-\frac{257.206 \text{kJ}}{RT}\right)$$

$$D^*_{Ca^{2+}} = 4.04 \times 10^{3} \exp\left(-\frac{411.996 \text{kJ}}{RT}\right)$$

在 800～1100℃，有

$$D^*_{O^{2-}} = 0.018 \exp\left(-\frac{130.104 \text{kJ}}{RT}\right)$$

6.4.1.7　硅酸铝

在 Al_2O_3-SiO_2 二元系中，有一高温稳定的混合物莫来石 $3Al_2O_3 \cdot SiO_2$（Al_2O_3 71.8%，SiO_2 28.28%）。Al_2O_3 可以在莫来石中溶解，最高可达 6%，使莫来石的组成为 $2Al_2O_3$-SiO_2。图 6.44 是 Al_2O_3-SiO_2 相图。

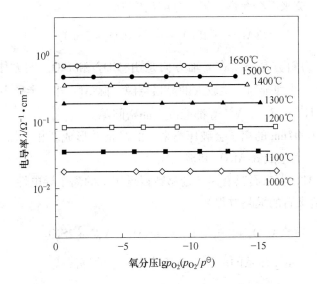

图 6.43 萤石结构 ZrO_2-CaO 的电导率与氧分压的关系

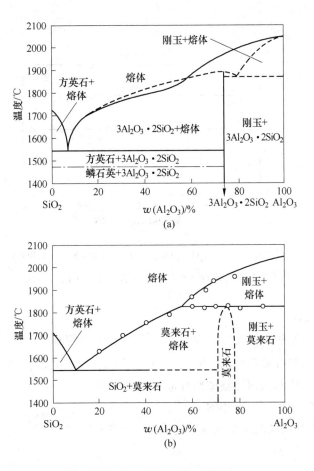

图 6.44 Al_2O_3-SiO_2 相图

在680℃以下，莫来石会缓慢分解。分解反应为

$$3Al_2O_3 \cdot 2SiO_2 = 3Al_2O_3 + 2SiO_2$$

莫来石的结构为斜方晶系。在 c 轴方向是由 AlO_4^- 和 SiO_4^- 四方体相互结合的无限 AlO_6 八面体链构成。此种排列产生较大的晶格空隙。除 Al^{3+} 外，半径小于0.07nm的阳离子如 Fe^{3+}、Cr^{3+}、Ti^{4+}、B^{3+}、V^{5+} 等都能嵌入晶格间隙。

加入半径大于0.07nm的离子会破坏莫来石的晶格并形成新相。加入碱金属和碱土金属会使莫来石分解，而生成 α-Al_2O_3 和玻璃相。

在1000~1600℃，莫来石具有离子迁移数接近于1的离子导电性。

Al_2O_3 过剩的莫来石的缺陷方程为

$$Al_2O_3 + 2Si_{Si} + O_O = Al'_{Si} + V_O^{**} + 2SiO_2$$

图6.45为 Al_2O_3-SiO_2 体系的电导率与氧分压关系的等温线。

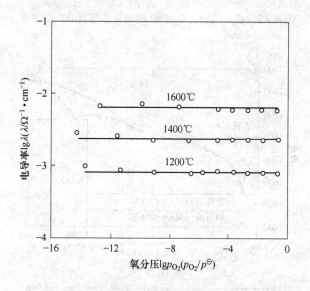

图6.45　组成为62.8% Al_2O_3、33.2% SiO_2、3.6% K_2O、1.0% Na_2O 和 0.5% MgO 的硅酸铝的电导率与氧分压关系的等温线

6.4.1.8　硅酸镁

在 MgO-SiO_2 二元系中，有一个高温稳定的化合物镁橄榄石 Mg_2SiO_4。其熔点为1890℃，镁橄榄石为斜方晶系结构。配位在 Si^{4+} 周围的四面体氧离子形成近似的六方最紧密排列。形成的四方体和八面体空隙部分被镁离子占据。

图6.46为 MgO-SiO_2 二元系相图。

图6.47为斜方晶系硅酸镁的晶体结构模型。

硅酸镁的嵌入反应为

$$2SiO_2 + 2Mg_{Mg} + V_i = Si_i^{4*} + 2V''_{Mg} + Mg_2SiO_4$$

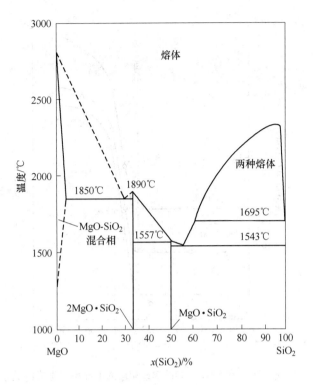

图 6.46 MgO-SiO$_2$ 相图

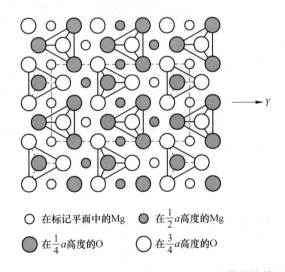

○ 在标记平面中的Mg ⬤ 在 $\frac{1}{2}a$ 高度的Mg

⬤ 在 $\frac{1}{4}a$ 高度的O ○ 在 $\frac{3}{4}a$ 高度的O

图 6.47 斜方晶系硅酸镁（Mg$_2$SiO$_4$）的晶体结构模型

图 6.48 是在化合物 Mg$_2$SiO$_4$ 的组成附近电导率随 SiO$_2$ 含量的变化。由图可见，SiO$_2$ 过量，电导率增大。SiO$_2$ 过量的 Mg$_2$SiO$_4$ 电导率与氧分压的关系见图 6.49。

在 1400~1500℃，含 SiO$_2$ 36.1%（摩尔分数）的硅酸镁的电导率为

$$\lambda = 1.55 \times 10^{10} \exp\left(-\frac{17.93\text{J}}{k_{\text{B}}T}\right)$$

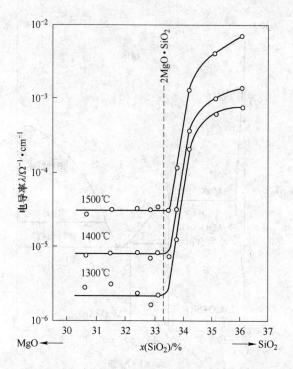

图 6.48　MgO 和 SiO$_2$ 过剩的 Mg$_2$SiO$_4$ 的电导率与组成的关系

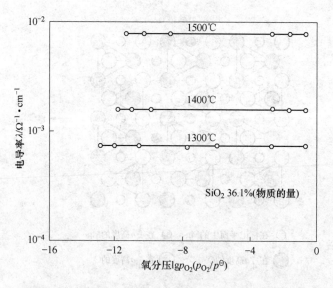

图 6.49　SiO$_2$ 过剩的 Mg$_2$SiO$_4$ 的电导率与氧分压的关系

6.4.1.9　镁-铝尖晶石

在 MgO-Al$_2$O$_3$ 二元系中，有化合物 MgAl$_2$O$_4$，具有 2000℃ 以上的熔点。

MgAl$_2$O$_4$ 为尖晶石型结构。氧离子构成立方体结构，阳离子填充在部分四面体和八面体空隙。

图 6.50 为 MgO-Al$_2$O$_3$ 二元系相图。由图可见，镁铝尖晶石形成一个大的固溶体区。

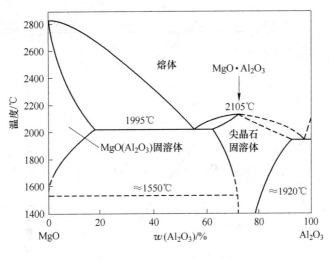

图 6.50 MgO-Al$_2$O$_3$ 二元系相图

在 Al$_2$O$_3$ 过剩的尖晶石混合相中，假设氧离子晶格完全被占据，那么，Al$_2$O$_3$ 的嵌入可有两种缺陷反应

$$4Al_2O_3 + 3Mg_{Mg} === 2Al_{Mg}^* + V_{Mg}'' + 3MgAl_2O_4$$

或

$$4Al_2O_3 + 3Mg_{Mg} + 2V_i === 2Al_i^{***} + 3V_{Mg}^* + 3MgAl_2O_4$$

在 1000 ~ 1600℃ 温度区间和大的氧压范围，铝镁尖晶石的离子迁移数接近于 1。电荷迁移由 Mg^{2+} 或者 Mg^{2+} 和 Al^{3+} 共同完成。

6.4.1.10 铝酸钠

在 Al$_2$O$_3$-Na$_2$O·Al$_2$O$_3$ 的相图中，在高于 1550℃，靠近 Al$_2$O$_3$ 一侧，有一个称为 β（或 β$_2$）-Al$_2$O$_3$ 的混合相。在低于 1550℃，有一个称为 β''（或 β$_3$）-Al$_2$O$_3$ 的混合相。关于两个混合相的范围，有两种看法：一种认为 β（β$_2$）-Al$_2$O$_3$ 在 Na$_2$O·10Al$_2$O$_3$ ~ Na$_2$O·11Al$_2$O$_3$ 范围内稳定，β''（β$_3$）-Al$_2$O$_3$ 在 Na$_2$O·6Al$_2$O$_3$ ~ Na$_2$O·7Al$_2$O$_3$ 范围内稳定；另一种认为，两个混合相中 Na$_2$O 与 Al$_2$O$_3$ 的物质的量比分别为 1:9 和 1:6。在 1500 ~ 1560℃，β-Al$_2$O$_3$ 和 β''-Al$_2$O$_3$ 间发生相转变。β-Al$_2$O$_3$ 的异分熔化温度约为 2000℃。

两个混合相 β-Al$_2$O$_3$ 和 β''-Al$_2$O$_3$ 在结构上类似，为层状晶体。在 c 轴方向，氧离子为六方紧密堆积。

图 6.51 为 Na$_{1+x}$Al$_{11}$O$_{17}$ 的电导率与温度的关系。

6.4.2 卤化物

6.4.2.1 碱金属卤化物

碱金属卤化物都是简单立方型 NaCl 结构。多个阳离子被 8 个阴离子包围，每个阴离子被 8 个阳离子包围。NaCl 晶体结构如图 6.52 所示。所有的碱金属卤化物都是离子导电占优势。碱金属卤化物都具有肖特基型缺陷，阳离子空位的迁移数比阴离子空位的迁移数大很多。碱金属卤化物都具有离子导电性，随着温度升高，阴离子迁移数增大。

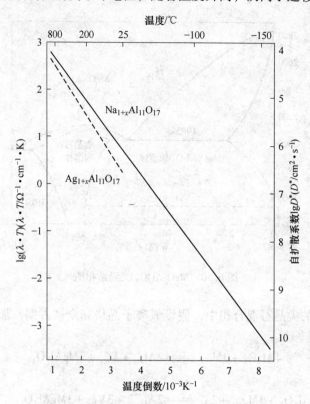

图 6.51　在 $Na_{1+x}Al_{11}O_{17}$ 或 $Ag_{1+x}Al_{11}O_{17}$ 中，电导率和
自扩散系数 D_{Na}^* 及 D_{Ag}^* 与温度倒数的关系

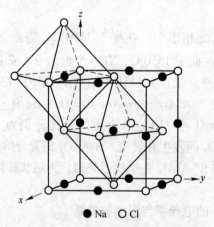

● Na　○ Cl

图 6.52　立方 NaCl 晶格的空间模型

图 6.53 是 NaCl 的自扩散系数与温度的关系。

由图 6.53 可见，在 650℃ 以上，纯的 NaCl 和掺杂了 $SrCl_2$ 的 NaCl 的自扩散是肖特基本征缺陷占优势，活化能为 1.97eV；在 650℃ 以下，NaCl 的自扩散是由掺杂阳离子引入的缺陷占优势。掺杂 $SrCl_2$ 的缺陷方程为

$$SrCl_2 + 2Na_{Na} \Longrightarrow Sr_{Na}^* + V_{Na}' + 2NaCl$$

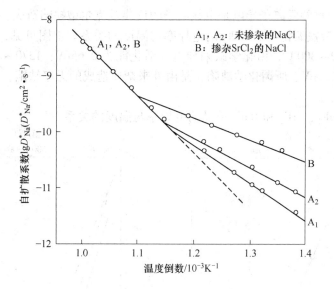

图 6.53 NaCl 的自扩散系数与温度的关系

6.4.2.2 碱土金属卤化物

碱土金属卤化物的晶体结构和熔点如表 6.3 所示。由表可见，碱土金属卤化物中氟化物比其他卤化物的熔点高。

表 6.3 碱土金属卤化物的结构和熔点

化 合 物	结 构	熔点/℃
MgF_2	TiO_2[1]	1263
$MgCl_2$	$CdCl_2$[2]	714
$MgBr_2$	CdI_2[3]	710
MgI_2	CdI_2	650
CaF_2	CaF_2[4]	1418
$CaCl_2$	TiO_2	772
$CaBr_2$	TiO_2	742
CaI_2	CdI_2	777
$SrCl_2$	CaF_2	873
$SrBr_2$		643
SrI_2		515
BaF_2	CaF_2	1290
$BaCl_2$	$PbCl_2$[5]	962
$BaBr_2$	$PbCl_2$	854
BaI_2	$PbCl_2$	712

① 四角晶系。

② 三角晶系。

③ 六方晶系。

④ 立方晶系。

⑤ 斜方晶系。

  碱土金属氟化物的阴离子导电是由氟离子的反弗兰克尔型缺陷造成。

  图 6.54 是掺杂铁氧化物的 CaF_2 的电导率与温度的关系。由图可见，曲线在 800℃有一突变点。在 350~800℃，由化学缺陷导电，活化能为 0.65eV；1370~1450℃由热缺陷导电，活化能为 2.2eV。所谓化学缺陷，是由外来杂质造成的无序缺陷，热缺陷是由热运动产生的内在无序。

  图 6.55 是 CaF_2、SrF_2 和 BaF_2 单晶的电导率与温度的关系。

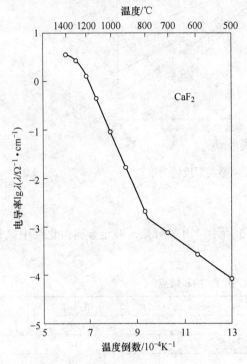

图 6.54 氟化钙 CaF_2 ($Fe_{1-x}O$ 5.1%，Fe_2O_3 0.77%)的电导率与温度的关系

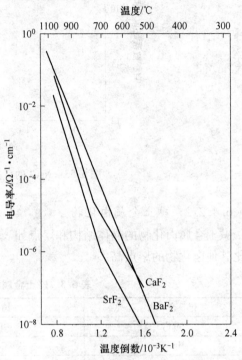

图 6.55 CaF_2、SrF_2 和 BaF_2 单晶的电导率与温度的关系

  YF_3 可以和 CaF_2 形成固溶体，YF_3 在 CaF_2 中的溶解度可达 55%（摩尔分数），图 6.56 是 CaF_2-YF_3 二元系相图。

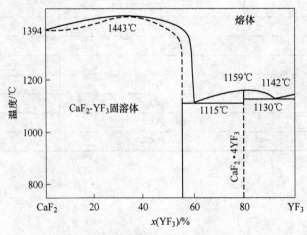

图 6.56 CaF_2-YF_3 二元系相图

在 CaF_2 中掺杂 YF_3，产生晶格间隙氟离子，缺陷反应为

$$YF_3 + Ca_{Ca} + V_i \Longrightarrow Y^{\cdot}_{Ca} + F'_i + CaF_2$$

图 6.57 为纯的 CaF_2 和掺杂 YF_3 的 CaF_2 的电导率与温度的关系。

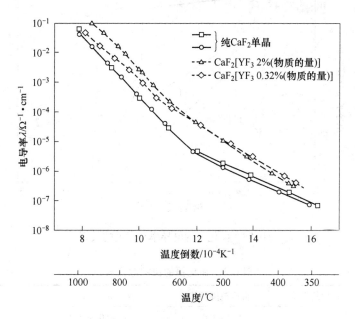

图 6.57　CaF_2 和掺杂 YF_3 的 CaF_2 的电导率与温度的关系

6.4.2.3　卤化银

卤化银熔点低。所有的卤化银的阳离子和阴离子相比都很小，都是阳离子导体。卤化银的离子导电是由于卤化银具有弗兰克尔型缺陷，其离子导电是由晶格结点间隙的银离子和银离子空位的迁移。

表 6.4 为卤化银中银的迁移数。

表 6.4　卤化银中银的迁移数

化合物	t_{K^+}	t_{A^-}	t_e	温度/℃	备　注
AgCl	1	—	—	300 ~ 400	Ag｜AgCl｜Ag
	0.98		0.02	300	$p_{Cl_2} = 101.325kPa$
AgBr	1	—		100 ~ 400	Ag｜AgBr｜Ag
	0.5 ~ 0.02		0.5 ~ 0.98	25	Br_2 气氛下
AgI	1	—		100 ~ 400	Ar 气氛下
	0.85		0.15	140	$p_{I_2} = 0.24 \times 101.325kPa$

图 6.58 为卤化银的电导率与温度的关系。

在卤素气氛中，卤化银存在电子导电。

表 6.5 为卤化银的自扩散系数。

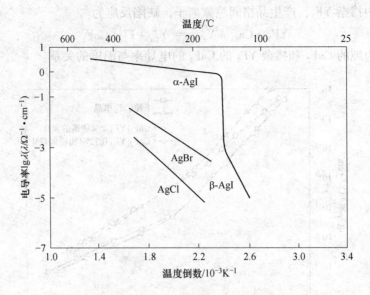

图 6.58　 卤化银的电导率与温度的关系

表 6.5　 卤化银的自扩散系数

化合物	扩散的离子	温度范围/℃	$D^*/cm^2 \cdot s^{-1}$	作　者
AgCl	Ag$^+$	150~350	$1.46\exp(0.89/kT)$	R. J. Friaut
		200~400	$936\exp(-1.61/kT)$	R. F. Read, D. S. Martin
	Cl$^-$	300~400	$133\exp(-1.61/kT)$	W. D. Crompton, R. J. Maurer
		300~400	$85\exp(-1.58/kT)$	E. Lakatos, K. H. Lieser
AgBr	Ag$^+$	270~400	$100\exp(-1.00/kT)$	R. J. Friau
	Br$^-$	150~300	$0.05\exp(-1.06/kT)$	A. Mrin
α- AgI	Ag$^+$	380~550	$Q = 0.16eV$	A. Kvist 等

6.4.3　 固体硫化物

金属硫化物很容易和氧反应。表 6.6 是碱金属和碱土金属硫化物的熔点和结构。

表 6.6　 碱金属和碱土金属硫化物的结构和熔点

化 合 物	熔点/℃	晶　型
Li$_2$S	(950) 或较高	CaF$_2$
Na$_2$S	1169	CaF$_2$
K$_2$S	(835) 或较高	CaF$_2$
MgS	>2000	NaCl
CaS	>2000	斜方晶
SrS	>2000	NaCl
BaS	>2000	NaCl

碱金属硫化物为立方反萤石结构。除 CaS 外，碱土金属硫化物为立方 NaCl 结构。Na_2S 是钠离子导体。图 6.59 是 Na_2S 的电导率与温度的关系。

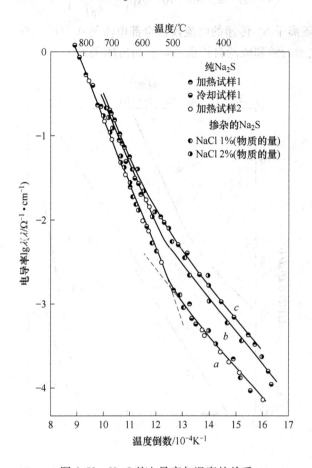

图 6.59 Na_2S 的电导率与温度的关系

纯的硫化钠的电导率和温度的关系式为：

$$\lambda = 3.40 \times 10^7 \exp\left(-\frac{6.839J}{k_BT}\right) \quad (>520℃)$$

$$\lambda = 8.0 \times 10^7 \exp\left(-\frac{3.128J}{k_BT}\right) \quad (<520℃)$$

在 800℃，Na_2S 的电导率为 1S/cm。

掺入 NaCl，有如下缺陷反应

$$NaCl + Na_{Na} + S_S \Longleftrightarrow Cl'_S + V'_{Na} + Na_2S$$

Cl^- 置换同样大小的 S^{2-}，占据了 S^{2-} 的晶格结点位置，并形成 Na^+ 空位。

纯的硫化钠的钠自扩散系数和掺杂氯化钠的硫化钠的钠自扩散系数为

$$D^*_{Na} = 8.3 \times 10^2 \exp\left(-\frac{6.881J}{k_BT}\right) \quad (>520℃)$$

$$D^*_{Na} = 1.60 \times 10^{-3} \exp\left(-\frac{3.12J}{k_BT}\right) \quad (<520℃)$$

其中，硫的自扩散系数为

$$D_S^* = 3.80 \times 10^{-3} \exp\left(-\frac{4.879J}{k_BT}\right)$$

在硫化钠中，硫离子 S^{2-} 传递的电流仅占全部电流的 0.2% ~ 1%。

图 6.60 为硫化钠的钠和硫的自扩散系数和温度的关系。

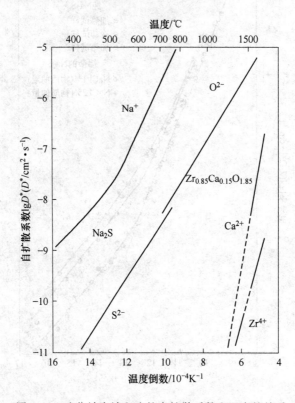

图 6.60　硫化钠中钠和硫的自扩散系数和温度的关系

在 700 ~ 1000℃，硫化钙和含硫化钇的硫化钙的电导率与温度的关系见图 6.61。测量是在 H_2S-H_2 混合气体中进行的，硫分压为 $p_{S_2} = 10^{-6}p^{\ominus}$。

掺杂 Y_2S_3，可以提高 CaS 的离子空位浓度。缺陷反应为

$$Y_2S_3 + 2Ca_{Ca} + Ca_{Ca} \Longrightarrow 2Y_{Ca}^* + V_{Ca}'' + 3CaS$$

可以提高硫化钙的电导率。掺杂 Y_2S_3 的 CaS 的电导率为

$$\lambda = 4.10 \times 10^{-4} \exp\left(-\frac{1.87J}{k_BT}\right)$$

在 725℃，CaS 和 CaS(Y_2S_3 1%) 的电导率与气相中硫分压的关系如图 6.62 所示。

硫分压 $p_{S_2} \leqslant 10^{-6}p^{\ominus}$，硫化钙以离子导电为主。硫分压 $p_{S_2} \leqslant 10^{-5}p^{\ominus}$，含 1% 硫化钇的硫化钙也以离子导电为主。硫分压较高则为电子空穴导电。

6.4.4　固体氮化物

在高温条件下，金属氮化物在无氧气氛中稳定。氮化铝的熔点为 2200℃，含 2%

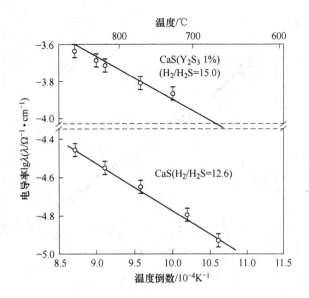

图 6.61　硫化钙和含硫化钇的硫化钙的电导率与温度的关系

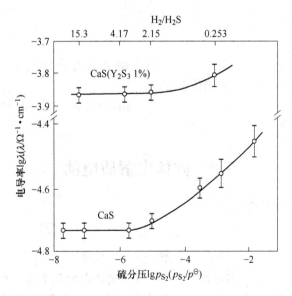

图 6.62　硫化钙和掺 1% 硫化钇的硫化钙的
电导率与硫分压的关系

Al_2O_3 的氮化铝形成铝离子空位，Al^{3+} 经由铝离子空位迁移，离子导电占优势。

　　缺陷反应为

$$Al_2O_3 + Al_{Al} + 3N_N \Longrightarrow 3O_N^* + V_{Al}''' + 3AlN$$

　　图 6.63 为 AlN 电导率与温度的关系。在 1450℃ 以上，AlN 的电导活化能为 2.7eV；在 1450℃ 以下，为 2.1eV。在 1400 ~ 1650℃，$(10^{-6} ~ 1) \times 101.325kPa$ 的 N_2 气氛中，$AlN(Al_2O_3)$ 的电导率与氮气压力无关。

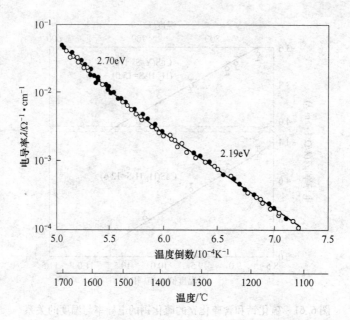

图 6.63　在氮气中 AlN 电导率与温度的关系

6.4.5　玻璃电解质

玻璃的主要成分是 SiO_2。由于玻璃中含有碱金属离子 Li^+、Na^+、K^+，以及 Ag^+、Tl^+ 等而具有离子导电性质，成为固体电解质。

例如，组成为 SiO_2 70.2%、Na_2O 15.1%、MgO 8.5%、K_2O 4.3%、Al_2O_3 1.8% 的玻璃，是 Na^+ 固体电解质。

6.5　固体电解质电池

6.5.1　固体电解质电池的电动势

固体电解质原电池为

$$金属 1 \mid 固体电解质 \mid 金属 2$$

原电池的电动势由各形成双电层的金属电极/固体电解质界面上的单电势构成，无电流通过的可测量电压等于各单电势之差；原电池中的电化学反应是在金属电极/电解质界面上进行，如图 6.64 所示。

6.5.1.1　浓差电池

浓差电池为

$$[Me]_{I} \mid 固体电解质(Me^{2+}) \mid [Me]_{II}$$

金属 Me 从化学势 $\mu_{[Me]_{I}}$ 高的电极，通过 Me^{2+} 离子导电的电解质，迁移至化学势 $\mu_{[Me]_{II}}$ 低的电极。此迁移过程的摩尔吉布斯自由能变化为

$$\Delta G_m = \mu_{[Me]_{II}} - \mu_{[Me]_{I}} = \Delta G_m^{\ominus} + RT\ln\frac{a_{[Me]_{II}}}{a_{[Me]_{I}}} \tag{6.34}$$

式中,

$$\mu_{[Me]_{II}} = \mu_{[Me]_{II}}^{\ominus} + RT\ln a_{[Me]_{II}}$$

$$\mu_{[Me]_{I}} = \mu_{[Me]_{I}}^{\ominus} + RT\ln a_{[Me]_{I}}$$

$$\Delta G_m^{\ominus} = \mu_{[Me]_{II}}^{\ominus} - \mu_{[Me]_{I}}^{\ominus}$$

$a_{[Me]_{II}}$ 和 $a_{[Me]_{I}}$ 为固溶体 $[Me]_{II}$ 和 $[Me]_{I}$ 中组元 Me 的活度。

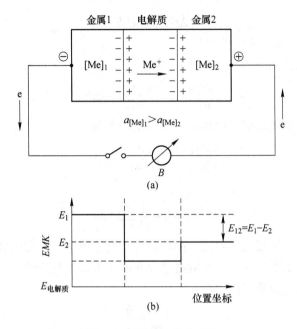

图 6.64 原电池的电动势

6.5.1.2 生成电池

生成电池为

$$Me \mid MeX \mid X$$

电流通过生成电池,Me 和 X 发生化学反应,生成 MeX。该生成反应的摩尔吉布斯自由能变化为

$$\Delta G_m = \mu_{MeX} - \mu_{Me} - \mu_{X} = \Delta G_m^{\ominus} + RT\ln \frac{a_{MeX}}{a_{Me}a_{X}} \tag{6.35}$$

式中,

$$\mu_{MeX} = \mu_{MeX}^{\ominus} + RT\ln a_{MeX}$$

$$\mu_{Me} = \mu_{Me}^{\ominus} + RT\ln a_{Me}$$

$$\mu_{X} = \mu_{X}^{\ominus} + RT\ln a_{X}$$

$$\Delta G_m^{\ominus} = \mu_{MeX}^{\ominus} - \mu_{Me}^{\ominus} - \mu_{X}^{\ominus}$$

由

$$\Delta G_m = -zFE$$

$$\Delta G_m^{\ominus} = -zFE^{\ominus}$$

得

$$E = E^{\ominus} + \frac{RT}{zF}\ln\frac{a_{MeX}}{a_{Me}a_X} \tag{6.36}$$

6.5.2　固体电解质电池的热力学

可逆电池的电动势是电池反应吉布斯自由能变化的量度。电流通过时，吉布斯自由能变化等于电池所做的功。

$$\Delta G_m = -zFE$$

式中，zF 是运送 1mol 离子需要的电量。

电动势与温度的关系为

$$\frac{\partial\Delta G_m}{\partial T} = -zF\frac{\partial E}{\partial T} = -\Delta S \tag{6.37}$$

对于有气体反应物的反应，电动势与压力的关系为

$$\frac{\partial\Delta G_m}{\partial p} = -zF\frac{\partial E}{\partial p} = -\Delta V \tag{6.38}$$

并有

$$E_p = E_1 - \frac{1}{zF}\int_1^p \Delta V dp \tag{6.39}$$

有外电流通过，电池成为电解池。阳极向外电路给出电子，发生氧化反应；阴极从外电路得到电子，发生还原反应。若反应可逆，在两个电极上发生的化学反应的物质的量正比于电流强度，根据法拉第定律，有

$$n = \frac{Q}{zF} = \frac{It}{zF}$$

电池中流动的电流决定电极反应的速度。无电流通过，电动势 E 由各电解质/电极界面上的单电势给出。

$$E = \varphi_1 + \varphi_2 + L$$

有电流通过，可测电压与电动势的关系为

$$U = E + Ir + IR \tag{6.40}$$

式中，r 为电池的内电阻；R 为外电路的电阻。电动势 E 近似等于电池的可逆极化电压。

相界面的反应会产生不可逆的超电压，产生超电压的原因有很多。例如，由于电极反应离子贫化或增浓，造成界面上离子放电或充电变慢，扩散成为电极反应的限制步骤，产生扩散超电压。

在有不可逆的超电压的情况下，可测电压 U 还包括两个电极上的超电压，即

$$U = E + Ir + Ir_E + IR \tag{6.41}$$

式中，r_E 为两个电极上的总电阻；Ir_E 为两个电极上的超电压。

6.6　氧化锆基和氧化钍基的固体氧化物电解质电池

6.6.1　氧浓差电池

将固体电解质（例如 $ZrO_2(CaO)$）置于不同的氧分压之间，两侧连接金属电极。在

电解质与金属电极的接界处发生电极反应，建立起不同的平衡电极电势。因此，由它们构成的电池电动势由电解质两侧的氧分压决定。

$$Pt \mid O_2(p_{O_2,1}) \mid ZrO_2(CaO) \mid O_2(p_{O_2,2}) \mid Pt$$

左极：
$$O^{2-} = \frac{1}{2}O_2(p_{O_2,1}) + 2e$$

右极：
$$\frac{1}{2}O_2(p_{O_2,2}) + 2e = O^{2-}$$

电池反应：
$$\frac{1}{2}O_2(p_{O_2,2}) = \frac{1}{2}O_2(p_{O_2,1})$$

相当于氧从高氧压端向低氧压端迁移，电池反应的摩尔吉布斯自由能变化为

$$\Delta G_m = \frac{1}{2}\mu_{O_2(p_{O_2,1})} - \frac{1}{2}\mu_{O_2(p_{O_2,2})} = \frac{1}{2}RT\ln\frac{p_{O_2,1}}{p_{O_2,2}} \tag{6.42}$$

$$\Delta G_m = -2FE$$

$$E = -\frac{\Delta G_m}{2F} = -\frac{RT}{4F}\ln\frac{p_{O_2,1}}{p_{O_2,2}} = \frac{RT}{4F}\ln\frac{p_{O_2,2}}{p_{O_2,1}} \tag{6.43}$$

以氧化锆基固体氧化物电解质构成的氧浓差电池有广泛的应用。

6.6.2 熔体中氧浓度的测量

6.6.2.1 以空气为参比极

以空气为参比极，电池构成为

$$Pt \mid Me, [O]_{Me} \mid ZrO_2(CaO) \mid 空气 \mid Pt$$

待测极：
$$O^{2-} = [O]_{Me} + 2e$$

参比极：
$$\frac{1}{2}O_2 + 2e = O^{2-}$$

电池反应：
$$\frac{1}{2}O_2 = [O]_{Me}$$

电池反应的吉布斯自由能变化为

$$\Delta G_m = \Delta G_m^{\ominus} + RT\ln\frac{a_{[O]_{Me}}}{p_{O_2(空气)}^{\frac{1}{2}}} \tag{6.44}$$

$$\Delta G_m = -2FE$$

$$\Delta G_m^{\ominus} = -2FE^{\ominus}$$

测得电池的电动势，已知空气中的氧分压，就可以求得熔体中的氧活度 $a_{[O]_{Me}}$。利用 $a_{[O]_{Me}} = f_0 w[O]$ 可以求得氧浓度 $w[O]$。

例如，

$$Pt \mid [O]_{Fe} \mid ZrO_2(CaO) \mid 空气 \mid Pt$$

待测极：
$$O^{2-} = [O]_{Fe} + 2e$$

参比极：
$$\frac{1}{2}O_2 + 2e = O^{2-}$$

电池反应：
$$\frac{1}{2}O_2 = [O]_{Fe}$$

电池反应的摩尔吉布斯自由能变化为

$$\Delta G_m = \Delta G_m^\ominus + RT\ln \frac{a_{[O]_{Fe}}}{p_{O_2(空气)}^{\frac{1}{2}}} \tag{6.45}$$

$$\Delta G_m = -2FE, \quad \Delta G_m^\ominus = -2FE^\ominus \tag{6.46}$$

测得电池的电动势，已知空气中氧分压，就可求得铁液中氧的活度，进而求得浓度。

6.6.2.2 以 H_2O-H_2 混合气体为参比极

以 H_2O-H_2 混合气体为参比极，电池构成为

$$Me, [O]_{Me} \mid ZrO_2(CaO) \mid H_2O\text{-}H_2, Me$$

待测极：
$$O^{2-} =\!=\!= [O]_{Me} + 2e$$

参比极：
$$\frac{1}{2}O_2 + 2e =\!=\!= O^{2-}$$

电池反应：
$$\frac{1}{2}O_2 =\!=\!= [O]_{Me}$$

电池反应的摩尔吉布斯自由能变化为

$$\Delta G_m = \Delta G_m^\ominus + RT\ln \frac{a_{[O]_{Me}}}{p_{O_2}^{\frac{1}{2}}} \tag{6.47}$$

式中，H_2O-H_2 混合气体的氧分压可以由氢气通过水蒸气饱和的容器的水温控制。

6.6.2.3 以 CO_2-CO 混合气体为参比极

以 CO_2-CO 混合气体为参比极，电池构成为

$$Me, [O]_{Me} \mid ZrO_2(CaO) \mid CO_2\text{-}CO, Me$$

待测极：
$$O^{2-} =\!=\!= [O]_{Me} + 2e$$

参比极：
$$\frac{1}{2}O_2 + 2e =\!=\!= O^{2-}$$

电池反应：
$$\frac{1}{2}O_2 =\!=\!= [O]_{Me}$$

电池反应的摩尔吉布斯自由能变化为

$$\Delta G_m = \Delta G_m^\ominus + RT\ln \frac{a_{[O]_{Me}}}{p_{O_2}^{\frac{1}{2}}} \tag{6.48}$$

式中，CO_2-CO 混合气体氧分压可以由二氧化碳气体通过装满碳粒的容器的温度控制。

利用

$$\Delta G_m^\ominus = -RT\ln K$$

$$\ln K = \ln \frac{a_{[O]_{Me}}}{p_{O_2}^{\frac{1}{2}}}$$

$$\lg p_{O_2} = 2\lg w[O] - 2\lg K \tag{6.49}$$

实验测得 $\Delta G_m^\ominus$，可以求得 K，由上式可得熔体中氧的溶解度和气相中氧压的关系。

图 6.65 为实验测得的铁水中氧的溶解度和气相中氧压的关系。

6.6.2.4 以氧化物为参比极

以氧化物为参比极，电池构成为

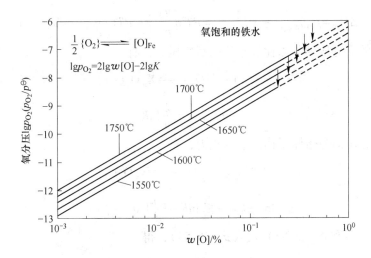

图 6.65　铁水中氧的溶解度和气相中氧压的关系

$$\text{Me},[O]_{Me}\,|\,ZrO_2(CaO)\,|\,Me'_xO_y,Me'\,|\,Me$$

待测极：
$$O^{2-} \Longrightarrow [O]_{Me}+2e$$

参比极：
$$\frac{1}{y}Me'_xO_y+2e \Longrightarrow \frac{x}{y}Me'+O^{2-}$$

电池反应：
$$\frac{1}{y}Me'_xO_y(s) \Longrightarrow \frac{x}{y}Me'_x(s)+[O]_{Me}$$

电池反应的摩尔吉布斯自由能变化为

$$\Delta G_m = \Delta G_m^{\ominus} + RT\ln a_{[O]_{Me}} \tag{6.50}$$

例如

$$Pt\,|\,[O]_{Fe}\,|\,ZrO_2(CaO)\,|\,Cr_2O_3,Cr\,|\,Pt$$

待测极：
$$O^{2-} \Longrightarrow [O]_{Fe}+2e$$

参比极：
$$\frac{1}{3}Cr_2O_3+2e \Longrightarrow \frac{2}{3}Cr+O^{2-}$$

电池反应：
$$\frac{1}{3}Cr_2O_3(s) \Longrightarrow \frac{2}{3}Cr(s)+[O]_{Fe}$$

电池反应的摩尔吉布斯自由能变化为

$$\Delta G_m = \Delta G_m^{\ominus} + RT\ln a_{[O]_{Fe}} \tag{6.51}$$

6.6.3　熔体中金属组元活度的测量

利用固体电解质可以测量 Me-O-X 三元系熔体中各组元 X 的活度。电池可以写作
$$Pt\,|\,X(s),X_mO_n(s)\,|\,ZrO_2(CaO)\,|\,[Me\text{-}O\text{-}X],X_mO_n(s)\,|\,Pt$$

待测极：
$$2O^{2-} \Longrightarrow O_2(p_{O_2,1})+4e$$

参比极：
$$O_2(p_{O_2,2})+4e \Longrightarrow 2O^{2-}$$

电池反应：
$$O_2(p_{O_2,2}) \Longrightarrow O_2(p_{O_2,1})$$

电池反应的摩尔吉布斯自由能变化为

$$\Delta G_{\mathrm{m}} = \mu_{\mathrm{O}_2(p_{\mathrm{O}_2,1})} - \mu_{\mathrm{O}_2(p_{\mathrm{O}_2,2})} = RT\ln\frac{p_{\mathrm{O}_2,1}}{p_{\mathrm{O}_2,2}} = RT(\ln p_{\mathrm{O}_2,1} - \ln p_{\mathrm{O}_2,2}) \tag{6.52}$$

参比电极的氧分压即与参比极平衡的氧气压力，有

$$m\mathrm{X(s)} + \frac{n}{2}\mathrm{O}_2 \rightleftharpoons \mathrm{X}_m\mathrm{O}_n(\mathrm{s})$$

$$\ln p_{\mathrm{O}_2,1} = -\frac{2}{n}\ln K \tag{6.53}$$

熔体的氧分压即与熔体平衡的氧气压力，有

$$m[\mathrm{X}]_{熔体} + \frac{n}{2}\mathrm{O}_2 \rightleftharpoons \mathrm{X}_m\mathrm{O}_n(\mathrm{s})$$

$$\ln p_{\mathrm{O}_2,2} = -\frac{2}{n}\ln K - \frac{2m}{n}\ln a_{[\mathrm{X}]_{熔体}} \tag{6.54}$$

将式（6.54）和式（6.55）代入式（6.53），得

$$\Delta G_{\mathrm{m}} = \frac{2m}{n}RT\ln a_{[\mathrm{X}]_{熔体}} \tag{6.55}$$

$$\Delta G_{\mathrm{m}} = -zFE$$

所以

$$\ln a_{[\mathrm{X}]_{熔体}} = \frac{nzFE}{2mRT} \tag{6.56}$$

例如，测量 Ni-O-Pb 熔体中组元 Ni 的活度，可以构成如下电池

$$\mathrm{Pt} \mid \mathrm{NiO(s)}, \mathrm{Ni(s)} \mid \mathrm{ZrO}_2(\mathrm{CaO}) \mid [\mathrm{Ni\text{-}O\text{-}Pb}], \mathrm{NiO(s)} \mid \mathrm{Pt}$$

待测极：

$$\mathrm{O}^{2-} \rightleftharpoons \frac{1}{2}\mathrm{O}_2(p_{\mathrm{O}_2,1}) + 2\mathrm{e}$$

参比极：

$$\frac{1}{2}\mathrm{O}_2(p_{\mathrm{O}_2,2}) + 2\mathrm{e} \rightleftharpoons \mathrm{O}^{2-}$$

电池反应：

$$\frac{1}{2}\mathrm{O}_2(p_{\mathrm{O}_2,2}) \rightleftharpoons \frac{1}{2}\mathrm{O}_2(p_{\mathrm{O}_2,1})$$

电池反应的摩尔吉布斯自由能变化为

$$\Delta G_{\mathrm{m}} = \frac{1}{2}\left[\mu_{\mathrm{O}_2(p_{\mathrm{O}_2,1})} - \mu_{\mathrm{O}_2(p_{\mathrm{O}_2,2})}\right] = \frac{1}{2}RT\ln\frac{p_{\mathrm{O}_2,1}}{p_{\mathrm{O}_2,2}} = \frac{1}{2}RT(\ln p_{\mathrm{O}_2,1} - \ln p_{\mathrm{O}_2,2}) \tag{6.57}$$

熔体氧分压为与熔体平衡的氧气压力，有

$$[\mathrm{Ni}]_{熔体} + \frac{1}{2}\mathrm{O}_2(\mathrm{g}) \rightleftharpoons \mathrm{NiO(s)}$$

$$\ln p_{\mathrm{O}_2,2} = -2\ln K - 2\ln a_{[\mathrm{Ni}]_{熔体}} \tag{6.58}$$

参比极的氧分压即与参比极平衡的氧气压力，有

$$\mathrm{Ni(s)} + \frac{1}{2}\mathrm{O}_2(\mathrm{g}) \rightleftharpoons \mathrm{NiO(s)}$$

$$\ln p_{\mathrm{O}_2,1} = -2\ln K \tag{6.59}$$

将式（6.58）和式（6.59）代入式（6.57），得

$$\Delta G_{\mathrm{m}} = RT\ln a_{[\mathrm{Ni}]_{熔体}} \tag{6.60}$$

$$-2FE = \Delta G_{\mathrm{m}} = RT\ln a_{[\mathrm{Ni}]_{熔体}}$$

$$\ln a_{[\mathrm{Ni}]_{熔体}} = -\frac{2FE}{RT} \tag{6.61}$$

$$\lg a_{[Ni]_{熔体}} = -\frac{2FE}{2.303RT} \quad (6.62)$$

图 6.66 为按上述方法测量的 Ni-O-Pb 熔体中 Ni 的活度与浓度的关系。

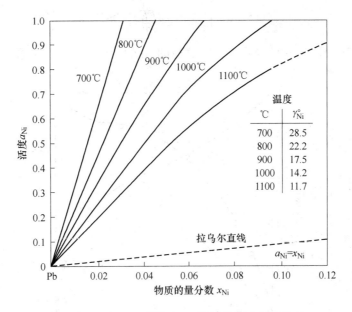

图 6.66 Ni-O-Pb 熔体中 Ni 的活度与浓度的关系

6.6.4 合金中组元活度的测量

利用固体电解质电池可以测量合金中组元的活度。测量二元合金 A-B 中组元活度的电池结构为

$$Pt \mid A, AO \mid ZrO_2(CaO) \mid A\text{-}B, AO \mid Pt$$

待测极： $$O^{2-} + [A] \Longleftrightarrow AO + 2e$$
参比极： $$AO + 2e \Longleftrightarrow A + O^{2-}$$
电池反应： $$[A] \Longleftrightarrow A$$

以纯固态 A 为标准状态，该过程的摩尔吉布斯自由能变化为

$$\Delta G_m = -RT\ln a_{[A]} \quad (6.63)$$
$$\Delta G_m = -2FE$$

所以

$$\ln a_{[A]} = \frac{2FE}{RT} \quad (6.64)$$

例如，实验测量了 Cu-Ni 合金中 Ni 的活度，电池结构为

$$Pt \mid Ni, NiO \mid ZrO_2(CaO) \mid Ni\text{-}Cu, NiO \mid Pt$$

待测极： $$O^{2-} + [Ni] \Longleftrightarrow NiO + 2e$$
参比极： $$NiO + 2e \Longleftrightarrow Ni + O^{2-}$$
电池反应： $$[Ni] \Longleftrightarrow Ni$$

以纯固态镍为标准状态，该过程的摩尔吉布斯自由能变化为

$$\Delta G_{m} = -RT\ln a_{[Ni]} \tag{6.65}$$
$$\Delta G_{m} = -2FE$$

所以

$$\ln a_{[Ni]} = \frac{2FE}{RT} \tag{6.66}$$

图 6.67 为 700℃，Cu-Ni 合金中实验测得的 Ni 的活度和浓度的关系。

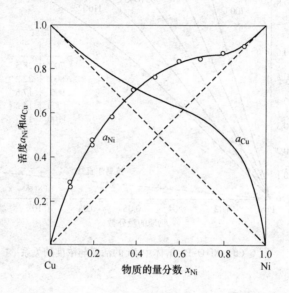

图 6.67　在 700℃，Cu-Ni 合金中 Ni 的活度和浓度的关系

由 Ni 的活度利用公式

$$\ln a_{[Cu]}^{\cdot} = \int_{x_{Cu}=1}^{x_{Cu}} -\frac{x_{Ni}}{x_{Cu}} d\ln a_{[Ni]} \tag{6.67}$$

算得的 Cu 的活度。

6.6.5　熔渣的氧势和组元活度的测量

利用固体电解质构成的氧浓差电池，可以测量熔渣的氧势和组元的活度。

6.6.5.1　熔渣的氧势测量

电池结构为

$$Pt\,|\,Me,(MeO)\,|\,ZrO_2(CaO)\,|\,O_2\,|\,Pt$$

待测极：
$$O^{2-} \rightleftharpoons O + 2e \quad O \rightleftharpoons \frac{1}{2}O_2$$

参比极：
$$\frac{1}{2}O_2 + 2e \rightleftharpoons O^{2-}$$

电池反应：
$$\frac{1}{2}O_2(右) \rightleftharpoons \frac{1}{2}O_2(左)$$

电池反应的摩尔吉布斯自由能变化为

$$\Delta G_{\mathrm{m}} = \Delta G_{\mathrm{m}}^{\ominus} + RT\ln \frac{p_{\mathrm{O}_2(左)}^{\frac{1}{2}}}{p_{\mathrm{O}_2(右)}^{\frac{1}{2}}} \tag{6.68}$$

由

$$\Delta G_{\mathrm{m}} = -2FE$$

得

$$E = E^{\ominus} + \frac{RT}{4F}\ln \frac{p_{\mathrm{O}_2(右)}}{p_{\mathrm{O}_2(左)}} \tag{6.69}$$

右侧的氧势可以给定，从而由电池的电动势得到熔渣的氧势 $p_{\mathrm{O}_2(左)}$。

6.6.5.2　熔渣中组元的活度测量

电池结构为

$$\mathrm{Pt} \mid \mathrm{Me},(\mathrm{MeO}) \mid \mathrm{ZrO_2(CaO)} \mid \mathrm{Me},\mathrm{MeO} \mid \mathrm{Pt}$$

待测极：　　$\mathrm{O^{2-}} \Longrightarrow \mathrm{O} + 2\mathrm{e}$　　$\mathrm{O} \Longrightarrow \frac{1}{2}\mathrm{O_2}$　　$\mathrm{Me} + \frac{1}{2}\mathrm{O_2} \Longrightarrow (\mathrm{MeO})$

参比极：　　$\frac{1}{2}\mathrm{O_2} + 2\mathrm{e} \Longrightarrow \mathrm{O^{2-}}$　　$\mathrm{MeO} \Longrightarrow \mathrm{Me} + \frac{1}{2}\mathrm{O_2}$

电池反应：　　$\frac{1}{2}\mathrm{O_2}(右) \Longrightarrow \frac{1}{2}\mathrm{O_2}(左)$　　或　　$\mathrm{MeO} \Longrightarrow (\mathrm{MeO})$

电池反应的摩尔吉布斯自由能变化为

$$\Delta G_{\mathrm{m}} = \Delta G_{\mathrm{m}}^{\ominus} + RT\ln \frac{p_{\mathrm{O}_2(左)}^{\frac{1}{2}}}{p_{\mathrm{O}_2(右)}^{\frac{1}{2}}} = \Delta G_{\mathrm{m}}^{\ominus} + RT\ln \frac{a_{(\mathrm{MeO})}}{a_{\mathrm{MeO}}} \tag{6.70}$$

由

$$\Delta G_{\mathrm{m}} = -2FE$$

得

$$E = E^{\ominus} + \frac{RT}{4F}\ln \frac{p_{\mathrm{O}_2(右)}}{p_{\mathrm{O}_2(左)}} = E^{\ominus} + \frac{RT}{2F}\ln \frac{a_{(\mathrm{MeO})}}{a_{\mathrm{MeO}}} \tag{6.71}$$

以纯 MeO 为标准状态，浓度以摩尔分数表示，则

$$E = -\frac{RT}{2F}\ln a_{(\mathrm{Me})}^{R} \tag{6.72}$$

6.6.6　氧化物生成压和生成吉布斯自由能的测量

生成压和分解压是金属氧化物稳定性的标志。对于金属氧化物的反应

$$x\mathrm{Me} + \frac{y}{2}\mathrm{O_2} \Longrightarrow \mathrm{Me}_x\mathrm{O}_y$$

以纯固态金属和金属氧化物为标准状态，氧气以 101.325kPa 为标准状态，有

$$\Delta G_{\mathrm{m}}^{\ominus} = \frac{y}{2}RT\ln p_{\mathrm{O_2}} \tag{6.73}$$

6.6.6.1　生成压、分解压和标准生成自由能

采用固体电解质构成氧浓差电池可以测量金属氧化物的生成压和分解压及标准生成自

由能。

电池构成为

$$Pt \mid Me, MeO \mid ZrO_2(CaO) \mid M, MO \mid Pt$$

左极：
$$O^{2-} \Longrightarrow O + 2e \quad O \Longrightarrow \frac{1}{2}O_2$$

$$Me + \frac{1}{2}O_2 \Longrightarrow MeO \quad Me + O^{2-} \Longrightarrow MeO + 2e$$

右极：
$$MO \Longrightarrow M + \frac{1}{2}O_2 \quad \frac{1}{2}O_2 \Longrightarrow O \quad O + 2e \Longrightarrow O^{2-}$$

$$MO + 2e \Longrightarrow M + O^{2-}$$

电池反应：
$$\frac{1}{2}O_2(右) \Longrightarrow \frac{1}{2}O_2(左) \quad 与 \quad Me + MO \Longrightarrow MeO + M$$

氧从右极流向左极。

以 101.325kPa 为标准态，电池反应的摩尔吉布斯自由能变化为

$$\Delta G_m = RT \frac{p_{O_2(左)}^{\frac{1}{2}}}{p_{O_2(右)}^{\frac{1}{2}}} \tag{6.74}$$

以纯固态金属和金属氧化物为标准状态，有

$$\Delta G_m = \Delta_f G_{m,MeO}^* - \Delta_f G_{m,MO}^*$$

由

$$\Delta G_m = -nFE$$

得

$$E = \frac{1}{2F}(\Delta_f G_{m,MO}^* - \Delta_f G_{m,MeO}) = -\frac{1}{2F}(\Delta_f G_{m,MeO}^* - \Delta_f G_{m,MO}^*) = \frac{RT}{4F}\ln\frac{p_{O_2(右)}}{p_{O_2(左)}} \tag{6.75}$$

式中，$\Delta_f G_{m,MeO}^*$ 和 $\Delta_f G_{m,MO}^*$ 分别为化合物 MeO 和 MO 的标准生成摩尔吉布斯自由能。

由式（6.75）可见，若已知参比极的氧压和化合物的标准生成摩尔吉布斯自由能，就可得到被测极的氧压和化合物的标准生成摩尔吉布斯自由能。

例如，在 420~900℃ 区间，为测量

$$2Zn(l) + O_2 \Longrightarrow 2ZnO(s)$$

的标准生成吉布斯自由能，构成氧浓差电池为

$$Pt \mid ZnO, Zn \mid ZrO_2(CaO) \mid Ni, NiO \mid Pt$$

左极：
$$Zn + O^{2-} \Longrightarrow ZnO + 2e$$

右极：
$$NiO + 2e \Longrightarrow Ni + O^{2-}$$

电池反应：
$$NiO + Zn \Longrightarrow Ni + ZnO$$

$$E = \frac{1}{2F}(\Delta_f G_{m,NiO}^* - \Delta_f G_{m,ZnO}^*)$$

$$\Delta_f G_{m,ZnO}^* = \Delta_f G_{m,NiO}^* - 2FE = -709.567 + 0.214 kJ/mol$$

6.6.6.2 三元复合氧化物的生成自由能

三元复合氧化物是由两个简单的氧化物反应生成，类型有

$$AO + BO_2 \Longrightarrow ABO_3$$

$$2AO + BO_2 \Longrightarrow A_2BO_4$$

$$AO + B_2O_3 \Longrightarrow AB_2O_4$$

两个简单氧化物生成复合氧化物，其摩尔吉布斯自由能变化可以由固体电解质构成氧浓差电池测量。下面以 $NiAl_2O_4$ 尖晶石为例介绍。

在 Ni-Al-O 三元系中，根据相图，固相 Ni、Al_2O_3 和 $NiAl_2O_4$ 平衡共存，因此，可以构成电池

$$Pt \mid Ni, Al_2O_3, NiAl_2O_4 \mid ZrO_2(CaO) \mid Ni, NiO \mid Pt$$

测量尖晶石 $NiAl_2O_4$ 的生成吉布斯自由能。

左极：
$$O^{2-} \Longrightarrow O + 2e \quad O \Longrightarrow \frac{1}{2}O_2$$

$$Ni + \frac{1}{2}O_2 + Al_2O_3 \Longrightarrow NiAl_2O_4$$

$$Ni + O_2^{2-} + Al_2O_3 \Longrightarrow NiAl_2O_4 + 2e$$

右极：
$$NiO \Longrightarrow Ni + \frac{1}{2}O_2 \quad \frac{1}{2}O_2 \Longrightarrow O \quad O + 2e \Longrightarrow O^{2-}$$

$$NiO + 2e \Longrightarrow Ni + O^{2-}$$

电池反应：
$$NiO + Al_2O_3 \Longrightarrow NiAl_2O_4$$

以纯固体 NiO、Al_2O_3 和 $NiAl_2O_4$ 为标准状态，电池反应的摩尔吉布斯自由能变化为

$$\Delta G_m = \Delta_f G_{m,NiAl_2O_4}^* - \Delta_f G_{m,NiO}^* - \Delta_f G_{m,Al_2O_3}^*$$

由

$$\Delta G_m = -2FE$$

得

$$E = -\frac{1}{2F}(\Delta_f G_{m,NiAl_2O_4}^* - \Delta_f G_{m,NiO}^* - \Delta_f G_{m,Al_2O_3}^*)$$

所以

$$\Delta G_{m,NiAl_2O_4}^* = \Delta_f G_{m,NiO}^* + \Delta_f G_{m,Al_2O_3}^* - 2FE$$

在 1000℃ ，有

$$\Delta G_{m,NiAl_2O_4}^* = 21.684 kJ/mol$$

6.6.6.3 平衡氧压

两个简单氧化物并不都形成化学计量的复合化合物，也可以形成晶格缺陷的非化学计量化合物或混合物或固溶体。利用固体电解质电池可以测量其平衡氧压与组成和温度的关系。

例如，利用电池

$$Pt \mid Fe, Fe_{1-y}O \mid ZrO_2(CaO) \mid (Mg, Fe)_3O_4, (Mg, Fe)O \mid Pt$$

测量不同的 Fe/Mg 比，在 900～1200℃ 区间，尖晶石相 $(Mg, Fe)_3O_4$ 和镁浮氏体相 $(Mg, Fe)O$ 的平衡氧压。两相间的反应为

$$6Mg_{\frac{x}{3}}Fe_{\frac{1-x}{3}}O + O_2 \Longrightarrow 2Mg_x Fe_{1-x}O_4$$

$x = 1$ 时，为 $MgFe_2O_4$ ；$x = 0$ 时，为 Fe_3O_4 。

图 6.68 为平衡氧压和组成的关系。图 6.69 为平衡氧压和温度的关系。

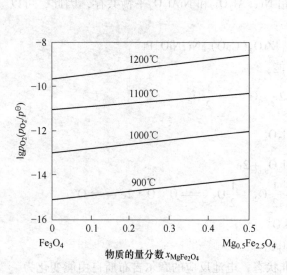

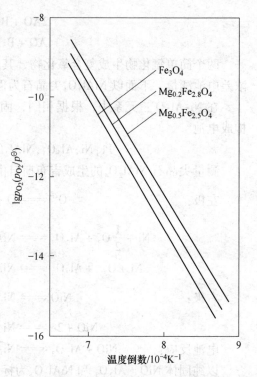

图 6.68　平衡氧压与 Fe$_3$O$_4$-MgFe$_2$O$_4$
　　　　固溶体组成的关系

图 6.69　在 Fe$_3$O$_4$-MgFe$_2$O$_4$ 固溶体中,
　　　　平衡氧压与温度的关系

6.6.7　非氧化物的标准生成自由能的测量

利用氧浓差电池, 可以测量非氧化物化合物的标准生成吉布斯自由能。其原理是用已知的参比极氧分压测量待测电极的氧分压, 而待测电极的氧分压是由含有非氧化物化合物的体系决定的。在该体系中, 非氧化物化合物与氧化物及纯非金属相构成待测电极, 或者非氧化物化合物与两个氧化物构成待测电极, 有

$$Pt \,|\, MeX, MeO, X \,|\, ZrO_2(CaO) \,|\, M, MO \,|\, Pt \qquad (\text{I})$$

或

$$Pt \,|\, MeX, MeO, XO \,|\, ZrO_2(CaO) \,|\, Me, MeO \,|\, Pt \qquad (\text{II})$$

对于电池 I,

待测极：

$$MeO + X \Longrightarrow MeX + \frac{1}{2}O_2 \qquad \frac{1}{2}O_2 \Longrightarrow O$$

$$O + 2e \Longrightarrow O^{2-}$$

$$MeO + X + 2e \Longrightarrow MeX + O^{2-}$$

参比极：

$$O^{2-} \Longrightarrow O + 2e \qquad O \Longrightarrow \frac{1}{2}O_2$$

$$Me + \frac{1}{2}O_2 \Longrightarrow MeO$$

$$Me + O^{2-} \Longrightarrow MeO + 2e$$

电池反应：

$$Me + X \Longrightarrow MeX$$

该反应的摩尔吉布斯自由能变化为

$$\Delta G_m = -2FE$$

Me 和 X 都以纯物质为标准状态，则 ΔG_m 即为 MeX 的标准生成吉布斯自由能，即

$$\Delta G_m = \Delta_f G^*_{m,MeX}$$

6.6.8 金属碳化物的生成吉布斯自由能的测量

测量金属碳化物 Cr_3C_2 的生成吉布斯自由能，电池组成为

$$Pt \,|\, Cr,Cr_2O_3 \,|\, ZrO_2(CaO) \,|\, Cr_3C_2,C,Cr_2O_3 \,|\, Pt$$

待测极：
$$Cr_2O_3 + 4C + 18e \Longrightarrow 2Cr_3C_2 + 9O^{2-}$$

参比极：
$$6Cr + 9O^{2-} \Longrightarrow 3Cr_2O_3 + 18e$$

电池反应：
$$6Cr + 4C \Longrightarrow 2Cr_3C_2$$

以固态纯物质为标准状态，该反应的摩尔吉布斯自由能变化为

$$\Delta G_m = 2\Delta_f G^*_{m,Cr_3C_2} = -18FE$$

所以

$$\Delta_f G^*_{m,Cr_3C_2} = -9FE$$

在 800 ~ 1100℃

$$\Delta_f G^*_{m,Cr_3C_2} = -43.368 - 30.649T(kJ/mol)$$

6.6.9 金属硅化物的生成吉布斯自由能的测量

测量硅化物 $TaSi_2$ 的生成吉布斯自由能的电池组成为

$$Pt \,|\, Fe,FeO \,|\, ThO_2(Y_2O_3) \,|\, TaSi_2,Ta_5Si_3,SiO_2 \,|\, Pt$$

待测极：
$$5TaSi_2 + 14O^{2-} \Longrightarrow Ta_5Si_3 + 7SiO_2 + 28Fe$$

参比极：
$$14FeO + 28e \Longrightarrow 14Fe + 14O^{2-}$$

电池反应：
$$5TaSi_2 + 14FeO \Longrightarrow Ta_5Si_3 + 14Fe + 7SiO_2$$

以固态纯物质为标准状态，该反应的摩尔吉布斯自由能变化为

$$\Delta G_m = \Delta_f G^*_{m,Ta_5Si_3} - 7\Delta_f G^*_{m,SiO_2} - 5\Delta_f G^*_{m,TaSi_2} - 14\Delta_f G^*_{m,FeO} = -28FE$$

所以

$$\Delta_f G^*_{m,TaSi_2} = \frac{1}{5}\Delta_f G^*_{m,Ta_5Si_3} + \frac{7}{5}\Delta_f G^*_{m,SiO_2} - \frac{14}{5}\Delta_f G^*_{m,FeO} + \frac{28}{5}FE$$

6.6.10 金属硫化物的生成吉布斯自由能的测量

6.6.10.1 金属氧化物比其硫化物稳定

在金属氧化物比其硫化物稳定的情况下，测量金属硫化物的生成自由能的电池构成为

$$Pt \,|\, MeS,MeO,SO_2(g,|p^\ominus) \,|\, ZrO_2(CaO) \,|\, O_2(|p^\ominus) \,|\, Pt$$

待测极的平衡氧分压由反应

$$MeO(s) + SO_2(g) \Longrightarrow MeS(s) + \frac{3}{2}O_2(g)$$

决定。例如，ZnS、MnS、MoS_2 等。

例如，测量硫化锌生成吉布斯自由能的电池组成为

$$Pt \,|\, ZnS,ZnO,SO_2(g,p^\ominus) \,|\, ZrO_2(CaO) \,|\, O_2(p^\ominus) \,|\, Pt$$

待测极：$\qquad 2O^{2-} \rightleftharpoons 2O + 4e \quad 2O \rightleftharpoons O_2$

参比极：$\qquad O_2 \rightleftharpoons 2O \quad 2O + 4e \rightleftharpoons 2O^{2-}$

电池反应：$\qquad O_2(参比) \rightleftharpoons O_2(待测)$

气体以 101.325kPa 为标准状态，该反应的摩尔吉布斯自由能变化为

$$\Delta G_m = \mu_{O_2(待测)} - \mu_{O_2(参比)} = RT\ln\frac{p_{O_2(待测)}}{p_{O_2(参比)}} = -4FE$$

所以

$$\ln p_{O_2(待测)} = -\frac{4FE}{RT}$$

待测极内平衡氧分压由达成平衡的反应

$$ZnO(s) + SO_2(g) \rightleftharpoons ZnS(s) + \frac{3}{2}O_2(g)$$

决定。利用测得的氧分压和修正的 SO_2 分压，可以计算上面反应的 $\Delta G_m^{\ominus}$ 的值，即

$$\Delta G_m = \Delta G_m^{\ominus} + RT\ln\frac{p_{O_2}^{\frac{3}{2}}}{p_{SO_2}}$$

$$\Delta G_m^{\ominus} = \Delta_f G_{m,ZnS}^* - \Delta_f G_{m,ZnO}^* - \Delta_f G_{m,SO_2}^*$$

平衡时

$$\Delta G_m = 0$$

所以，

$$\Delta_f G_{m,ZnS}^* = \Delta_f G_{m,ZnO}^* + \Delta_f G_{m,SO_2}^* - RT\ln\frac{p_{O_2}^{\frac{3}{2}}}{p_{SO_2}}$$

$$= \Delta_f G_{m,ZnO}^* + \Delta_f G_{m,SO_2}^* + RT\ln p_{SO_2} + 6FE$$

6.6.10.2 相对于纯金属稳定的金属硫化物

相对于纯金属稳定的金属硫化物，测量此类硫化物的生成自由能的电池结构为

$$Pt \mid Me, MeO, SO_2(g, \mid p^{\ominus}) \mid ZrO_2(CaO) \mid O_2(\mid p^{\ominus}) \mid Pt$$

待测极的平衡氧分压由反应

$$Me(s) + SO_2(g) \rightleftharpoons MeS(s) + O_2(g)$$

决定，例如 PtS、RhS 等。测量硫化铂生成吉布斯自由能的电池结构为

$$Pt \mid Pt, PtS, SO_2(g, p^{\ominus}) \mid ZrO_2(CaO) \mid O_2(p^{\ominus}) \mid Pt$$

待测极：$\qquad 2O^{2-} \rightleftharpoons 2O + 4e \quad 2O \rightleftharpoons O_2$

参比极：$\qquad O_2 \rightleftharpoons 2O \quad 2O + 4e \rightleftharpoons 2O^{2-}$

电池反应：$\qquad O_2(参比) \rightleftharpoons O_2(待测)$

气体以 101.325kPa 为标准状态，该反应的摩尔吉布斯自由能变化为

$$\Delta G_m = \mu_{O_2(待测)} - \mu_{O_2(参比)} = RT\ln\frac{p_{O_2(待测)}}{p_{O_2(参比)}} = -4FE$$

所以

$$\ln p_{O_2(待测)} = -\frac{4FE}{RT}$$

待测极内平衡氧分压由达成平衡的反应

$$\mathrm{Pt(s) + SO_2(g) \Longrightarrow PtS(s) + O_2(g)}$$

决定。利用测得的氧分压和修正的 $\mathrm{SO_2}$ 分压，可以计算上述反应的 $\Delta G_{\mathrm{m}}^{\ominus}$ 的值，即

$$\Delta G_{\mathrm{m}} = \Delta G_{\mathrm{m}}^{\ominus} + RT\ln \frac{p_{\mathrm{O_2}}}{p_{\mathrm{SO_2}}}$$

$$\Delta G_{\mathrm{m}}^{\ominus} = \Delta_{\mathrm{f}} G_{\mathrm{m, PtS}}^{*} - \Delta_{\mathrm{f}} G_{\mathrm{m, SO_2}}^{*}$$

$$\Delta G_{\mathrm{m}} = 0$$

所以，

$$\Delta_{\mathrm{f}} G_{\mathrm{m, PtS}}^{*} = \Delta_{\mathrm{f}} G_{\mathrm{m, SO_2}}^{*} + RT\ln p_{\mathrm{SO_2}} - RT\ln p_{\mathrm{O_2}}$$
$$= \Delta_{\mathrm{f}} G_{\mathrm{m, SO_2}}^{*} + RT\ln p_{\mathrm{SO_2}} + 4FE$$

6.6.10.3 金属氧化物的稳定性远高于其硫化物

在金属氧化物稳定性远高于其硫化物的情况下，测量其硫化物的生成自由能的电池结构为

$$\mathrm{Pt \mid MeS, MeO_2, S(g, \mid p^{\ominus}) \mid ZrO_2(CaO) \mid O_2(\mid p^{\ominus}) \mid Pt}$$

待测极的平衡氧分压由反应

$$\mathrm{MeO(s) + S(g) \Longrightarrow MeS(s) + \frac{1}{2}O_2(g)}$$

决定，例如 TaS、CaS 等。

例如，测量硫化钽的生成吉布斯自由能的电池结构为

$$\mathrm{Pt \mid TaS_2, TaO_2, S(g, p^{\ominus}) \mid ZrO_2(CaO) \mid O_2(p^{\ominus}) \mid Pt}$$

待测极： $\qquad 2\mathrm{O^{2-}} \Longrightarrow 2\mathrm{O} + 4\mathrm{e} \quad 2\mathrm{O} \Longrightarrow \mathrm{O_2}$

参比极： $\qquad \mathrm{O_2} \Longrightarrow 2\mathrm{O} \quad 2\mathrm{O} + 4\mathrm{e} \Longrightarrow 2\mathrm{O^{2-}}$

电池反应： $\qquad \mathrm{O_2(参比)} \Longrightarrow \mathrm{O_2(待测)}$

气体以 101.325kPa 为标准状态，该反应的摩尔吉布斯自由能变化为

$$\Delta G_{\mathrm{m}} = \mu_{\mathrm{O_2(待测)}} - \mu_{\mathrm{O_2(参比)}} = RT\ln \frac{p_{\mathrm{O_2(待测)}}}{p_{\mathrm{O_2(参比)}}} = -4FE$$

所以

$$\ln p_{\mathrm{O_2(待测)}} = -\frac{4FE}{RT}$$

待测极内平衡氧分压由达成平衡的反应

$$\mathrm{TaO_2(s) + S_2(g) \Longrightarrow TaS_2(s) + O_2(g)}$$

决定。利用测得的氧分压和修正的 S 分压，可以计算该反应的 $\Delta G_{\mathrm{m}}^{\ominus}$ 的值，即

$$\Delta G_{\mathrm{m}} = \Delta G_{\mathrm{m}}^{\ominus} + RT\ln \frac{p_{\mathrm{O_2}}}{p_{\mathrm{S_2}}}$$

$$\Delta G_{\mathrm{m}}^{\ominus} = \Delta_{\mathrm{f}} G_{\mathrm{m, TaS_2}}^{*} - \Delta_{\mathrm{f}} G_{\mathrm{m, TaO_2}}^{*}$$

$$\Delta G_{\mathrm{m}} = 0$$

所以，

$$\Delta_{\mathrm{f}} G_{\mathrm{m, TaS_2}}^{*} = \Delta_{\mathrm{f}} G_{\mathrm{m, TaO_2}}^{*} + RT\ln p_{\mathrm{S_2}} + 4FE$$

6.7 其他固体电解质电池

6.7.1 其他氧化物固体电解质电池

除 ZrO_2、ThO_2 外，元素周期表中的第二、第三族金属氧化物也具有离子导电性，用这些氧化物也可以构成固体电解质电池。

6.7.1.1 氧化镁

以氧化镁为固体电解质，构成氧浓差电池，测量铁液中氧的活度和熔渣中氧化物的活度。测量铁液中氧活度的参比电极是碳饱和的铁液，电池结构为

$$W\,|\,Fe\text{-}O(液)\,|\,MgO\,|\,Fe\text{-}O\text{-}C(饱和)\,|\,W$$

待测极：$\qquad\qquad\qquad [O]+2e \Longrightarrow O^{2-}$

参比极：$\qquad\qquad\qquad O^{2-} \Longrightarrow [O]+2e$

电池反应：$\qquad\qquad\qquad [O]_{待测} \Longrightarrow [O]_{参比}$

以质量分数 1% 为标准状态，该反应的摩尔吉布斯自由能变化为

$$\Delta G_m = \frac{1}{2}RT\ln\frac{a_{[O]_{待测}}}{a_{[O]_{参比}}} \tag{6.76}$$

$$\Delta G_m = -2FE$$

所以

$$\ln a_{[O]_{待测}} = \ln a_{[O]_{参比}} - \frac{4FE}{RT}$$

实验结果如图 6.70 所示。

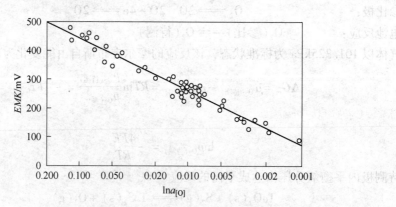

图 6.70 在 1600℃，铁液中的氧活度

该实验所用的 MgO 含有一些杂质。高纯氧化镁具有一定的电子导电。实验表明，高纯氧化镁的电子导电性随温度升高和氧分压降低而增加。在 1100℃，利用电池

$$Pt\,|\,Fe,FeO\,|\,MgO\,|\,Ni,NiO\,|\,Pt$$

测得其电子迁移数 $t_e = 0.04$。在 1300℃，以电池

$$Pt\,|\,空气\,|\,MgO\,|\,O_2\,|\,Pt$$

测得其电子迁移数 $t_e = 0.41$。在 1500℃，$t_e = 0.67$。

通过适当掺杂可以制得完全离子导电的氧化镁固体电解质。

6.7.1.2 氧化钙

以多晶氧化钙为固体电解质，构成氧浓差电池，电池结构为

$$Pt \mid O_2 \mid CaO \mid CO + CO_2 \mid Pt$$

在 1100℃，平均离子迁移数 $t_{ion} = 0.91$，在 1300℃，平均离子迁移数 $t_{ion} = 0.62$。可见，随着温度的升高，电子迁移数增大。

以单晶氧化钙为固体电解质，构成氧浓差电池，电池结构为

$$Pt \mid Ni, NiO \mid CaO \mid Co, CoO \mid Pt$$

在 900 ~ 1100℃，平均离子迁移数 $t_{ion} = 0.05 ~ 0.15$。

采用掺杂其他氧化物，可以提高氧化钙的离子导电性。例如，向氧化钙中掺杂 5% 的 Al_2O_3 和少量的 SiO_2、Fe_2O_3、MgO、Na_2O 等，在 1600℃，其离子迁移数约为 0.63。

6.7.1.3 氧化铝

以氧化铝为固体电解质，构成氧浓差电池，电池结构为

$$石墨 \mid Fe\text{-}C \text{ 熔体} \mid Al_2O_3 \mid Fe\text{-}C(饱和)熔体 \mid 石墨$$

在 1500℃，平均离子迁移数约为 0.30。

电池结构为

$$Pt \mid 空气 \mid Al_2O_3 \mid CO\text{-}CO_2 \mid Pt$$

在 1000℃，离子迁移数接近 1。温度升高，离子迁移数减小；氧分压降低，离子迁移数减小。

6.7.1.4 硅酸铝

以硅酸铝为固体电解质，构成氧浓差电池，电池结构为

$$Pt \mid 空气 \mid 3Al_2O_3 \cdot 2SiO_2 \mid CO\text{-}CO_2 \mid Pt$$

在 800 ~ 1600℃，氧分压为 $(10^{-20} ~ 1) \times 101.325 kPa$，其离子迁移数接近 1。

以硅酸铝为电解质，测量铁液中的氧，电池结构为

$$Pt \mid 空气 \mid 硅酸铝 \mid Fe\text{-}O \mid Pt$$

硅酸铝的组成为 Al_2O_3 62.8%、SiO_2 33.2%、$Na_2O + K_2O$ 4%。

测量温度为 1600℃，测量结果如图 6.71 所示。

图 6.72 是以掺杂 4%（$Na_2O + K_2O$）的硅酸铝为电解质和以 $ZrO_2(CaO)$ 为电解质构成氧浓差电池，测量 Fe-C-O 熔体中的氧，温度为 1600℃。由图可见，两者吻合。

6.7.1.5 硅酸镁

以镁橄榄石型 Mg_2SiO_4 为固体电解质，构成氧浓差电池，电池结构为

$$Pt \mid 空气 \mid Mg_2SiO_4 \mid 气体 \mid Pt$$

空气为参比极，测量不同氧含量气体电池的电动势。Mg_2SiO_4 中溶解过量的 MgO 或 SiO_2。在 1400℃，其离子导电率接近 1。

图 6.73 为测量结果。由图可见，含过量 MgO 或 SiO_2 两种 Mg_2SiO_4 测量结果吻合。

6.7.1.6 镁铝尖晶石

以镁铝尖晶石 Mg_2SiO_4 为固体电解质，构成氧浓差电池，电池结构为

$$Pt \mid 空气 \mid MgAl_2O_4 \mid Fe(l) \mid Pt$$

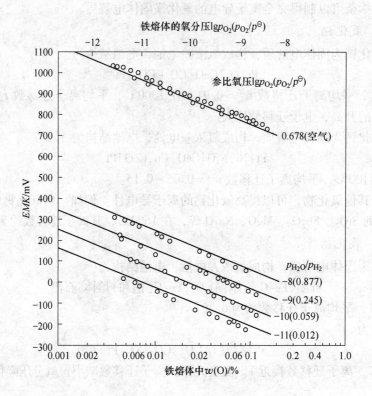

图 6.71　在 1600℃，电动势与铁液中氧含量的关系

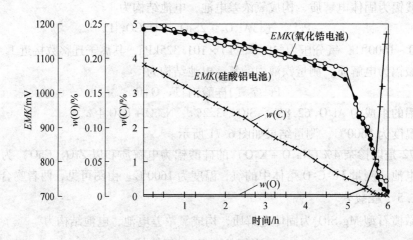

图 6.72　在 1600℃，铁液中氧和电动势随时间的变化

在 Mg_2SiO_4 中含 MgO 25.3%、Al_2O_3 73.4%，以及少量的杂质 SiO_2、Fe_2O_3、CaO、Na_2O 等。

在 1000~1600℃，构成电池

$$Pt|空气|MgAl_2O_4|H_2O\text{-}H_2|Ir$$

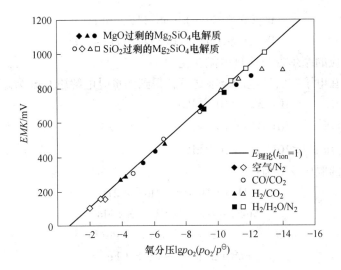

图 6.73　在 1400℃，电动势与氧分压的关系

测量其电动势，并与电池

$$Pt\,|\,空气\,|\,ZrO_2(CaO)\,|\,H_2O\text{-}H_2\,|\,Ir$$

的电动势相比较。测量结果如图 6.74 所示。由图可见，测量结果与由固体电解质 ZrO_2（CaO）构成的电池的测量结果吻合。说明镁铝尖晶石 Mg_2SiO_4 离子导电性与 ZrO_2(CaO)接近，其离子电导率接近 1。

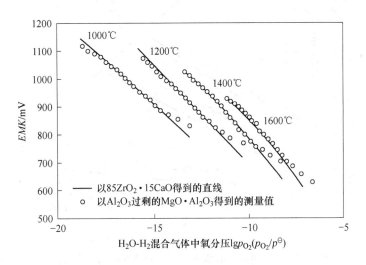

图 6.74　电动势与 p_{H_2O}/p_{H_2} 的关系

6.7.2　硫化物固体电解质电池

6.7.2.1　测量硫化物反应的吉布斯自由能变化

以硫化钙为固体电解质，构成如下电池

$$Pt\,|\,H_2S\text{-}H_2(g)\,|\,CaS\,|\,MoS_2,Mo(s)\,|\,Pt$$

$$Pt\,|\,Cu_2S,Cu(s)\,|\,CaS\,|\,MoS_2,Mo(s)\,|\,Pt$$

$$W \mid Cu_2S, Cu(s) \mid CaS \mid PbS, Pb(l) \mid W$$
$$Pt \mid Cu_2S, Cu(s) \mid CaS \mid FeS, Fe(s) \mid Pt$$

测量金属取代反应的摩尔吉布斯自由能变化。

硫分压控制在电子空穴导电的极限之下，得到测量时电解质 CaS 为硫离子导电。

980℃，硫分压 $p_{S_2} \leqslant 101.325 \times 10^{-6}$ kPa；

790℃，硫分压 $p_{S_2} \leqslant 101.325 \times 10^{-4}$ kPa；

690℃，硫分压 $p_{S_2} \leqslant 101.325 \times 10^{-2}$ kPa。

各电池相应的取代反应为：

$$H_2S + Mo \Longrightarrow MoS_2 + 2H_2$$
$$MoS_2 + 4Cu \Longrightarrow 2Cu_2S + Mo$$
$$PbS + 2Cu \Longrightarrow Cu_2S + Pb(l)$$
$$FeS + 2Cu \Longrightarrow Cu_2S + Fe$$

测量结果如图 6.75 所示。实验结果与其他方法测得的数据结果吻合。

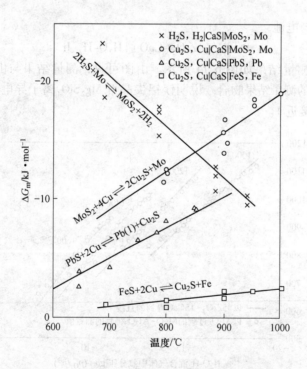

图 6.75　CaS 固体电解质电池测量的硫化物的生成自由能

6.7.2.2　测量熔体中硫含量

利用 CaS 固体电解质，构成如下电池

$$石墨 \mid Cu(l) \mid CaS \mid Cu(l), 2\%S \mid 石墨$$

这是硫浓差电池。在 1150℃，测量铜液中的硫含量。实验结果如图 6.76 所示。图中间断线为按完全离子导电的计算值，两者的偏差表明，CaS 已经存在相当量的电子导电。

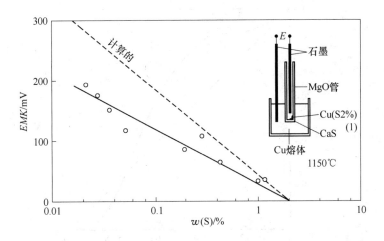

图 6.76 CaS 固体电解电池测量铜熔体的硫含量与电动势的关系

6.7.3 玻璃电解质电池

6.7.3.1 玻璃(Na^+)固体电解质电池

利用 Na^+ 导电的玻璃电解质，构成如下钠浓差电池

$$Pt \mid Na(l) \mid 玻璃(Na^+) \mid Cd\text{-}Na(l) \mid Pt$$
$$Pt \mid Na(l) \mid 玻璃(Na^+) \mid Hg\text{-}Na(l) \mid Pt$$
$$Pt \mid Na(l) \mid 玻璃(Na^+) \mid Cd\text{-}Hg\text{-}Na(l) \mid Pt$$
$$Pt \mid Na(l) \mid 玻璃(Na^+) \mid Tl\text{-}Na(l) \mid Pt$$
$$Pt \mid Na(l) \mid 玻璃(Na^+) \mid Sn\text{-}Na(l) \mid Pt$$
$$Pt \mid Na(l) \mid 玻璃(Na^+) \mid Pb\text{-}Na(l) \mid Pt$$

测量右侧熔体中钠的活度。

待测极：
$$Na^+ + e \Longrightarrow (Na)$$

参比极：
$$Na(l) \Longrightarrow Na^+ + e$$

电池反应：
$$Na(l) \Longrightarrow (Na)$$

以液体 Na 为标准状态，电池反应的摩尔吉布斯自由能变化为

$$\Delta G = RT \ln a_{(Na)} = -FE$$

$$\ln a_{(Na)} = -\frac{FE}{RT}$$

在 395℃，测得 Na-Cd(l) 中钠的活度如图 6.77 所示。

6.7.3.2 其他离子导电的玻璃电池

此外，还有如下电池

$$Pt \mid K(l) \mid 玻璃(K^+) \mid Hg\text{-}K(l) \mid Pt$$
$$Pt \mid Tl(l) \mid 玻璃(Tl^+) \mid Bi\text{-}T(l) \mid Pt$$
$$Pt \mid Tl(l) \mid 玻璃(Tl^+) \mid Sn\text{-}Tl(l) \mid Pt$$
$$Pt \mid Ag(s) \mid 玻璃(Ag^+) \mid Au\text{-}Ag(s) \mid Pt$$

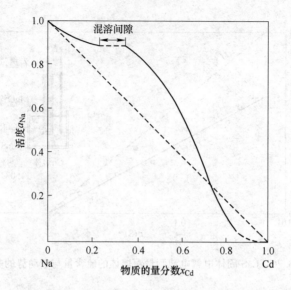

图 6.77   在 395℃，Na-Cd 液体中钠的活度

分别用于测量 K、Tl、Ag 的活度。

6.7.3.3   用玻璃电池测量氧离子活度或碱度

电池结构为

$$\text{Pt} \mid \text{Na} \mid \text{O}_2 \mid 玻璃(\text{Na}_2\text{O}) \text{ I} \mid 玻璃(\text{Na}_2\text{O}) \text{ II} \mid \text{O}_2 \mid \text{Na} \mid \text{Pt}$$

左极： $2\text{Na} \Longrightarrow 2\text{Na}^+ + 2e$ $2\text{Na}^+ + \text{O}^{2-} \Longrightarrow 2\text{Na} + \dfrac{1}{2}\text{O}_2$

得

$$\text{O}^{2-}(\text{ I}) \Longrightarrow \frac{1}{2}\text{O}_2 + 2e$$

右极： $2\text{Na}^+ + 2e \Longrightarrow 2\text{Na}$ $2\text{Na} + \dfrac{1}{2}\text{O}_2 \Longrightarrow 2\text{Na}^+ + \text{O}^{2-}$

得

$$\frac{1}{2}\text{O}_2 + 2e \Longrightarrow \text{O}^{2-}(\text{ II})$$

电池反应为

$$\text{O}^{2-}(\text{ I}) \Longrightarrow \text{O}^{2-}(\text{ II})$$

该过程的摩尔吉布斯自由能变化为

$$\Delta G_m = RT\ln \frac{a_{\text{O}^{2-}(\text{ II})}}{a_{\text{O}^{2-}(\text{ I})}} \tag{6.77}$$

$$\Delta G_m = -2FE$$

所以

$$E = -\frac{RT}{2F}\ln \frac{a_{\text{O}^{2-}(\text{ II})}}{a_{\text{O}^{2-}(\text{ I})}}$$

可作为两个玻璃电极中相对的氧离子活度或碱度的量度。

或者写作

左极：
$$Na_2O(Ⅰ) \rightleftharpoons 2Na^+ + \frac{1}{2}O_2 + 2e$$

右极：
$$2Na^+ + \frac{1}{2}O_2 + 2e \rightleftharpoons Na_2O(Ⅱ)$$

电池反应为
$$Na_2O(Ⅰ) \rightleftharpoons Na_2O(Ⅱ)$$

该过程的摩尔吉布斯自由能变化为

$$\Delta G_m = RT\ln \frac{a_{Na_2O(Ⅱ)}}{a_{Na_2O(Ⅰ)}} \tag{6.78}$$

$$\Delta G_m = -2FE$$

所以

$$E = -\frac{RT}{2F}\ln \frac{a_{Na_2O(Ⅱ)}}{a_{Na_2O(Ⅰ)}} = \frac{RT}{2F}\ln \frac{a_{Na_2O(Ⅰ)}}{a_{Na_2O(Ⅱ)}} \tag{6.79}$$

图 6.78 是电池 $Pt|O_2|Na_2O \cdot 3SiO_2(Ⅰ)|Na_2O \cdot xSiO_2(Ⅱ)|O_2|Pt$ 在 x 取不同值的电动势。

6.7.3.4 测量气体中氧和硫分压

（1）构成生成电池。利用 Na^+ 导电的派莱克斯玻璃固体电解质，构成生成电池，测量氧气压力。电池结构为

$$Pt|Na(1)|派莱克斯玻璃|O_2|Pt$$

左极：
$$2Na \rightleftharpoons 2Na^+ + 2e$$

右极：
$$\frac{1}{2}O_2 + 2e \rightleftharpoons O^{2-}$$

电池反应为

$$2Na + \frac{1}{2}O_2 \rightleftharpoons Na_2O$$

Na、Na_2O 以纯物质为标准状态，氧气以 $101.325kPa$ 为标准状态，该过程的摩尔吉布斯自由能变化为

$$\Delta G_m = \Delta_f G_{m,Na_2O}^\ominus + RT\ln \frac{1}{p_{O_2}^{\frac{1}{2}}} \tag{6.80}$$

$$\Delta G_m = -2FE$$

所以

$$E = -\frac{1}{2F}\Delta_f G_{m,Na_2O}^\ominus + \frac{1}{2F}\ln p_{O_2}^{\frac{1}{2}} = E^\ominus + \frac{1}{2F}\ln p_{O_2}^{\frac{1}{2}} \tag{6.81}$$

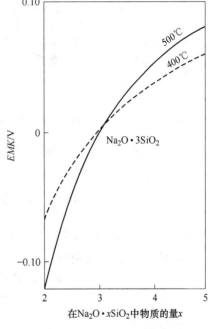

图 6.78　电池的电动势与
$Na_2O \cdot xSiO_2$ 的关系

（2）构成浓差电池。电池结构为

$$Pt|O_2(Ⅰ)|派莱克斯玻璃|O_2(Ⅱ)|Pt$$

左极：
$$O_2 + 4e \rightleftharpoons 2O^{2-} \quad 2O^{2-} + 4Na^+ \rightleftharpoons 2Na_2O$$

右极：
$$2O^{2-} \rightleftharpoons O_2 + 4e \quad 2Na_2O \rightleftharpoons 2O^{2-} + 4Na^+$$

电池反应为

$$O_2(\text{I}) \Longrightarrow O_2(\text{II})$$

以 101.325kPa 的气体为标准状态，该过程的摩尔吉布斯自由能变化为

$$\Delta G_m = RT\ln\frac{p_{O_2(\text{II})}}{p_{O_2(\text{I})}} \tag{6.82}$$

$$\Delta G_m = -4FE$$

所以

$$E = \frac{RT}{4F}\ln\frac{p_{O_2(\text{I})}}{p_{O_2(\text{II})}} \tag{6.83}$$

图 6.79 为在 250~500℃ 测得的电动势。

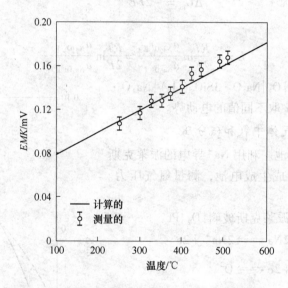

图 6.79　派莱克斯玻璃电池的电动势与温度的关系

6.7.3.5　测量气相中的硫分压

利用派莱克斯玻璃测量气相中的硫分压，电池结构为

$$W\,|\,Na(l)\,|\,派莱克斯玻璃\,|\,S_2(g)\,|\,石墨$$

左极：

$$2Na \Longrightarrow 2Na^+ + 2e$$

右极：

$$Na^+ + 2e + \frac{1}{2}S_2 \Longrightarrow Na_2S$$

电池反应为

$$2Na + \frac{1}{2}S_2 \Longrightarrow Na_2S$$

Na、Na_2S 以纯物质为标准状态，气体以 101.325kPa 为标准状态，该过程的摩尔吉布斯自由能变化为

$$\Delta G_m = \Delta_f G_{m,Na_2S}^{\ominus} + RT\ln\frac{1}{p_{S_2}^{\frac{1}{2}}} \tag{6.84}$$

$$\Delta G_m = -2FE$$

所以

$$E = E^{\ominus} - RT\ln p_{S_2}^{\frac{1}{2}} \tag{6.85}$$

图 6.80 为测量的电动势和温度的关系。

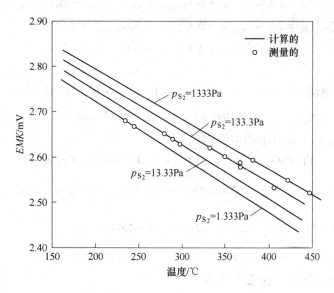

图 6.80 派莱克斯玻璃电池的电动势与温度的关系

6.7.4 铝酸钠固体电解质电池

6.7.4.1 氧化物钠盐的生成自由能

测量氧化物钠盐的生成自由能的电池构成为

$$Pt\,|\,MeO_2,Na_2MeO_3\,|\,\beta(\beta'')\text{-}Al_2O_3\,|\,NaCrO_2,Cr_2O_3\,|\,Pt$$

待测极：

$$Na_2MeO_3 \Longrightarrow MeO_2 + \frac{1}{2}O_2 + 2Na^+ + 2e$$

参比极：

$$Cr_2O_3 + \frac{1}{2}O_2 + 2Na^+ + 2e \Longrightarrow 2NaCrO_2$$

电池反应：

$$Cr_2O_3 + Na_2MeO_3 \Longrightarrow 2NaCrO_2 + MeO_2$$

该反应的摩尔吉布斯自由能变化为

$$\Delta G_m^{\ominus} = 2\Delta_f G_{m,NaCrO_2}^{\ominus} + \Delta_f G_{m,MeO_2}^{\ominus} - \Delta_f G_{m,Cr_2O_3}^{\ominus} - \Delta_f G_{m,NaMeO_3}^{\ominus}$$

$$\Delta_f G_{m,NaMeO_3}^{\ominus} = 2\Delta_f G_{m,NaCrO_2}^{\ominus} + \Delta_f G_{m,MeO_2}^{\ominus} - \Delta_f G_{m,Cr_2O_3}^{\ominus} - \Delta G_m^{\ominus}$$

$$\Delta G_m^{\ominus} = -nFE^{\ominus} - nFE$$

所以

$$\Delta_f G_{m,NaMeO_3}^{\ominus} = 2\Delta_f G_{m,NaCrO_2}^{\ominus} + \Delta_f G_{m,MeO_2}^{\ominus} - \Delta_f G_{m,Cr_2O_3}^{\ominus} + nFE \tag{6.86}$$

例如，测量 Na_2SnO_3 生成自由能电池的构成为

$$Pt\,|\,SnO_2,Na_2SnO_3\,|\,\beta(\beta'')\text{-}Al_2O_3\,|\,NaCrO_2,Cr_2O_3\,|\,Pt$$

待测极：

$$Na_2SnO_3 \Longrightarrow SnO_2 + \frac{1}{2}O_2 + 2Na^+ + 2e$$

参比极：

$$Cr_2O_3 + \frac{1}{2}O_2 + 2Na^+ + 2e \Longrightarrow 2NaCrO_2$$

电池反应：$\qquad$ $Cr_2O_3 + Na_2SnO_3 \Longleftrightarrow 2NaCrO_2 + SnO_2$

该反应的摩尔吉布斯自由能变化为

$$\Delta G_m^\ominus = 2\Delta_f G_{m,NaCrO_2}^\ominus + \Delta_f G_{m,SnO_2}^\ominus - \Delta_f G_{m,Na_2SnO_3}^\ominus - \Delta_f G_{m,Cr_2O_3}^\ominus$$

$$\Delta_f G_{m,Na_2SnO_3}^\ominus = 2\Delta_f G_{m,NaCrO_2}^\ominus + \Delta_f G_{m,SnO_2}^\ominus - \Delta_f G_{m,Cr_2O_3}^\ominus - \Delta G_m^\ominus$$

$$= 2\Delta_f G_{m,NaCrO_2}^\ominus + \Delta_f G_{m,SnO_2}^\ominus - \Delta_f G_{m,Cr_2O_3}^\ominus + nFE$$

实验测得

$$\Delta G_m^\ominus = -nFE^\ominus = -nFE = -113.86 + 0.0513T(kJ/mol)$$

$$\Delta_f G_{m,Na_2SnO_2}^\ominus = -1040.83 + 0.2221T(kJ/mol)$$

测量 Na_2PbO_2 的生成自由能电池构成为

$$Pt \mid PbO, Na_2PbO_2 \mid \beta(\beta'') - Al_2O_3 \mid NaCrO_2, Cr_2O_3 \mid Pt$$

待测极：$\qquad$ $Na_2PbO_2 \Longleftrightarrow PbO + \dfrac{1}{2}O_2 + 2Na^+ + 2e$

参比极：$\qquad$ $Cr_2O_3 + \dfrac{1}{2}O_2 + 2Na^+ + 2e \Longleftrightarrow 2NaCrO_2$

电池反应：$\qquad$ $Cr_2O_3 + Na_2PbO_2 \Longleftrightarrow 2NaCrO_2 + PbO$

该反应的摩尔吉布斯自由能变化为

$$\Delta G_m^\ominus = 2\Delta_f G_{m,NaCrO_2}^\ominus + \Delta_f G_{m,PbO}^\ominus - \Delta_f G_{m,Na_2PbO_3}^\ominus - \Delta_f G_{m,Cr_2O_3}^\ominus$$

$$\Delta G_m^\ominus = -nFE^\ominus = -nFE$$

所以

$$\Delta_f G_{m,Na_2PbO_2}^\ominus = 2\Delta_f G_{m,NaCrO_2}^\ominus + \Delta_f G_{m,PbO}^\ominus - \Delta_f G_{m,Cr_2O_3}^\ominus - \Delta G_m^\ominus$$

$$= 2\Delta_f G_{m,NaCrO_2}^\ominus + \Delta_f G_{m,PbO}^\ominus - \Delta_f G_{m,Cr_2O_3}^\ominus + nFE$$

$$= -653.13 + 0.1418T(kJ/mol)$$

测量 Na_2ZnO_2 的生成自由能的电池构成为

$$Pt \mid ZnO, Na_2ZnO_2 \mid \beta(\beta'') - Al_2O_3 \mid NaCrO_2, Cr_2O_3 \mid Pt$$

待测极：$\qquad$ $Na_2ZnO_2 \Longleftrightarrow ZnO + \dfrac{1}{2}O_2 + 2Na^+ + 2e$

参比极：$\qquad$ $Cr_2O_3 + \dfrac{1}{2}O_2 + 2Na^+ + 2e \Longleftrightarrow 2NaCrO_2$

电池反应：$\qquad$ $Cr_2O_3 + Na_2ZnO_2 \Longleftrightarrow 2NaCrO_2 + ZnO$

该反应的摩尔吉布斯自由能变化为

$$\Delta G_m^\ominus = 2\Delta_f G_{m,NaCrO_2}^\ominus + \Delta_f G_{m,ZnO}^\ominus - \Delta_f G_{m,Na_2ZnO_3}^\ominus - \Delta_f G_{m,Cr_2O_3}^\ominus$$

$$\Delta_f G_{m,Na_2ZnO_2}^\ominus = 2\Delta_f G_{m,NaCrO_2}^\ominus + \Delta_f G_{m,ZnO}^\ominus - \Delta_f G_{m,Cr_2O_3}^\ominus - \Delta G_m^\ominus$$

$$= 2\Delta_f G_{m,NaCrO_2}^\ominus + \Delta_f G_{m,ZnO}^\ominus - \Delta_f G_{m,Cr_2O_3}^\ominus + nFE$$

$$= -734.86 + 0.1309T(kJ/mol)$$

6.7.4.2　硫活度的测量

测量硫活度的电池构成为

$$W \mid WS_2, (Na^+, S^{2-}) \mid \beta(\beta'') - Al_2O_3 \mid (Na^+, S^{2-}) [S] \mid W$$

式中，[S] 为熔锍中的硫。其中(Na^+, S^{2-})熔渣组成（质量分数）为：72% SiO_2，6%

CaO，8% Na_2S，14% Na_2O。

待测极：
$$4Na^+ + 2[S]_{[Fe-Cu-S]} + 4e \Longleftrightarrow 2Na_2S$$

参比极：
$$2Na_2S + W \Longleftrightarrow WS_2 + 4Na^+ + 4e$$

电池反应：
$$W + 2[S] \Longleftrightarrow WS_2$$

该反应的摩尔吉布斯自由能变化为

$$\Delta G_m = \Delta G_m^\ominus - 2RT\ln a_{[S]}$$
$$= \Delta_f G_{m,WS_2}^\ominus - 2RT\ln a_{[S]}$$

式中，

$$\Delta G_m^\ominus = \Delta_f G_{m,WS_2}^\ominus$$

$\Delta_f G_{m,WS_2}^\ominus$ 是 WS_2 的标准生成自由能。

由

$$\Delta G_m = -4FE$$
$$\Delta G_m^\ominus = \Delta_f G_{m,WS_2}^\ominus = -4FE \tag{6.87}$$

得

$$\ln a_{[S]} = \frac{\Delta_f G_{m,WS_2}^\ominus + 4FE}{2RT} \tag{6.88}$$

例如，实验测得 Fe-Pb-S 熔锍中硫的活度与硫含量的关系。如图 6.81 所示。

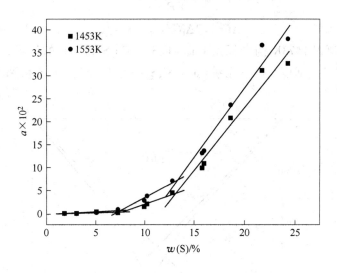

图 6.81　Fe-Pb-S 熔体中硫的活度与硫含量的关系

6.7.4.3　金属硫化物活度的测定

（1）浓差电池。电池的构成为

$$W \mid Me, [MeS], (Na_2S) \mid \beta(\beta'')\text{-}Al_2O_3 \mid (Na_2S), MeS, Me \mid W$$

式中，[MeS] 为熔锍中的硫化物 MeS；MeS 为纯硫化物；Na_2S 为熔渣中的 Na_2S。熔渣组成同前。

待测极：
$$Me - 2e + S^{2-} \Longleftrightarrow [MeS]$$

$$(Na_2S) \Longrightarrow 2Na^+ + S^{2-}$$

参比极：
$$MeS + 2e \Longrightarrow Me + S^{2-}$$

$$2Na^+ + S^{2-} \Longrightarrow (Na_2S)$$

电池反应：
$$MeS \Longrightarrow [MeS]$$

以纯 MeS 为标准状态，有

$$E = -\frac{RT}{2F}\ln a_{[MeS]} \qquad (6.89)$$

（2）置换电池。电池的构成为

$$W \mid Me, [MeS], (Na_2S) \mid \beta(\beta'') \text{-} Al_2O_3 \mid (Na_2S), WS_2, W \mid W$$

式中，[MeS] 为熔锍中的硫化物 MeS；MeS 为纯硫化物；Na₂S 为熔渣中的 Na₂S。

待测极：
$$2Me - e + S^{2-} \Longrightarrow 2[MeS]$$

$$(Na_2S) \Longrightarrow 2Na^+ + S^{2-}$$

参比极：
$$WS_2 + 4e \Longrightarrow W + 2S^{2-}$$

$$2Na^+ + S^{2-} \Longrightarrow (Na_2S)$$

电池反应：
$$WS_2 + 2Me \Longrightarrow 2[MeS] + W$$

$$E = E^{\ominus} - \frac{RT}{4F}\ln a_{[MeS]} \qquad (6.90)$$

$$E^{\ominus} = -\frac{\Delta G_m^{\ominus}}{4F}$$

$$\Delta G_m^{\ominus} = 2\Delta_f G_{m,MeS}^{\ominus} - \Delta_f G_{m,WS_2}^{\ominus}$$

例如，实验测得 1473K 伪二元系 Cu₂S-FeS 中 Cu₂S 和 FeS 的活度，伪二元系 Ni₃S₂-FeS 中 Ni₃S₂ 和 FeS 的活度，伪三元系 Cu₂S-Ni₃S₂-FeS 中 FeS、Cu₂S 和 Ni₃S₂ 的活度，如图 6.82～图 6.86 所示。

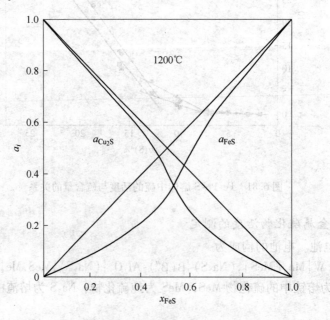

图 6.82　伪二元系 Cu₂S-FeS 中 Cu₂S 和 FeS 的活度

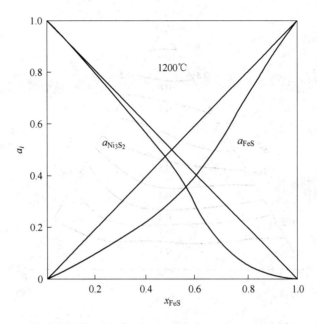

图 6.83 伪二元系 Ni_3S_2-FeS 中 Ni_3S_2 和 FeS 的活度

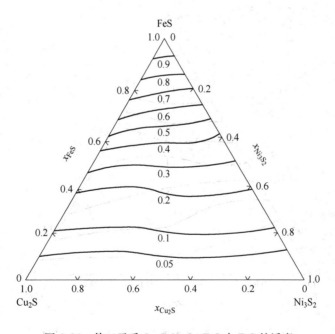

图 6.84 伪三元系 Cu_2S-Ni_3S_2-FeS 中 FeS 的活度

6.7.5 非 Na^+ 导体铝酸盐固体电解质电池

由于 β(β″)-Al_2O_3 中 Na^+ 导体可以被其他金属离子取代,而成为其他金属离子型的固体电解质。因此,可以用其他金属的 β(β″)-Al_2O_3(Me^{2+})固体电解质测量熔锍中硫化物 MeS 的活度。

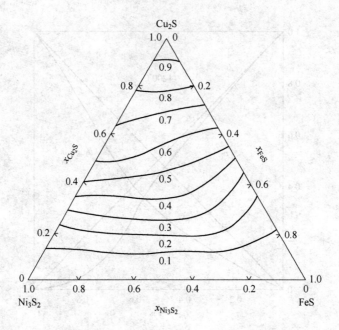

图 6.85   伪三元系 Cu_2S-Ni_3S_2-FeS 中 Cu_2S 的活度

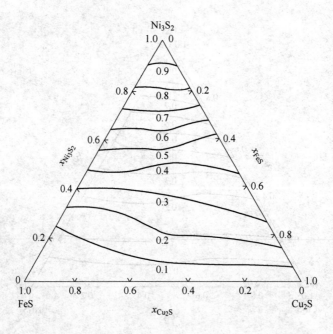

图 6.86   伪三元系 Cu_2S-Ni_3S_2-FeS 中 Ni_3S_2 的活度

电池构成为

$$W \mid MeS \mid \beta (\beta'') \text{-} Al_2O_3 (Me^{2+}) \mid [MeS] \mid W$$

待测极：

$$Me^{2+} + \frac{1}{2}S_2 + 2e \Longrightarrow [MeS]$$

参比极：

$$MeS - 2e \Longrightarrow Me^{2+} + \frac{1}{2}S_2$$

电池反应：
$$\text{MeS} \Longleftrightarrow [\text{MeS}]$$

以纯 MeS 为标准状态，有

$$E = -\frac{RT}{2F}\ln a_{[\text{MeS}]} \tag{6.91}$$

6.7.6 氟化物固体电解质电池

6.7.6.1 金属氟化物的生成自由能

为了测量金属氟化物的生成自由能，以 CaF_2 为固体电解质，设计如下电池

$$\text{Pt} \,|\, \text{Mg}, \text{MgF}_2 \,|\, \text{CaF}_2 \,|\, \text{Al}, \text{AlF}_3 \,|\, \text{Pt}$$

左极：
$$2F^- \Longleftrightarrow F_2 + 2e \quad\quad Mg + F_2 \Longleftrightarrow MgF_2$$

右极：
$$\frac{2}{3}AlF_2 \Longleftrightarrow \frac{2}{3}Al + F_2 \quad\quad F_2 + 2e \Longleftrightarrow 2F^-$$

电池反应为

$$Mg + \frac{2}{3}AlF_3 \Longleftrightarrow MgF_2 + \frac{2}{3}Al$$

以纯固态物质为标准状态，该反应的摩尔吉布斯自由能变化为

$$\Delta G_{\text{m}} = \Delta_{\text{f}}G^*_{\text{MgF}_2} - \frac{2}{3}\Delta_{\text{f}}G^*_{\text{m,AlF}_3} \tag{6.92}$$

$$\Delta G_{\text{m}} = -2FE$$

所以

$$\Delta_{\text{f}}G^*_{\text{m,AlF}_3} = \Delta_{\text{f}}G^*_{\text{MgF}_2} + 2FE \tag{6.93}$$

实验得出，在 600℃，$\Delta_{\text{f}}G^*_{\text{m,AlF}_3} = -1.275\text{kJ/mol}$。

6.7.6.2 金属碳化物的生成自由能

采用如下电池，测量金属碳化物的生成自由能。电池结构为

$$\text{Pt} \,|\, \text{ThF}_4, \text{Th} \,|\, \text{CaF}_2 \,|\, \text{ThF}_4, \text{ThC}_2, \text{C} \,|\, \text{Pt}$$

待测极：
$$ThF_4 + 2C + 4e \Longleftrightarrow ThC_2 + 4F^-$$

参比极：
$$Th + 4F^- \Longleftrightarrow ThF_4 + 4e$$

电池反应为

$$Th + 2C \Longleftrightarrow ThC_2$$

以纯固态物质为标准状态，该反应的摩尔吉布斯自由能变化为

$$\Delta G_{\text{m}} = \Delta_{\text{f}}G^*_{\text{m,ThC}_2} = -4FE \tag{6.94}$$

$$\text{Pt} \,|\, \text{ThF}_4, \text{Th} \,|\, \text{CaF}_2 \,|\, \text{ThF}_4, \text{ThC}, \text{ThC}_2 \,|\, \text{Pt}$$

待测极：
$$ThF_4 + ThC_2 + 4e \Longleftrightarrow 2ThC + 4F^-$$

参比极：
$$Th + 4F^- \Longleftrightarrow 2ThC + 4e$$

电池反应：
$$Th + ThC_2 \Longleftrightarrow 2ThC$$

以纯固态物质为标准状态，该反应的吉布斯自由能变化为

$$\Delta G_{\text{m}} = 2\Delta_{\text{f}}G^*_{\text{m,ThC}} - \Delta_{\text{f}}G^*_{\text{m,ThC}_2} \tag{6.95}$$

$$\Delta G_{\text{m}} = -4FE$$

所以

$$\Delta_f G_{m,ThC}^* = \Delta_f G_{m,ThC_2}^* - 4FE \tag{6.96}$$

6.7.6.3 Th-ThC 固溶体中 Th 的活度

利用 CaF_4 固体电解质，构成如下电池，测量 Th-ThC 固溶体中 Th 的活度

$$Pt \mid Th,ThF_4 \mid CaF_2 \mid ThF_4,Th\text{-}ThC \mid Pt$$

待测极： $\qquad\qquad ThF_4 + 4e \Longrightarrow Th\text{-}ThC + 4F^-$

参比极： $\qquad\qquad Th + 4F^- \Longrightarrow ThF_4 + 4e$

电池反应为

$$Th \Longrightarrow Th\text{-}ThC$$

以纯固态物质为标准状态，该反应的摩尔吉布斯自由能变化为

$$\Delta G_m = RT\ln a_{Th} \tag{6.97}$$

$$\Delta G_m = -4FE$$

所以

$$\ln a_{Th} = -\frac{4FE}{RT} = \mu_{Th} - \mu_{Th}^* = \Delta G_{m,Th} \tag{6.98}$$

利用吉布斯 – 杜亥姆方程，由实验测得的 a_{Th}，可以计算

$$\Delta G_{m,C} = \mu_C - \mu_C^* = RT\ln a_C$$

实验和计算结果如图 6.87 所示。

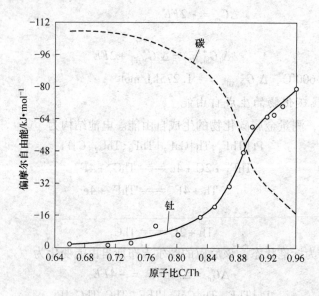

图 6.87 Th-ThC 中 Th 和 C 的自由能变化与 C/Th 比的关系

6.7.6.4 硼化物的生成自由能

实验测量六硼化钍生成自由能的电池结构为

$$Pt \mid Th,ThF_4 \mid CaF_2 \mid ThF_4,ThB_6,B \mid Pt$$

待测极： $\qquad\qquad ThF_4 + 6B + 4e \Longrightarrow ThB_6 + 4F^-$

参比极： $\qquad\qquad Th + 4F^- \Longrightarrow ThF_4 + 4e$

电池反应为

$$Th + 6B \rightleftharpoons ThB_6$$

以纯固态物质为标准状态，该反应的摩尔吉布斯自由能变化为

$$\Delta G = \Delta_f G_{m,ThB_6}^*$$

$$\Delta G_m = -4FE$$

在 850℃，有 $\Delta_f G_{m,ThB_6}^* = -227.265 kJ/mol$。

测量四硼化钍的生成自由能的电池结构为

$$Pt \mid Th, ThF_4 \mid CaF_2 \mid ThF_4, ThB_6, ThB_4 \mid Pt$$

待测极：　$ThF_4 + 6ThB_6 + 4e \rightleftharpoons 3ThB_4 + 4F^-$　　$2ThB_4 + 4B \rightleftharpoons 2ThB_6$

参比极：　　　　　　$Th + 4F^- \rightleftharpoons ThF_4 + 4e$

电池反应为

$$Th + 4B \rightleftharpoons ThB_4$$

以纯固态物质为标准状态，该反应的摩尔吉布斯自由能变化为

$$\Delta G_m = \Delta_f G_{m,ThB_4}^*$$

$$\Delta G_m = -4FE$$

在 850℃，有 $\Delta_f G_{m,ThB_4}^* = -216.84 kJ/mol$。

6.7.6.5　硫化物的生成自由能

实验测量硫化钍生成自由能的电池结构为

$$W \mid Th, ThF_4 \mid CaF_4 \mid ThF_4, ThS_2, S_2 \mid W$$

待测极：　　　　$ThF_4 + S_2 + 4e \rightleftharpoons ThS_2 + 4F^-$

参比极：　　　　$Th + 4F^- \rightleftharpoons ThF_4 + 4e$

电池反应为

$$Th + S_2 \rightleftharpoons ThS_2$$

该反应的摩尔吉布斯自由能变化为

$$\Delta G_m = \Delta_f G_{m,ThS_2}^*$$

$$\Delta G_m = -4FE$$

6.7.6.6　磷化物的生成自由能

实验测量磷化钍生成自由能的电池结构为

$$W \mid Th, ThF_4 \mid CaF_2 \mid ThF_4, ThP, Th_3P_4 \mid W$$

待测极：　　　　$ThF_4 + Th_3P_4 + 4e \rightleftharpoons 4ThP + 4F^-$

参比极：　　　　$Th + 4F^- \rightleftharpoons ThF_4 + 4e$

电池反应为

$$Th + Th_3P_4 \rightleftharpoons 4ThP$$

以固态纯物质为标准状态，该反应的摩尔吉布斯自由能变化为

$$\Delta G_m = 4\Delta_f G_{m,ThP}^* - \Delta_f G_{m,Th_3P_4}^*$$

$$\Delta G_m = -4FE$$

所以

$$\Delta_f G_{m,ThP}^* = \frac{1}{4}\Delta_f G_{m,Th_3P_4}^*$$

6.8　动力学研究

6.8.1　液态金属中氧的扩散

以固态电解质构成氧浓差电池可以测量金属中氧的扩散。图6.88是以铂空气为参比极的电池测量金属中的扩散的示意图。

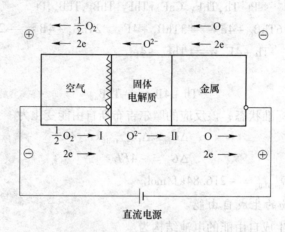

图6.88　电流通过金属物质和电荷的迁移

电池结构为

$$Pt \mid O_2 \mid ZrO_2(CaO) \mid [O]_{Me} \mid Pt$$

该电池反应过程为

$$\frac{1}{2}O_2(气室) \Longleftrightarrow \frac{1}{2}O_2(相界 I)$$

$$\frac{1}{2}O_2(相界 I) + 2e \Longleftrightarrow O^{2-}(相界 I)$$

$$O^{2-}(相界 I) \Longleftrightarrow O^{2-}(相界 II)$$

$$O^{2-}(相界 II) \Longleftrightarrow O(相界 II) + 2e$$

$$O(相界 II) \Longleftrightarrow [O]_{金属}$$

$$[O]_{金属} \Longleftrightarrow O_2(气室)$$

金属中氧的非稳态扩散流可以由固体电解质电池上外加直流电压产生。将正极接在参比极上，负极接在另一侧，于是，在金属/电解质相界面上，氧从金属向电解质中扩散，并且经过电解质流向电解质的另一侧。在外电路流过的电流是金属中氧的扩散速度的量度。

测量金属中氧的扩散可以采用恒电势法和恒电流法。采用恒电势法和恒电流法，都会在金属中产生氧的非稳态扩散。

测量金属中氧的扩散也可以不在固体电解质电池上外加直流电压，而是使金属与一确定的氧分压的气体达成平衡。然后，改变气体的氧分压，从而在金属中产生氧的非稳态扩散。氧分压随时间的变化造成固体电解质电池电动势随时间变化。通过测量没有电流的电池的电动势与时间的关系，研究氧在金属中的扩散。

氧在金属中的非稳态扩散符合菲克第二定律，有

$$\frac{\partial c_O}{\partial t} = D_O \frac{\partial^2 c_O}{\partial x^2} \qquad (6.99)$$

在给定的初始和边界条件和确定的电池几何尺寸，可以解菲克第二定律方程。

实验测量液体银中氧的扩散系数。电池结构为

$$Pt \mid O_2 \mid ZrO_2(CaO) \mid [O]_{Ag} \mid Pt$$

图 6.89 为实验装置图。

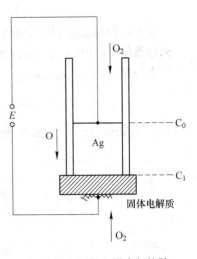

该实验没有外加电压，不产生电流。通过与液态银平衡的氧分压随时间的改变，引起电池电动势随时间变化。同时产生氧在液态银中的非稳态扩散。

初始条件 $t_0 = 0$，$c_{O,0} = 0$

边界条件 $x = 0, c_O = c_{O,0}$

$$x = L, \frac{\partial c_O}{\partial x} = 0$$

图 6.89 测量金属中氧扩散系数的无电流方法装置

菲克定律方程的解为

$$\frac{c_{O,L}}{c_{O,0}} = 1 - \frac{4}{\pi} \sum_{n=0}^{\infty} \frac{(-1)^n}{2n+1} \exp\left[-\frac{D_O(2n+1)^2 \pi^2 t}{4L^2} \right] \qquad (6.100)$$

$$E = \frac{RT}{2F} \ln \frac{c_{O,L}}{c_{O,0}} \qquad (6.101)$$

式中，$c_{O,L}$ 为在 Ag/ZrO_2 相界面上，$x = L$ 处氧的浓度；$c_{O,0}$ 为在 O_2/Ag 相界面上，$x = 0$ 处氧的浓度；L 为固体电解质管中液态金属的高度。

利用式（6.100）和式（6.101）及参数 $D_O t/L^2$ 对时间 t 作图，可以求得液态银中氧的扩散系数。图 6.90 为实验结果。

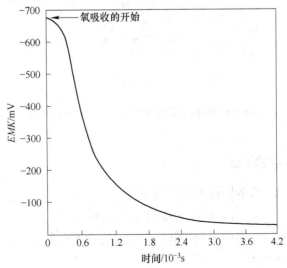

图 6.90 在 1200℃，电动势随时间的变化

实验测量液态铜中氧的扩散系数。电池结构为

$$\text{Pt} \,|\, O_2 \,|\, ZrO_2(CaO) \,|\, [O]_{Cu} \,|\, Pt$$

实验采用恒电流法测量铜液中氧的扩散系数。

初始条件：$t_0 = 0, c_{O,0} = c_O, x \geqslant 0$

边界条件：$x = \infty, c_{O,0} = 0$

$$x = 0, \quad \frac{\partial c}{\partial x} = \frac{1}{2FD_0 A}$$

在铜液/ZrO_2 相界面，氧浓度 $c_{O,1}$ 与时间的关系为

$$\frac{c_{O,i}}{c_{O,0}} = 1 - kt^{\frac{1}{2}} \tag{6.102}$$

$$k = \frac{1}{\sqrt{\pi}} \frac{1}{FAc_{O,0}D_0^{\frac{1}{2}}} \tag{6.103}$$

以 $\dfrac{c_{O,i}}{c_{O,0}}$ 对 $t^{\frac{1}{2}}$ 作图，得直线的斜率为 k。由 k 即计算可金属中氧的扩散系数 D_0。实验结果示于图 6.91。

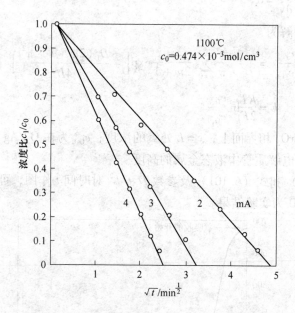

图 6.91　铜液中氧浓度比 $c_{O,i}/c_{O,0}$ 与 $\sqrt{t}$ 的关系

6.8.2　氧在固态金属中的扩散

测定固体银中氧的扩散的固体电解质电池为

$$\text{Fe}, \text{FeO} \,|\, ZrO_2(CaO) \,|\, [O]_{Ag}, \text{Pt}$$

采用恒电势法研究固体银中氧的扩散。初始和边界条件为

$t = 0, c_{O,0} = c_O, 0 < x < \infty$,

$t > 0, x = 0, c_{O,t} = 0$

$$c = c_0 \mathrm{erf} \frac{x}{2\sqrt{D_0 t}} \qquad (6.104)$$

$$\mathrm{erf} z = \frac{2}{\sqrt{\pi}} \int_0^z e^{-\xi^2} \mathrm{d}\xi \qquad (6.105)$$

利用方程（6.104）、方程（6.105），在 $x = 0$ 处，得

$$J_0 = D_0 \frac{\partial c}{\partial x}\bigg|_{x=0} = \frac{c_0 \sqrt{D_0}}{\sqrt{\pi t}} \qquad (6.106)$$

或电流密度

$$j = 2FJ_0 = 2F \frac{c_0 \sqrt{D_0}}{\sqrt{\pi t}} \qquad (6.107)$$

将 j 对 $\frac{1}{\sqrt{t}}$ 作图，得图 6.92。如果知道氧的初始浓度 c_0，就可由直线斜率求得扩散系数 D_0。

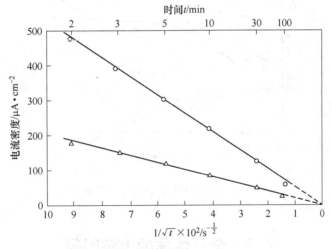

图 6.92　电流密度 j 与 $\frac{1}{\sqrt{t}}$ 的关系

控制金属中的氧进行稳态扩散，也可以测量氧的扩散系数。

由金属和固体电解质构成的电池为

$$\mathrm{Pt} \,|\, \mathrm{O_2} \,|\, \mathrm{ZrO_2(CaO)} \,|\, [\mathrm{O}]_{\mathrm{Ag}} \,|\, \mathrm{Pt}$$

其装置示意图为图 6.93（图中 t_1、t_2、t_3 表示不同时刻测量）。

保持金属表面氧活度不变，不断提高外电压，金属/电解质界面的氧活度 $a_{0,L}$ 不断降低。而电池通过的电流不断增大。在金属中氧稳态扩散，符合菲克第一定律

$$J_0 = D_0 \frac{a_{0,0} - a_{0,L}}{d} \qquad (6.108)$$

$$I = 2FSD_0 \frac{a_{0,0} - a_{0,L}}{d} \qquad (6.109)$$

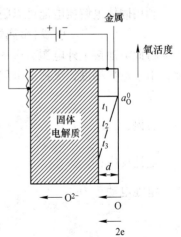

图 6.93　测量氧在金属中的扩散系数装置的示意图

式中，S 为金属和固体电解质的界面面积；d 为金属的厚度；$a_{O,0}$ 为氧的初始活度；$a_{O,L}$ 为不同时刻氧在金属/固体电解质界面的活度；D_O 为氧的扩散系数。

直至金属/电解质界面氧的活度可以忽略不计时，则达到扩散极限电流 I_g，有

$$I_g = 2FSD_O \frac{a_{O,0}}{d} \tag{6.110}$$

图 6.94 为 800℃的扩散电流 – 电压曲线。由曲线得到极限电流 I_g，利用式（6.110）得到氧的扩散系数 $D_O = 2.8 \times 10^{-5} \, \text{cm}^2/\text{s}$。

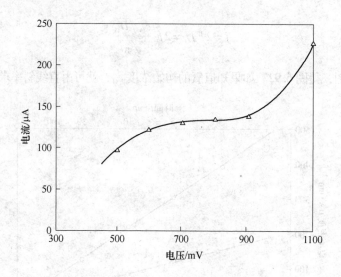

图 6.94　氧在银中的扩散电压 – 电流曲线

6.9　金属熔体的电解脱氧

利用固体电解质电池可以脱除金属熔体中的氧。固体电解质电池结构为

引线｜金属熔体｜固体氧离子导体｜参比电极｜引线

将此电池接上外电源，金属熔体接负极，参比极接正极。电路通电，则发生连续脱氧，由于电势梯度，氧被从金属中抽取，经过固体电解质进入参比电极。

左侧：　　　　　　　　　　　$O + 2e \longrightarrow O^{2-}$

右侧：　　　　　　　　$O^{2-} \longrightarrow O + 2e \quad O \longrightarrow \frac{1}{2}O_2$

电池反应：　　　　　　　　　$O \Longrightarrow \frac{1}{2}O_2$

电池电动势为

$$E = \frac{RT}{2F} \ln \frac{p_{O_2(\text{参比})}}{p_{O_2(\text{金属})}} \tag{6.111}$$

$$E = U - I_{\text{ion}} R_{\text{ion}} \tag{6.112}$$

式中，E 为电池的电动势；U 为外加电压；I_{ion} 为离子电流；R_{ion} 为固体电解离子电阻。

根据法拉第电解定律

$$n_O = \frac{It}{2F}$$

$$m_O = \frac{ItM_O}{2F} \tag{6.113}$$

式中，n_O 为氧的物质的量；m_O 为氧的质量；t 为时间；M_O 为氧的摩尔质量；F 为法拉第常数。

利用固体电解质电池可以脱除各种金属熔体中的氧。在 600℃，实验脱除锡和铅熔体中的氧；在 1200℃，实验脱除银和铜熔体中的氧；在 1600℃，实验脱除镍和铁熔体中的氧。

脱除金属熔体中氧的电池组成为

$$M' \,|\, Me\text{-}O \,|\, ZrO_2(CaO) \,|\, M \,|\, M'$$

左侧：$\qquad\qquad\qquad O + 2e \longrightarrow O^{2-}$

右侧：$\qquad\qquad\qquad O^{2-} \longrightarrow O + 2e \quad O \longrightarrow \frac{1}{2}O_2$

电池反应：$\qquad\qquad\qquad O = \frac{1}{2}O_2$

图 6.95 是由 $ZrO_2(CaO)$ 固体电解质管组装的脱氧装置。

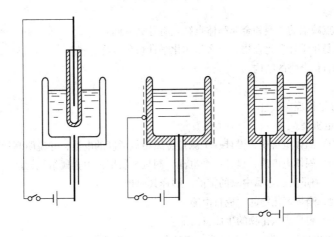

图 6.95　金属熔体电脱氧的装置示意图

图 6.96 给出了铁和镍熔体的电解脱氧氧含量和时间的关系。

铁和镍熔体初始氧含量为 0.048%，电解电压在 2.5～3V 之间，电流强度为 2.5A，阴极电流密度为 0.15A/cm，阳极电流密度为 0.53A/cm。铁和镍熔体中氧含量达到 0.015% 时，脱氧变慢，铁和镍熔体中氧含量达到 0.001%～0.002% 时，脱氧过程停止。在金属熔体中氧含量低微时，氧离子在固体电解质中的迁移已不是脱氧的控制步骤，而金属熔体与固体电解质界面边界层氧的扩散成为控制步骤。

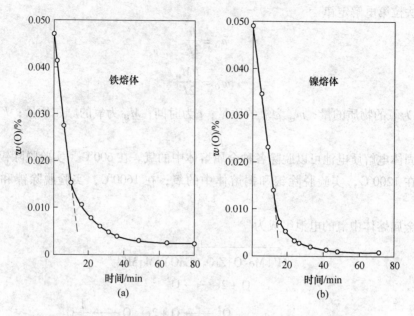

图 6.96　在 1600℃，铁液和镍液中电脱氧氧含量与时间的关系

6-1　说明离子晶体点缺陷的类型和金属晶体点缺陷有什么异同。

6-2　举例说明什么是化学计量化合物，什么是非化学计量化合物。

6-3　举例说明尖晶石化合物的结构。

6-4　解释 ZrO_2 的导电机理。

6-5　解释 NaCl 的导电机理。

6-6　解释 AgI 的导电机理。

6-7　利用 ZrO_2(CaO) 固体电解质，设计一个测量金属中氧活度的电池，并说明测量原理。

6-8　利用 ZrO_2(CaO) 固体电解质，设计一个电池，测量金属熔体中金属组元的活度。

6-9　设计一个电池，测量液态金属中氧的扩散，解释其原理。

6-10　设计一个电池，测量氧化物的生成自由能。

6-11　设计一个电池，测量非氧化物的生成自由能。

6-12　利用 CaF_2 固体电解质，设计一个电池，测量金属氟化物的生成自由能。

6-13　利用 ZrO_2(CaO) 固体电解质，设计一个电池，脱除钢液中的氧。

6-14　选择熔渣电解质，设计一个电池，脱除钢液中的氧。

6-15　设计一个电池，测量铜液中的硫活度。

6-16　设计一个电池，测量固态金属中的氧。

7 熔体电化学

7.1 熔融电解质电池

7.1.1 氧化物熔体电解质

测量熔融电解质电池的电动势如同测量固体电解质电池电动势一样，原电池必须可逆。这就要求电池反应已知，排除副反应的干扰。此外，熔融电解质无局部浓度差，阳离子不变价。

碱性金属氧化物含量高的熔融电解质，为氧离子导电；而硅酸盐、磷酸盐、铝酸盐熔融电解质，为阳离子导电。难移动的络合阴离子不参与导电。

7.1.1.1 浓差电池

（1）在 1946 年，张（Chang）和德尔格（Derge）最早以熔渣为电解质构成电池

$$石墨 \mid CaO\text{-}SiO_2 \; 熔体 \mid SiC$$

$$石墨 \mid CaO\text{-}SiO_2\text{-}Al_2O_3 \; 熔体 \mid SiC$$

左极：
$$Si^{4+} + C + 4e \Longleftrightarrow SiC$$

右极：
$$SiO_4^{4-} + SiC \Longleftrightarrow 2SiO_2 + C + 4e$$

电池反应：
$$Si^{4+} + SiO_4^{4-} \Longleftrightarrow 2SiO_2$$

$$2(SiO_2) \Longleftrightarrow 2SiO_2(\beta\text{-方石英})$$

以 $SiO_2(\beta\text{-方石英})$ 为标准状态，得

$$E = \frac{RT}{4F}\ln a_{(SiO_2)} \tag{7.1}$$

图 7.1 是组成为 55% SiO_2、25% CaO、20% Al_2O_3 熔体电解质电池的电动势随温度线性增加的关系。

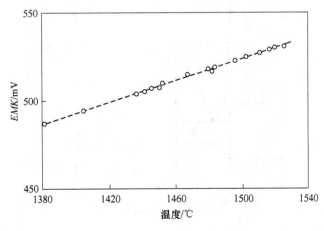

图 7.1　电动势与温度的关系

（2）三本木和大森设计了复式电池结构

$$石墨 | Fe\text{-}Si\ 熔体 | 熔渣\ I | MgO | 熔渣\ II | Fe\text{-}Si\ 熔体 | 石墨$$

测量二元熔体 $CaO\text{-}SiO_2$ 中 SiO_2 的活度。

待测极熔渣 I 的组成为 $CaO\text{-}SiO_2$，参比极 II 的组成为 45.2% CaO、2.2% SiO_2、52.6% Al_2O_3。

待测极：

$$(SiO_2) \Longrightarrow 2O + [Si]$$

$$2O + 4e \Longrightarrow 2O^{2-}$$

参比极：

$$2O^{2-} \Longrightarrow 2O + 4e$$

$$2O + [Si] \Longrightarrow (SiO_2)$$

电池反应：

$$(SiO_2)_{I} \Longrightarrow (SiO_2)_{II}$$

以纯的 SiO_2 为标准状态，得

$$E = \frac{RT}{4F} \ln \frac{a_{(SiO_2)\ I}}{a_{(SiO_2)\ II}} = \frac{RT}{4F} \ln \frac{w_{(SiO_2)\ I}}{w_{(SiO_2)\ II}} \tag{7.2}$$

图 7.2 为 1630℃电池电动势 E 随熔渣 SiO_2 中含量的变化关系。在化合物 CaO、SiO_2 含量多的范围，出现一不连续的区间。图 7.3 为 $CaO\text{-}SiO_2$ 熔渣中 SiO_2 的活度与浓度的关系。

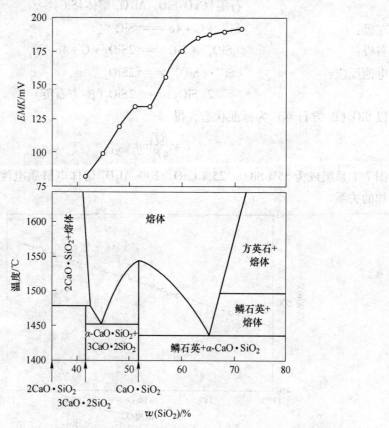

图 7.2　在 1630℃，电动势与 SiO_2 含量的变化关系

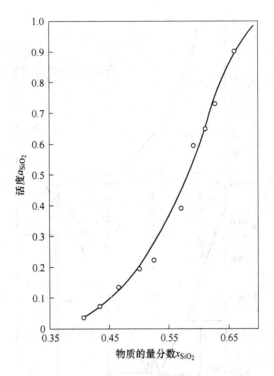

图 7.3　在 1630℃，SiO$_2$ 的活度与浓度的关系

（3）他们还设计了电池

石墨｜Fe-Al-C 熔体｜熔渣Ⅰ｜MgO｜熔渣Ⅱ｜Fe-Al-C 熔体｜石墨

测量熔渣中 Al$_2$O$_3$ 的活度。

熔渣Ⅰ的组成为 CaO-SiO$_2$，参比极熔渣Ⅱ的组成为 45.2% CaO、2.2% SiO$_2$、52.6% Al$_2$O$_3$。

待测极：
$$(Al_2O_3) \Longleftrightarrow 3O + 2[Al]$$
$$3O + 6e \Longleftrightarrow 3O^{2-}$$

参比极：
$$3O^{2-} \Longleftrightarrow 3O + 6e$$
$$3O + 2[Al] \Longleftrightarrow (Al_2O_3)$$

电池反应：
$$(Al_2O_3)_I \Longleftrightarrow (Al_2O_3)_{II}$$

以纯 Al$_2$O$_3$ 为标准状态，得

$$E = \frac{RT}{6F} \ln \frac{a_{(Al_2O_3)\,I}}{a_{(Al_2O_3)\,II}} \tag{7.3}$$

图 7.4 为在 1630℃，电池电动势与 CaO-Al$_2$O$_3$ 熔渣中 Al$_2$O$_3$ 含量的关系。

图 7.5 为在 1630℃，CaO-Al$_2$O$_3$ 熔渣中 Al$_2$O$_3$ 的活度与 Al$_2$O$_3$ 含量的关系。

（4）赛互缪拉（Sawamura）采用复式浓差电池

W｜Ca｜熔渣Ⅰ｜MgO｜CaO-SiO$_2$ 熔渣Ⅱ｜Ca｜W

测量二元系 CaO-SiO$_2$ 熔渣和三元系 CaO-SiO$_2$-Me$_x$O$_y$ 熔渣中 CaO 的活度。其中参比极熔渣Ⅱ的组成为 CaO 60%、Al$_2$O$_3$ 40%。

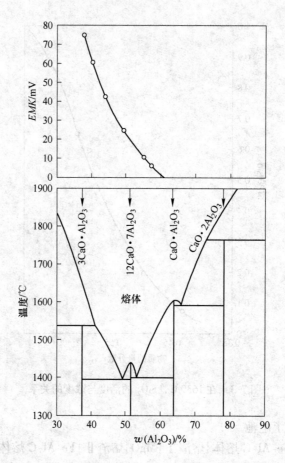

图 7.4　在 1630℃，电池电动势与 CaO-Al$_2$O$_3$ 熔渣中 Al$_2$O$_3$ 含量的关系

待测极：
$$O^{2-} \Longrightarrow \frac{1}{2}O_2 + 2e$$

$$Ca + \frac{1}{2}O_2 \Longrightarrow CaO$$

参比极：
$$CaO \Longrightarrow CaO + \frac{1}{2}O_2$$

$$\frac{1}{2}O_2 + 2e \Longrightarrow O^{2-}$$

电池反应：
$$CaO(\text{II}) \Longrightarrow CaO(\text{I})$$

以纯 CaO 为标准状态，得

$$E = \frac{RT}{2F}\ln\frac{a_{CaO(\text{II})}}{a_{CaO(\text{I})}} \tag{7.4}$$

参比极 II 为 CaO 饱和的熔渣，所以

$$E = -\frac{RT}{2F}\ln a_{CaO(\text{I})} \tag{7.5}$$

在 1630℃，二元系 CaO-SiO$_2$ 熔渣中 CaO 的活度与浓度的关系如图 7.6 所示。

（5）浓差电池 - 测量碳饱和铁液中硅的活度。测量碳饱和的 Fe-C-Si 铁液中硅的活

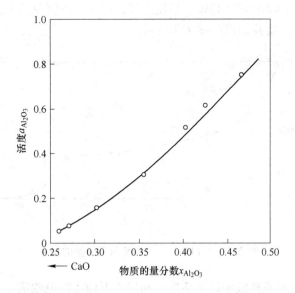

图 7.5　在 1630℃，Al_2O_3 活度与 Al_2O_3 含量的关系

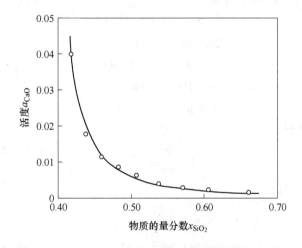

图 7.6　在 1630℃，$CaO\text{-}SiO_2$ 熔渣中 CaO 的活度与浓度的关系

度，电池结构为

$$石墨 | Fe\text{-}C\text{-}Si(\text{I}) | CaO\text{-}MgO\text{-}SiO_2 | Fe\text{-}C\text{-}Si(\text{II}) | 石墨$$

待测极：
$$SiO_2 \Longrightarrow Si + 2O$$
$$2O + 4e \Longrightarrow 2O^{2-}$$

参比极：
$$2O^{2-} \Longrightarrow 2O + 4e$$
$$Si + 2O \Longrightarrow SiO_2$$

电池反应：
$$Si(\text{II}) \Longrightarrow Si(\text{I})$$

以纯硅为标准状态，得

$$E = RT\ln \frac{a_{Si(\text{II})}}{a_{Si(\text{I})}} \tag{7.6}$$

参比极 Fe-C-Si 中硅含量为 43%，活度已知，因此，由测得的 E 可以得到 Fe-C-Si 中硅含量与活度的关系。实验结果如图 7.7 所示。

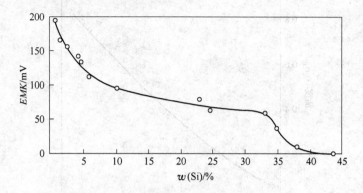

图 7.7　在 1480℃，电动势与硅含量的关系

（6）浓差电池－测量铁液中硅的活度。利用如下构成的电池测量溶液中硅的活度

$$Mo \mid Si(Ⅰ) \mid CaO\text{-}Al_2O_3\text{-}SiO_2 \mid Fe\text{-}Si(Ⅱ) \mid Mo$$

容器为石英坩埚，熔渣中 SiO_2 饱和。

待测极：　　　　　　　　　$SiO_2 \Longrightarrow Si + 2O$

$$2O + 4e \Longrightarrow 2O^{2-}$$

参比极：　　　　　　　　　$2O^{2-} \Longrightarrow 2O + 4e$

$$Si + 2O \Longrightarrow SiO_2$$

电池反应：　　　　　　　　$Si(Ⅱ) \Longrightarrow Si(Ⅰ)$

以纯硅为标准状态，得

$$E = \frac{RT}{4F} \ln \frac{a_{Si(Ⅱ)}}{a_{Si(Ⅰ)}} \tag{7.7}$$

参比极为纯 Si，所以

$$E = -\frac{RT}{4F} \ln a_{Si(Ⅰ)} \tag{7.8}$$

电池结构如图 7.8 所示，实验结果如图 7.9 所示。Fe-C-Si 中硅含量为 43%，活度已知，因此，由测得的 E 可以得到 Fe-C-Si 中硅含量与活度的关系。

7.1.1.2　生成电池

（1）增加熔渣中 CaO 的含量，则

$$石墨 \mid CaO\text{-}SiO_2\text{-}Al_2O_3 \mid SiC$$

左极：　　　　　　$2CaO + Si^{4+} + 4e \Longrightarrow 2Ca^{2+} + SiO_2$

右极：　　　　　　$CaSiO_4 + 2Ca^{2+} \Longrightarrow 4CaO + Si^{4+} + 4e$

电池反应：　　　　　$Ca_2SiO_4 \Longrightarrow 2CaO + SiO_2$

以纯固态 Ca_2SiO_4、CaO 和 SiO_2 为标准状态，得

$$E = \frac{\Delta_f G^{\ominus}_{m,Ca_2SiO_4}}{4F} - RT \ln \frac{a_{(SiO_2)}}{a_{(SiO_2)} a^2_{(CaO)}} \tag{7.9}$$

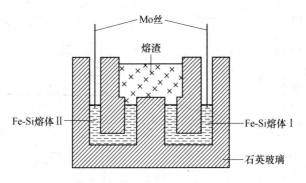

图 7.8 电池的结构

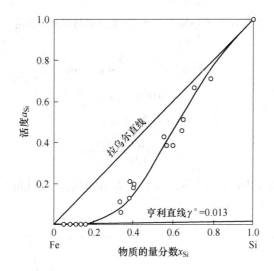

图 7.9 在 1530℃, Fe-Si 中硅的活度

图 7.10 是在温度 1450℃, 组成为 55% SiO_2、30% CaO、15% Al_2O_3 熔渣电解质电池的电动势随时间的变化关系。

（2）测量铁液中磷的活度

$$金属熔体 \mid 金属氧化物的熔体 \mid O_2（气体）\mid Pt$$

例如，为测量 Fe-P 熔体中磷的活度，构成如下电池

$$Pt \mid Fe\text{-}P \text{ 熔体} \mid CaO\text{-}P_2O_5 \mid O_2（p^{\ominus}）\mid Pt$$

右极：
$$\frac{5}{2}O_2 + 10e \rightleftharpoons 5O^{2-}$$

左极：
$$5O^{2-} + 2P \rightleftharpoons P_2O_5 + 10e$$

电池反应：
$$\frac{5}{2}O_2 + 2P \rightleftharpoons P_2O_5$$

该反应的摩尔吉布斯自由能变化为

$$\Delta G_m = \Delta G_m^{\ominus} + RT\ln\frac{a_{P_2O_5}}{a_{[P]}^2}$$

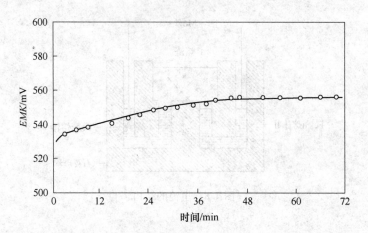

图 7.10　在 1450℃，电池的电动势与时间的关系

$$\Delta G_{\mathrm{m}}^{\ominus} = \mu_{\mathrm{P_2O_5}}^{\ominus} - \frac{5}{2}\mu_{\mathrm{O_2}}^{\ominus} - 2\mu_{\mathrm{P}}^{\ominus}$$

$$-10FE = \Delta G_{\mathrm{m}}$$

$$-10FE^{\ominus} = \Delta G_{\mathrm{m}}^{\ominus}$$

$$E = E^{\ominus} - \frac{RT}{10F}\ln\frac{a_{(\mathrm{P_2O_5})}}{a_{[\mathrm{P}]}^2} \tag{7.10}$$

CaO-P_2O_5 熔体中的 P_2O_5 活度已知，所以由 E 和 $\Delta G_{\mathrm{m}}^{\ominus}$，可以得到 $a_{[\mathrm{P}]}$ 与铁液中磷含量的关系。实验结果如图 7.11 所示。

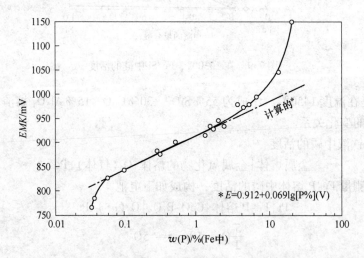

图 7.11　铁液中电池的电动势与磷含量的关系

（3）测量金属溶液中硅的活度

$$\mathrm{Pt} \mid \mathrm{X\text{-}Si} \mid \mathrm{CaO\text{-}SiO_2} \mid \mathrm{O_2}(p^{\ominus}) \mid \mathrm{Pt}$$

可以测量含 Si 溶液中硅的活度。其中 X 可以是 Fe、Co、Ni、Cu 等。

右极：

$$\mathrm{O_2} + 4\mathrm{e} \Longleftrightarrow 2\mathrm{O^{2-}}$$

左极： $\qquad$ $2O^{2-} + Si \Longrightarrow SiO_2 + 4e$

电池反应： $\qquad$ $O_2 + Si \Longrightarrow SiO_2$

该反应的摩尔吉布斯自由能变化为

$$\Delta G_m = \Delta G_m^{\ominus} + RT\ln\frac{a_{(SiO_2)}}{a_{[Si]}^2}$$

$$\Delta G_m^{\ominus} = \mu_{SiO_2}^{\ominus} - \mu_{O_2}^{\ominus} - \mu_{Si}^{\ominus}$$

$$-\Delta FE = \Delta G_m$$

$$-4FE^{\ominus} = \Delta G_m^{\ominus}$$

$$E = E^{\ominus} - \frac{RT}{4F}\ln\frac{a_{(SiO_2)}}{a_{[Si]}} \qquad (7.11)$$

以石英为坩埚盛 CaO-SiO_2 熔渣，则熔渣中 SiO_2 饱和， $a_{SiO_2} = 1$ ，则

$$E = E^{\ominus} - \frac{RT}{4F}\ln a_{[Si]}$$

图 7.12 为 X-Si(X = Fe、Co、Ni)溶液中硅的活度与浓度的关系。

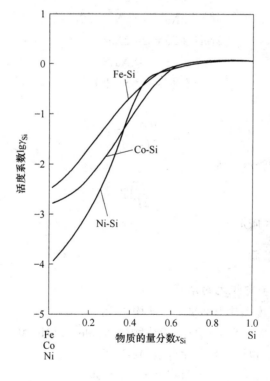

图 7.12 在 1610℃，金属溶液中硅的活度与浓度的关系

7.1.2 含硫化物的熔渣电解质

7.1.2.1 测量硫的活度

利用含硫化物的熔渣，设计如下电池

$$W \mid X\text{-}S(\text{I}) \mid Na_2S\text{-}CaO\text{-}SiO_2 \text{ 熔渣} \mid X\text{-}S(\text{II}) \mid W$$

参比极 $X\text{-}S(\text{II})$ 为硫饱和的溶液；熔渣含 Na_2S 为 2%。

待测极：
$$Na_2S \Longleftrightarrow 2Na + 2e$$
$$2Na \Longleftrightarrow 2Na^+ + 2e$$

参比极：
$$2Na^+ + 2e \Longleftrightarrow 2Na$$
$$2Na + S \Longleftrightarrow Na_2S$$

电池反应：
$$S(\text{II}) \Longleftrightarrow S(\text{I})$$

以纯硫为标准状态，得

$$E = \frac{RT}{2F}\ln\frac{a_{S(\text{II})}}{a_{S(\text{I})}} \qquad (7.12)$$

7.1.2.2 测量铅液中硫的活度

测量铅液中硫的活度，电池构成为

$$W \mid Pb\text{-}S(\text{I}) \mid Na_2S\text{-}CaO\text{-}SiO_2 \text{ 熔渣} \mid Pb\text{-}S(\text{II}) \mid W$$

也可以用石墨代替钨做引线。

待测极：
$$Na_2S \Longleftrightarrow 2Na + S$$
$$2Na \Longleftrightarrow 2Na^+ + 2e$$

参比极：
$$2Na^+ + 2e \Longleftrightarrow 2Na$$
$$2Na + S \Longleftrightarrow Na_2S$$

电池反应：
$$S(\text{II}) \Longleftrightarrow S(\text{I})$$

以纯硫为标准状态，得

$$E = \frac{RT}{2F}\ln\frac{a_{S(\text{II})}}{a_{S(\text{I})}} \qquad (7.13)$$

参比极 II 为硫饱和铅液，所以

$$E = -\frac{RT}{2F}\ln a_{S(\text{I})} \qquad (7.14)$$

实验结果如图 7.13 所示。

7.1.3 熔融卤化物电解质

7.1.3.1 测量合金中组元的活度

测量合金中组元活度和热力学量的电池构成为

$$Me \mid X\text{-}Me \text{ 合金} \mid \text{卤化物熔体}(Me^{2+}) \mid Me \mid Me$$

式中，Me 为合金元素，也可以是多元合金 Me-X-Y。

待测极：
$$Me^{2+} + 2e \Longleftrightarrow Me$$

参比极：
$$Me \Longleftrightarrow Me^{2+} + 2e$$

电池反应：
$$Me \Longleftrightarrow Me(\text{合金})$$

以纯金属 Me 为标准状态，得

$$E = -\frac{RT}{2F}\ln a_{Me(\text{合金})} \qquad (7.15)$$

（1）测量 Fe-Co 合金中铁的活度。例如，在 600～1000℃，测量 Fe-Co 合金中铁的活

度，电池构成为

$$Fe \mid Fe\text{-}Co \mid KCl\text{-}LiCl\text{-}FeCl_2 \mid Fe \mid Fe$$

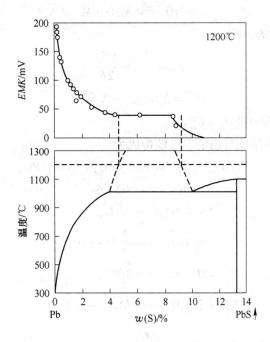

图 7.13　在 1200℃，电池电动势与硫含量的关系

待测极：
$$Fe^{2+} + 2e \Longrightarrow Fe$$

参比极：
$$Fe \Longrightarrow Fe^{2+} + 2e$$

电池反应：
$$Fe \Longrightarrow Fe(\text{合金})$$

以纯铁为标准状态，得

$$E = -\frac{RT}{2F}\ln a_{Fe(\text{合金})} \tag{7.16}$$

（2）测量 Zn-Pb 合金中锌的活度。在 440～530℃，测量 Zn-Pb 合金中锌的活度，电池构成为

$$Zn \mid Zn\text{-}Pb \mid KCl\text{-}LiCl\text{-}ZnCl_2 \mid Zn \mid Zn$$

待测极：
$$Zn^{2+} + 2e \Longrightarrow Zn$$

参比极：
$$Zn \Longrightarrow Zn^{2+} + 2e$$

电池反应：
$$Zn \Longrightarrow Zn(\text{合金})$$

以纯锌为标准状态，得

$$E = -\frac{RT}{2F}\ln a_{Zn(\text{合金})} \tag{7.17}$$

7.1.3.2　测量热力学量

$$Pt \mid Me, MeO \mid NaCl\text{-}KCl\text{-}MeO \mid M, MO \mid Pt$$

左极：
$$O^{2-} \Longrightarrow O + 2e$$

$$Me + O \Longrightarrow MeO$$

右极：
$$MO \Longrightarrow M + O$$
$$O + 2e \Longrightarrow O^{2-}$$

电池反应：
$$Me + MO \Longrightarrow MeO + M$$

以纯物质为标准状态，得

$$E = E^{\ominus} = -\frac{\Delta G_m^{\ominus}}{2F}$$

$$\Delta G_m^{\ominus} = \Delta_f G_{m,MeO}^{\ominus} - \Delta_f G_{m,MO}^{\ominus} \qquad (7.18)$$

若 $\Delta_f G_{m,MO}^{\ominus}$ 已知，则可得到 $\Delta_f G_{m,MeO}^{\ominus}$。

例如，测量 TiO_2 的生成自由能。电池构成为

$$Pt \mid Al, Al_2O_3 \mid Na\text{-}KCl\text{-}CaO \mid Ti, TiO_2 \mid Pt$$

左极：
$$3O^{2-} \Longrightarrow 3O + 6e$$
$$2Al + 3O \Longrightarrow Al_2O_3$$

右极：
$$\frac{3}{2}TiO_2 \Longrightarrow \frac{3}{2}Ti + 3O$$
$$3O + 6e \Longrightarrow 3O^{2-}$$

电池反应：
$$2Al + \frac{3}{2}TiO_2 \Longrightarrow Al_2O_3 + \frac{3}{2}Ti$$

以纯物质为标准状态，得 $E = E^{\ominus} = -\dfrac{\Delta G_m^{\ominus}}{6F}$

$$\Delta G_m^{\ominus} = \Delta_f G_{m,Al_2O_3}^{*} - \frac{3}{2}\Delta_f G_{m,TiO_2}^{*}$$

已知 Al_2O_3 的标准生成自由能，即可求得 TiO_2 的标准生成自由能。

7.2 利用熔渣电解质电池精炼金属

7.2.1 以熔渣为电解质，电解脱氧

为脱除铁液中的氧，设计如下电解池

$$PtRh(-) \mid Fe\text{-}O \mid CaF_2\text{-}Al_2O_3\text{-}CaO \mid Ar \mid PtRh(+)$$

左极： $O + 2e \Longrightarrow O^{2-}$

右极： $O^{2-} \Longrightarrow O + 2e$

$$O \Longrightarrow \frac{1}{2}O_2$$

电池反应： $O \Longrightarrow \frac{1}{2}O_2$

不断取走氩气中的氧（抽真空），即降低氧分压，就可以脱除铁液中的氧。

7.2.2 以熔盐为电解质，电解脱硫

采用熔盐电解质，电解脱硫的电池构成为

$$PtRh(-)\,|\,Fe\text{-}S\,|\,CaCl_2\text{-}CaO\,|\,Ar\,|\,PtRh(+)$$

其中 Fe-S 的成分为 C 3.3%、S 0.02%、Mn 0.03%、P 0.02%，电解质成分为 $CaCl_2$ 95%、CaO 5%。

左极：
$$S + 2e \Longrightarrow S^{2-}$$

右极：
$$S^{2-} \Longrightarrow S + 2e$$
$$S \Longrightarrow \frac{1}{2}S_2(g)$$

电池反应：
$$S \Longrightarrow \frac{1}{2}S_2(g)$$

不断取走 Ar 气中的 S_2，即降低硫分压，就可以脱除铁液中的硫。图 7.14 为实验结果。

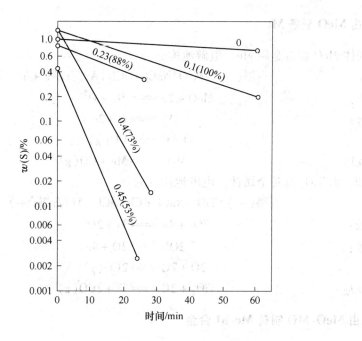

图 7.14   在 1250℃，生铁熔体的电解脱硫

（无量纲的数字表示电流密度，A/cm^2；数据% 表示电流效率）

7.2.3   电解脱除铜液中的氧和硫

电解脱除铜液中的氧和硫。电池构成为

$$W(-)\,|\,Cu\text{-}S\text{-}O\,|\,BaCl_2\text{-}CaO\,|\,Ar\,|\,W(+)$$

左极：
$$S + 2e \Longrightarrow S^{2-}$$

右极：
$$S^{2-} \Longrightarrow S + 2e$$
$$S \Longrightarrow \frac{1}{2}S_2(g)$$

电池反应：
$$S \Longrightarrow \frac{1}{2}S_2(g)$$

不断取走 Ar 气中的硫，就可以脱除铁液中的硫。

左极：
$$O + 2e \Longrightarrow O^{2-}$$

右极：
$$O^{2-} \Longrightarrow O + 2e$$

$$O \Longrightarrow \frac{1}{2}O_2(g)$$

电池反应：
$$O \Longrightarrow \frac{1}{2}O_2(g)$$

不断取走 Ar 气中的氧，就可以脱除铁液中的氧。

7.3　熔盐电解脱氧制备金属合金和化合物

7.3.1　由 MeO 制备 Me

由固体 MeO 制备金属 Me，电解池构成为
$$石墨(-)|MeO|NaCl\text{-}CaCl_2|Ar|石墨(+)$$

阴极：
$$MeO + 2e \Longrightarrow Me + O^{2-}$$

阳极：
$$O^{2-} \Longrightarrow O + 2e$$
$$O + C \Longrightarrow CO(g)$$

总反应：
$$MeO \Longrightarrow Me + CO(g)$$

例如，由 TiO_2 制备金属钛。电解池构成为
$$石墨(-)|TiO_2|NaCl\text{-}KCl\text{-}CaCl_2|Ar|石墨(+)$$

阴极：
$$TiO_2 + 4e \Longrightarrow Ti + 2O^{2-}$$

阳极：
$$2O^{2-} \Longrightarrow 2O + 4e$$
$$2O + 2C \Longrightarrow 2CO(g)$$

总反应：
$$TiO_2 + 2C \Longrightarrow Ti + 2CO(g)$$

7.3.2　由 MeO-MO 制备 Me-M 合金

由固体 MeO-MO 制备 Me-M 合金的电解池构成为
$$石墨(-)|MeO\text{-}MO|NaCl\text{-}CaCl_2|Ar|石墨(+)$$

阴极：
$$MeO + 2e \Longrightarrow Me + O^{2-}$$
$$MO + 2e \Longrightarrow M + O^{2-}$$

阳极：
$$2O^{2-} \Longrightarrow 2O + 4e$$
$$O + C \Longrightarrow CO$$

总反应：
$$MeO + MO + 2C \Longrightarrow Me\text{-}M + 2CO(g)$$

例如，由二氧化钛、氧化镍为原料制备 Ti-Ni 合金。电解池构成为
$$石墨(-)|TiO_2\text{-}NiO|NaCl\text{-}KCl\text{-}CaCl_2|Ar|石墨(+)$$

阴极：
$$TiO_2 + 4e \Longrightarrow Ti + 2O^{2-}$$
$$NiO_2 + 2e \Longrightarrow Ni + O^{2-}$$

阳极：
$$3O^{2-} == 3O + 6e$$
$$3O + 3C == 3CO(g)$$
总反应：
$$TiO_2 + NiO + 3C == Ti-Ni + 3CO(g)$$

7.3.3 制备碳化物

以固体 MeO 和 C 为原料制备碳化物。电解池构成为
$$石墨(-)|MeO-C|NaCl-CaCl_2|Ar|石墨(+)$$
阴极：
$$Me + 2e == Me + O^{2-}$$
$$Me + C == MeC$$
阳极：
$$O^{2-} == O + 2e$$
$$O + C == CO$$
总反应：
$$Me + 2C == MeC + CO(g)$$
例如，以 TiO_2 和炭粉为原料制备 TiC，电池构成为
$$石墨(-)|TiO_2|NaCl-KCl-CaCl_2|Ar|石墨(+)$$
阴极：
$$TiO_2 + 4e == Ti + 2O^{2-}$$
$$Ti + C == TiC$$
阳极：
$$2O^{2-} == 2O + 4e$$
$$2O + 2C == 2CO$$
总反应：
$$TiO_2 + 2C == TiC + 2CO(g)$$

7.3.4 制备氮化物

以 MeO 和 N_2 为原料，制备氮化物，电解池构成为
$$石墨(-)|MeO,N_2|NaCl-CaCl_2|Ar|石墨(+)$$
阴极：
$$MeO + 4e == 2Me + 2O^{2-}$$
$$2Me + N_2 == 2MeN$$
阳极：
$$2O^{2-} == 2O + 4e$$
$$2O + 2C == 2CO$$
总反应：
$$2MeO + N_2 + 2C == 2MeN + 2CO(g)$$
例如，以 TiO_2 和氮气为原料制备 TiN。电解池构成为
$$石墨(-)|TiO_2,N_2|NaCl-CaCl_2|Ar|石墨(+)$$
阴极：
$$2TiO_2 + 8e == 2Ti + 4O^{2-}$$
$$2Ti + N_2 == 2TiN$$
阳极：
$$4O^{2-} == 4O + 8e$$
$$4O + 4C == 4CO$$
总反应：
$$2TiO_2 + N_2 + 4C == 2TiN + 4CO(g)$$

7.4 熔盐电脱硫法制备金属、合金

7.4.1 由 MeS 制备金属

由固体硫化物 MeS 制备金属 Me 的电解池构成为

$$石墨(-)\,|\,MeS\,|\,CaCl_2\text{-}CaO\,|\,Ar\,|\,石墨(+)$$

负极： $$MeS + 2e = Me + S^{2-}$$

阳极： $$S^{2-} = S + 2e$$

$$S = \frac{1}{2}S_2$$

总反应： $$MeS = Me + \frac{1}{2}S_2(g)$$

或者

$$W(-)\,|\,MeS\,|\,Na_2S + CaO + SiO_2熔渣\,|\,Ar\,|\,W(+)$$

阴极： $$MeS + 2e = Me + S^{2-}$$

阳极： $$S^{2-} = S + 2e$$

$$S = \frac{1}{2}S_2$$

总反应： $$MeS = Me + \frac{1}{2}S_2(g)$$

例如，由固体 CuS 制备金属 Cu，电解池构成为

$$石墨(-)\,|\,CuS\,|\,CaCl_2\text{-}CaO\,|\,Ar\,|\,石墨(+)$$

阴极： $$CuS + 2e = Cu + S^{2-}$$

阳极： $$S^{2-} = S + 2e$$

$$S = \frac{1}{2}S_2$$

总反应： $$CuS = Cu + \frac{1}{2}S_2(g)$$

7.4.2　由 MeS-MS 制备 Me-M 合金

由固体硫化物 MeS-MS 制备 Me-M 合金的电池构成为

$$石墨(-)\,|\,MeS\text{-}MS\,|\,CaCl_2\text{-}CaO\,|\,Ar\,|\,石墨(+)$$

阴极： $$MeS + 2e = Me + S^{2-}$$
$$MS + 2e = M + S^{2-}$$

阳极： $$2S^{2-} = S_2 + 4e$$

总反应： $$MeS + MS = Me\text{-}M + S_2(g)$$

例如，由固体硫化物 CuS 和 ZnS 制备 Cu-Zn 合金，电池构成为

$$石墨(-)\,|\,CuS,ZnS\,|\,CaCl_2\text{-}CaO\,|\,Ar\,|\,石墨(+)$$

阴极： $$CuS + 2e = Cu + S^{2-}$$
$$ZnS + 2e = Zn + S^{2-}$$
$$Cu + Zn = Cu\text{-}Zn$$

阳极： $$2S^{2-} + 4e = 2S$$
$$2S = S_2(g)$$

总反应： $$CuS + ZnS = Cu\text{-}Zn + S_2(g)$$

7.5 金属－熔渣的界面现象

7.5.1 金属－渣体系的电毛细管曲线

在液态金属和熔渣界面有双电层，也有与双电层有关的电毛细现象。图 7.15 是铁－渣的电毛细管曲线。铁液中溶有 C、Si、Mn、P 和 S 等，熔渣是组成不同的 CaO-SiO$_2$-Al$_2$O$_3$。如图 7.15 所示，在 SiO$_2$ 与 Al$_2$O$_3$ 的物质的量比约为 3.9 时，随 CaO 含量增加，电毛细管曲线阳极分支几乎相等，阴极分支几乎平行。曲线极大值移向阳极区。这表明阴离子吸附在界面的金属一侧，金属表面带负电。在 CaO 摩尔分数为 50% 时，随着 SiO$_2$ 与 Al$_2$O$_3$ 的物质的量比增加，由于界面张力减小，电毛细管曲线变化范围较大。在比零电荷电势负的范围，电荷密度几乎恒定，为 16×10^{-6}C，与渣的组成无关。由此可见，在熔渣一侧，由 Ca^{2+}、Fe^{2+} 和 Mn^{2+} 等形成电层。在比零电荷电势更正的范围，随 CaO 含量的增加，电荷密度从 33×10^{-6}C 增加到 85×10^{-6}C。

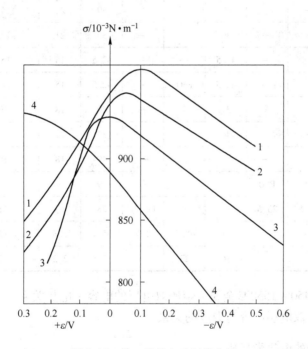

图 7.15　铁－渣的电毛细管曲线

1—Fe-13% C-3.5% Si-0.6% Mn-0.6% P-0.06% S/41.6% CaO・47.3% SiO$_2$・11.1% Al$_2$O$_3$；2—同一液体合金/43.8% CaO・45.1% SiO$_2$・11.1% Al$_2$O$_3$；3—同一液体合金/50.3% CaO・38.6% SiO$_2$・11.1% Al$_2$O$_3$；4—Fe-14% C/42.5% CaO・42.5% SiO$_2$・15% Al$_2$O$_3$

对于其他－熔渣体系，也有类似的电毛细管曲线。

7.5.2 金属－熔渣界面的双电层

金属－熔渣界面存在双电层，可以利用符合李普曼公式从电毛细管曲线求双电层的电容，也可以用交流阻抗谱测量。

表 7.1 是金 - 熔渣界面的双电层的电容。

表 7.1　在 1450 ~ 1550℃，电极材料和渣的组成对熔渣双电层电容的影响

编号	电极	电解质/%							$C_A/\mu F \cdot cm^{-1}$	$R_P/\Omega \cdot cm^{-1}$
		Na_2O	MgO	CaO	BaO	B_2O_3	SiO_2	Al_2O_3		
1	Fe-4.5%C	—	26.3	—	—	—	49.5	24.2	21.8	19
2	Fe-4.5%C	—	—	42.5	—	—	42.5	15	14.3	53
3	Fe-4.5%C	—	—	—	42.5	—	47.8	10	10.7	200
4	Fe-4.5%C	51	—	—	—	—	49	—	15.9	5
5	Fe-4.5%C	40	—	—	—	60	—	—	15.5	5
6	Fe-4.5%C	—	—	55	—	—	45	—	14.7	40
7	Fe-4.5%C	—	—	50	—	—	—	50	14.9	21
8	Fe-44.6%Si	—	—	40	—	—	39	21	14.9	16
9	Fe-19.8%P	—	—	40	—	—	39	21	14.4	24
10	石墨	—	—	42.5	—	—	42.5	15	15.0	19
11	Ni_3S_2	—	—	42.5	FeO	—	42.5	15	14.9	14
12	Ni_3S_2	—	—	37	5	—	40	18	100	11
13	Cu_2S	—	—	40	—	—	39	21	15.7	37
14	Cu_2S	—	—	37	5	—	40	18	105	12
15	Pb	51	PbO	—	—	—	49	—	16	5
16	Pb	53.5	23.5	—	—	Fe_2O_3	23	—	115	3
17	Pb	—	—	11	48.6	2.3	35.1	2.8	160	—
18	Pb	—	—	36	27	1.6	33.5	2.2	230	—

图 7.16 是在 1450 ~ 1550℃金属 - 熔渣双电层的电容 - 电势关系。

图 7.17 给出了双电层电容与温度的关系。

7.5.3　金属 - 熔渣的电化学反应

液态金属中的组元和熔渣中的组元在金属 - 熔渣界面发生化学反应，该类反应有两种不同的反应机理，一种是反应物组元直接接触，交换电子后成为产物，可以表示为

$$[A] + (B^{z+}) =\!=\!= (A^{z+}) + [B]$$

另一种是组元 A 的氧化和组元 B^{z+} 的还原是以电极反应的形式进行的，电子的交换由液态金属来传递。界面化学反应由两个同时进行的电极反应组成，即

阳极反应：　　　　　　　$[A] =\!=\!= (A^{z+}) + ze$

阴极反应：　　　　　$(B^{z+}) + ze =\!=\!= [B]$

电池反应：　　　$[A] + (B^{z+}) =\!=\!= (A^{z+}) + [B]$

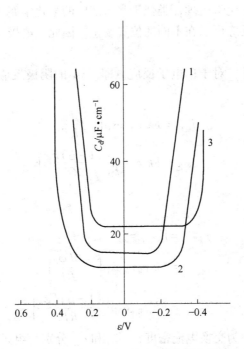

图 7.16 在 1450~1550℃，CaO-SiO$_2$-Al$_2$O$_3$ 熔体双电层的电容 – 电势关系

1—Fe-4.5%C/42.5%CaO · 42.5%SiO$_2$ · 15%Al$_2$O$_3$；2—Fe-19.8%C/40%CaO ·
39.0%SiO$_2$ · 21%Al$_2$O$_3$；3—Mn-6.9%C/42.5%CaO · 42.5%SiO$_2$ · 15%Al$_2$O$_3$

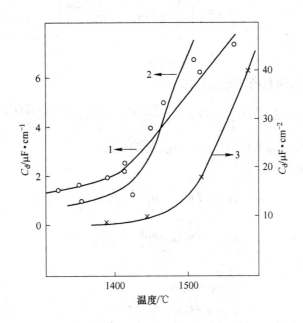

图 7.17 双电层电容与温度的关系

1—Fe-C$_{饱和}$/40%CaO · 40%SiO$_2$ · 20%Al$_2$O$_3$；2—Fe-C$_{饱和}$/52%CaO · 41%SiO$_2$ · 7%Al$_2$O$_3$；
3—Fe-C$_{饱和}$/47%CaO · 53%Al$_2$O$_3$

这种反应机理称为电化学机理，类似于水溶液中的电化学腐蚀。由于电子在铁液中迁移快，阳极反应和阴极反应可以在不同的位置发生。因此，电极反应速率可以按阳极反应和阴极反应分开考虑。

根据电极反应动力学，对于单电子反应，即 $z=1$ 的阴极反应，还原电流密度和氧化电流密度分别为

$$j_{还原} = Fk_c c_{B^+} \exp\left(-\frac{\beta F\varphi}{RT}\right) \tag{7.19}$$

$$j_{氧化} = Fk_a c_B \exp\left[\frac{(1-\beta)F\varphi}{RT}\right] \tag{7.20}$$

电势达到平衡，即

$$\varphi = \varphi_e$$

$$j_{还原,e} = j_{氧化,e} = j_0$$

$$j_{还原,e} = Fk_c c_{B^+,e} \exp\left(-\frac{\beta F\varphi_e}{RT}\right) \tag{7.21}$$

$$j_{氧化,e} = Fk_a c_{B,e} \exp\left[\frac{(1-\beta)F\varphi_e}{RT}\right] \tag{7.22}$$

式中，φ_e 为平衡电势；j_0 为交换电流密度；$c_{B^+,e}$ 和 $c_{B,e}$ 分别为组元 B^+ 和 B 的平衡浓度。

将式（7.19）除以式（7.21），式（7.20）除以式（7.22），得

$$j_{还原} = j_0\left(\frac{c_{B^+}}{c_{B^+,e}}\right)\exp\left(-\frac{\beta F\Delta\varphi}{RT}\right) \tag{7.23}$$

$$j_{氧化} = j_0\left(\frac{c_B}{c_{B,e}}\right)\exp\left[\frac{(1-\beta)F\Delta\varphi}{RT}\right] \tag{7.24}$$

式中

$$\Delta\varphi = \varphi - \varphi_e$$

以电流密度 j 表示的总的还原反应速率为

$$j_{阴极} = j_{还原} - j_{氧化} = j_0\left\{\frac{c_{B^+}}{c_{B^+,e}}\exp\left(-\frac{\beta F\Delta\varphi}{RT}\right) - \frac{c_B}{c_{B,e}}\exp\left[\frac{(1-\beta)F\Delta\varphi}{RT}\right]\right\} \tag{7.25}$$

阴极进行还原反应时，$j_{阴极}$ 为负值。$j_{还原}$、$j_{氧化}$ 都取正值。

对于 $z=1$ 的阳极反应，有

$$j_{氧化} = Fk_a c_A \exp\left[\frac{(1-\beta)F\varphi}{RT}\right] \tag{7.26}$$

$$j_{还原} = Fk_c c_{A^+} \exp\left(-\frac{\beta F\varphi}{RT}\right) \tag{7.27}$$

电势达到平衡，即

$$\varphi = \varphi_e$$

$$j_{氧化,e} = j_{还原,e} = j_0$$

$$j_{氧化,e} = Fk_a c_{A,e} \exp\left[\frac{(1-\beta)F\varphi_e}{RT}\right] \tag{7.28}$$

$$j_{还原,e} = Fk_c c_{A^+,e} \exp\left(-\frac{\beta F\varphi_e}{RT}\right) \tag{7.29}$$

式中，$c_{A,e}$ 和 $c_{A^+,e}$ 分别为平衡浓度。

将式（7.26）除以式（7.28），式（7.27）除以式（7.29），得

$$j_{氧化} = j_0\left(\frac{c_A}{c_{A,e}}\right)\exp\left[\frac{(1-\beta)F\Delta\varphi}{RT}\right] \tag{7.30}$$

$$j_{还原} = j_0\left(\frac{c_{A^+}}{c_{A^+,e}}\right)\exp\left(-\frac{\beta F\Delta\varphi}{RT}\right) \tag{7.31}$$

总的氧化反应速率为

$$j_{阳极} = j_{还原} - j_{氧化} = j_0\left[\frac{c_{A^+}}{c_{A^+,e}}\exp\left(-\frac{\beta F\Delta\varphi}{RT}\right)\right] - \frac{c_A}{c_{A,e}}\exp\left[\frac{(1-\beta)F\Delta\varphi}{RT}\right] \tag{7.32}$$

阳极进行氧化反应时，$j_{阳极}$ 为负值。

$$j_{阴极} = j_{阳极}$$

在同一体系中，氧化反应和还原反应同时进行，反应速率相等，总电流为零。显示不出宏观电流。金属液体既是阳极也是导线，金属和熔盐构成一个原电池。阳极反应和阴极反应不一定在同一位置。

对于多电子反应，$z \neq 0$，对于阴极反应，有

$$j_{还原} = j_0\left(\frac{c_{B^{z+}}}{c_{B^{z+},e}}\right)\exp\left(-\frac{\beta z F\Delta\varphi}{RT}\right) \tag{7.33}$$

$$j_{氧化} = j_0\left(\frac{c_B}{c_{B,e}}\right)\exp\left[\frac{(1-\beta)z F\Delta\varphi}{RT}\right] \tag{7.34}$$

式中

$$\Delta\varphi = \varphi - \varphi_e$$

以电流密度 j 表示的总的还原反应速率为

$$j_{阴极} = j_{还原} - j_{氧化}$$

$$= j_0\left\{\frac{c_{B^{z+}}}{c_{B^{z+},e}}\exp\left(-\frac{\beta z F\Delta\varphi}{RT}\right) - \frac{c_B}{c_{B,e}}\exp\left[\frac{(1-\beta)z F\Delta\varphi}{RT}\right]\right\} \tag{7.35}$$

对于阳极反应，有

$$j_{氧化} = j_0\left(\frac{c_A}{c_{A,e}}\right)\exp\left[\frac{(1-\beta)z F\Delta\varphi}{RT}\right] \tag{7.36}$$

$$j_{还原} = j_0\left(\frac{c_{A^{z+}}}{c_{A^{z+},e}}\right)\exp\left(-\frac{\beta z F\Delta\varphi}{RT}\right) \tag{7.37}$$

总的氧化反应速率为

$$j_{阳极} = j_{还原} - j_{氧化}$$

$$= j_0\left\{\frac{c_{A^{z+}}}{c_{A^{z+},e}}\exp\left(-\frac{\beta z F\Delta\varphi}{RT}\right) - \frac{c_A}{c_{A,e}}\exp\left[\frac{(1-\beta)z F\Delta\varphi}{RT}\right]\right\} \tag{7.38}$$

$$j_{阴极} = j_{阳极}$$

体系总电流为零。

如果过程由扩散和电极反应共同控制，则 A、A^{z+}、B、B^{z-} 都不是本体浓度，而应是界面的浓度。有

对于阴极

$$j_{还原} = j_0\left(\frac{c_{B^{z+},s}}{c_{B^{z+},e}}\right)\exp\left(-\frac{\beta zF\Delta\varphi}{RT}\right) \tag{7.39}$$

$$j_{氧化} = j_0\left(\frac{c_{B,s}}{c_{B,e}}\right)\exp\left[\frac{(1-\beta)zF\Delta\varphi}{RT}\right] \tag{7.40}$$

$$j_{阴极} = j_{还原} - j_{氧化} = j_0\left\{\frac{c_{B^{z+},s}}{c_{B^{z+},e}}\exp\left(-\frac{\beta zF\Delta\varphi}{RT}\right) - \frac{c_{B,s}}{c_{B,e}}\exp\left[\frac{(1-\beta)zF\Delta\varphi}{RT}\right]\right\} \tag{7.41}$$

对于阳极

$$j_{氧化} = j_0\left(\frac{c_{A,s}}{c_{A,e}}\right)\exp\left[\frac{(1-\beta)zF\Delta\varphi}{RT}\right] \tag{7.42}$$

$$j_{还原} = j_0\left(\frac{c_{A^{z+},s}}{c_{A^{z+},e}}\right)\exp\left(-\frac{\beta zF\Delta\varphi}{RT}\right) \tag{7.43}$$

$$j_{阳极} = j_{还原} - j_{氧化} = j_0\left\{\frac{c_{A^{z+},s}}{c_{A^{z+},e}}\exp\left[\frac{(1-\beta)zF\Delta\varphi}{RT}\right] - \frac{c_{A,s}}{c_{A,e}}\exp\left(-\frac{\beta zF\Delta\varphi}{RT}\right)\right\} \tag{7.44}$$

$$j_{阴极} = j_{阳极}$$

7.6 熔融电解质在工业上的应用

7.6.1 铝电解

7.6.1.1 电解质组成

现在，工业铝电解采用三元电解质，即冰晶石 - 氧化铝 - 氟化铝，构成 Na_3AlF_6-AlF_3-Al_2O_3 三元系。

7.6.1.2 Al_2O_3 的分解电压

Al_2O_3 的分解电压与采用的阳极材料有关。采用惰性阳极分解电压利用电池反应

$$2Al + \frac{3}{2}O_2 === Al_2O_3$$

计算或测量。在 1100K，分解电压为 2.294V。

采用炭阳极，分解电压从下面反应测量或计算。

$$2Al(l) + \frac{3}{2}CO_2(g) === Al_2O_3(s) + \frac{3}{2}C(s)$$

$$2Al(l) + 3CO(g) === Al_2O_3(s) + 3C(s)$$

在 1100K，前一个反应的分解电压为 1.27V，后一个反应的分解电压为 1.21V。

实际上，反应产物是 CO_2 和 CO 的混合气体。总反应为

$$2Al(l) + aCO_2(g) + bCO(g) === Al_2O_3(s) + cC(s)$$

Al_2O_3 的分解电压依 CO_2 和 CO 相对含量不同而变化。

阴极反应（阴极上的反应主要是铝的析出）：

$$Al^{3+}(络合的) + 3e === Al$$

阳极反应：

$$2O^{2-}(络合的) + C === CO_2 + 4e$$

实验表明，在适当的电流密度条件下，炭阳极反应产物主要是 CO_2。总反应为

$$Al_2O_3 + \frac{3}{2}C \Longrightarrow 2Al + \frac{3}{2}CO_2$$

7.6.2　镁电解

电解镁采用的电解质组成因原料不同而异。以光卤石为原料，电解质组成为 5% $MgCl_2$、70% ~ 85% KCl、5% ~ 15% NaCl。其中 KCl 含量高是因为光卤石（KCl、$MgCl_2 \cdot 6H_2O$）含 KCl 多。电解温度为 953 ~ 993K。以氯化镁为原料，电解质组成为 12% ~ 15% $MgCl_2$、40% ~ 45% NaCl、38% ~ 42% $CaCl_2$、5% ~ 7% KCl，电解温度 963 ~ 993K。

镁的密度比电解质小，镁漂浮在电解质表面。

近年已研究出以氯化铝为主要成分的电解质，它的密度小于金属镁。镁可以沉到电解槽底。

在 1073K，$MgCl_2$ 的分解电压为 2.51V，低于 LiCl、NaCl、KCl、$CaCl_2$、$BaCl_2$。因此，$MgCl_2$ 优先电解，但其在电解质中的含量不能小于 5%，否则其他氯化物也会电解出来。

电解氯化镁时，在阴极上发生三个反应

$$Mg^+ + e \longrightarrow Mg \quad -2.36V$$
$$Mg^{2+} + 2e \longrightarrow Mg \quad -2.60V$$
$$Mg^{2+} + e \longrightarrow Mg^+ \quad -2.84V$$

反应速率决定于 Mg^{2+} 和 Mg^+ 离子在阴极附近的浓度。由于扩散和对流，Mg^+ 离子进入熔盐本体，受到氧化含量减少。这又促使反应

$$Mg^{2+} + e \longrightarrow Mg^+$$

向右进行，恢复 Mg^+ 离子的平衡浓度，而 Mg^+ 离子还原需要的电量仅是 Mg^{2+} 离子的一半，有利于提高电流效率。

习　题

7-1　以 $CaO-SiO_2-Al_2O_3$ 熔体为电解质，设计一电池，测量 Al_2O_3 的活度。

7-2　选择熔渣电解质，设计一电池，测量 MnO_2 的活度。

7-3　选择熔渣电解质，设计一电池，测量铁水中硫的活度。

7-4　以熔盐为电解质，设计一电池，测量 ZrO_2 的生成自由能。

7-5　设计一电池，脱除铜中的氧。

7-6　设计一电池，脱除铝中的氢。

7-7　设计一电池，用熔盐电脱氧法制备 Ti-Ni 合金。

7-8　电池 Cd | Cd^{2+}（溶于 KCl-LiCl 中）| Cd-Pb 在 773K 的电动势及电动势温度数据如下表：

x_{Cd}	0.947	0.809	0.691	0.504	0.299	0.104
$E \times 10^3 / V$	1.571	4.618	6.842	10.77	18.93	42.24
$\frac{\partial E}{\partial T} \times 10^8 / V \cdot K^{-1}$	2.35	10.95	19.70	35.50	61.90	110.10

计算 Cd-Pd 合金中 Cd 的活度，Cd 在 Cd-Pd 合金中的偏摩尔溶解自由能。

7-9   电池 $Zn \mid ZnCl_2\text{-}KCl \mid Cl_2(p^\ominus)$ 在 773K 的电动势及电动势温度数据如下表：

x_{ZnCl_2}	1.0	0.9	0.8	0.7	0.6	0.5	0.4
E/V	1.568	1.572	1.575	1.585	1.603	1.640	1.700
$-\dfrac{\partial E}{\partial T} \times 10^8 / V \cdot K^{-1}$	6.965	7.14	7.07	7.10	6.44	5.72	5.60

计算电池反应的摩尔吉布斯自由能变化、熵变、焓变和平衡常数。

7-10   电池 $Pb \mid PbO\text{-}SiO_2\text{-}V_2O_5 \mid O_2(p^\ominus)$ 在 1273K 的电动势数据如下表：

序 号	摩尔分数			E/V
	PbO	SiO_2	V_2O_5	
1	1	—	—	0.460
2	0.59	0.32	0.09	0.550
3	0.49	0.27	0.24	0.560
4	0.45	0.47	0.08	0.540

计算 PbO 的活度。

7-11   用电化学机理解释炼钢过程的脱氧反应。

7-12   用电化学机理解释炼钢过程的脱磷反应。

参 考 文 献

[1] 郭鹤桐，覃奇贤．电化学教程［M］．天津：天津大学出版社，2000.

[2] 蒋汉瀛．冶金电化学［M］．北京：冶金工业出版社，1983.

[3] 黄子卿．电解质溶液理论导论（修订版）［M］．北京：科学出版社，1983.

[4] 李以圭，陆九芳．电解质溶液理论［M］．北京：清华大学出版社，2005.

[5] 傅崇说．有色金属冶金原理（修订版）［M］．北京：冶金工业出版社，1993.

[6] 傅崇说．冶金溶液热力学原理与计算［M］．北京：冶金工业出版社，1979.

[7] Bard A J，Fanlkner L R．Electrochemical Methods Fundamentals and Applications［M］．2nd Edition．邵元华，等译．北京：化学工业出版社，2017.

[8] 吴浩青，李永舫．电化学动力学［M］．北京：高等教育出版社，1998.

[9] 谢刚．熔融盐理论与应用［M］．北京：冶金工业出版社，1998.

[10] Kai Grjotheim，Qiu Zhuxian．Molten Salt Technology – Theory and Application［M］．沈阳：东北工学院出版社，1991.

[11] 王军．离子液体的性能及应用［M］．北京：中国纺织出版社，2007.

[12] 张锁江，吕兴梅．离子液体——从基础研究到工业应用［M］．北京：科学出版社，2006.

[13] 李汝雄．绿色溶剂——离子液体的合成与应用［M］．北京：化学工业出版社，2004.

[14] Fischer W A，Janke D．Metallurgische Elektrochemie［M］．吴宣方，译．沈阳：东北工学院出版社，1991.

[15] 王常珍．冶金物理化学研究方法［M］．3 版．北京：冶金工业出版社，2002.

冶金工业出版社部分图书推荐

书　名	作　者	定价(元)
冶金热力学（本科教材）	翟玉春　编著	55.00
冶金动力学（本科教材）	翟玉春　编著	36.00
物理化学（第4版）（本科教材）	王淑兰　主编	45.00
冶金物理化学（本科教材）	张家芸　主编	39.00
冶金物理化学研究方法（第4版）（本科教材）	王常珍　主编	69.00
冶金与材料热力学（本科教材）	李文超　等编	65.00
冶金与材料近代物理化学研究方法（上册）（本科教材）	李文超　等编	65.00
冶金与材料近代物理化学研究方法（下册）（本科教材）	李文超　等编	69.00
钢铁冶金原理（第4版）（本科教材）	黄希祐　编	82.00
材料科学与工程实验指导书（本科教材）	李维娟　主编	20.00
金属材料凝固原理与技术（本科教材）	沙明红　主编	25.00
电磁冶金学（本科教材）	亢淑梅　主编	28.00
特种熔炼（本科教材）	薛正良　主编	35.00
相图分析及应用（本科教材）	陈树江　等编	20.00
稀土金属材料	唐定骧　等著	140.00
高纯金属材料	郭学益　著	69.00
合金相与相变（第2版）（本科教材）	肖纪美　主编	37.00
金属学原理习题解答（本科教材）	余永宁　编著	19.00
金属材料学（第3版）（本科教材）	强文江　主编	66.00
金相实验技术（第2版）（本科教材）	王　岚　等编	32.00
冶金工程实验技术（本科教材）	陈伟庆　主编	39.00
轧制工程学（第2版）（本科教材）	康永林　主编	48.00
软磁合金及相关物理专题研究	何开元　著	79.00